獻給我的丈夫布魯諾。

我想要正式承認，若沒有建立在奴隸制度上的砂糖進口，本書中的蛋糕、薑餅與餅乾將不可能存在。
直到 1834 年 8 月 1 日英國廢奴法案（Slavery Abolition Act）正式生效為止，奴隸制度於 17、18 與 19
世紀在加勒比海群島的巴貝多（Barbados）、聖克里斯多福島（St. Kitts）、尼維斯島（Nevis）、安地
卡島（Antigua）與牙買加（Jamaica），接著在格瑞納達（Grenada）與千里達（Trinidad）特別盛行。
但很不幸地，廢奴法案並未帶來徹底的解放。

砂糖是有代價的，其代價乃是由那些受奴役的人們所支付。

英式家庭經典烘焙

燕麥在北，小麥在南，大不列顛甜鹹糕點發展及100道家庭食譜

Oats in the North, Wheat from the South:
The History of British Baking, Savoury and Sweet

目錄

本書所有註釋皆為譯註

金泰爾五姊妹山，蘇格蘭西北高地（Five sisters of Kintail [Cinn Tàile], North-west Highlands of Scotland）

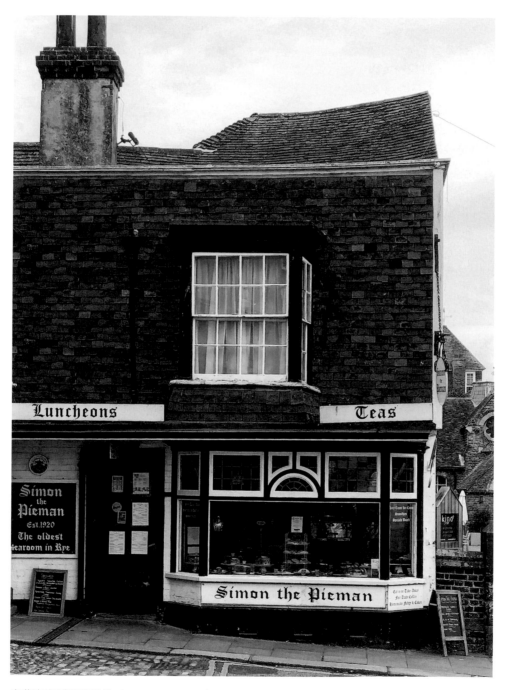

東薩塞克斯郡萊伊鎮（Rye, East Sussex），
鎮上最古老的茶室西蒙派餅店（Simon the Pieman）。

這是一封寫給英式烘焙的情書——飲食史學家安妮・葛雷博士（Dr Annie Gray）

我第一次見到瑞胡菈，是我們坐在倫敦的一家餐廳中錄製一個英國布丁紀錄片時。她的笑容、個人風格與對英式烘焙洋溢的熱情點亮了室內。

我成長於 1980 年代，但我的英國和她的並不相同，沒有古樸雅緻的街道、也沒有溫文爾雅的習俗傳統。我在學校的強迫下閱讀奧斯汀（Austen）、華茲華斯（Wordsworth）與狄更斯（Dickens）；假期則包括大雨沖刷的海灘與滿是砂礫的野餐。在我成長的英國，超市的黏麵包（sticky bun）[1] 被當成週六的點心、切片白吐司就是王道，而我們的小鎮烘焙坊早就消失無蹤。

但即使如此，也並非什麼都已消逝，我承認瑞胡菈迷人的英國和我自己那個缺乏美食的版本同時存在。我嫉妒她青少年時期在我認為理所當然的國家中漫遊、享受那些直到我成人、變成歷史學家後刻意尋找才能與之相遇的滋味。不過，雖然我從未在英國漫遊，卻仍有飲食經驗。我記得祖母家附近地方糕餅店的凝乳起司塔（curd tart），它甜鹹兼具，還有肉豆蔻的苦味。祖母自己做麵包，當我們趁麵包在廚房架中放涼時偷吃麵包卷，她會打我們的手，結果我們的手指反而壓到奶油中。在我自己度過週六的小鎮中，發現一家隱身偏僻巷弄中的小糕點店；我也會和一位朋友一起買一個四人份的塔撕開分食，酥脆的塔殼立刻變成碎屑，讓我們能將飢餓的手指伸入蘋果塔蓬鬆的內餡中。

到了 1990 年代，重新發掘富饒、出色的英國飲食傳統達到高潮，人們將原本幾乎瀕臨絕種——或其實已經徹底絕種——的英式糕點重新改造、帶回現代。我當時已移居法國，只有在那個時候才猛然醒悟英式烘焙與眾不同的特質。當我狼吞虎嚥地吃著那些在家鄉絕對沒有人夢想能做出的精緻法式蛋糕與甜點時，才發現一個根本的道理：有些事物不可能在異文化中找到能完全參照的標的，如蛋糕（cake）、小圓麵包（buns）、布丁（pudding）與下午茶（afternoon tea）（我公平一點好了，蛋糕的法文是「le cake」、布丁則是「le poudding」，而下午茶則是「五點茶歇」[le five o'clock]）。英式烘焙並不是那些在法國甜點店中出售、原本應出現在晚餐桌上的那些超凡絕俗的甜味點心，而是更純樸實在的存在。我們的烘焙食品扎實、更具麵團感，滿載果乾、香料與風味。它們不會在你的味蕾上跳舞，而是抓住你並給你一個擁抱，然後告訴你一切都會沒事的。

飲食清晰地傳達我們究竟是誰——無論是在個人、社群還是國家層面。食物的傳說經常都是人們編造出來的，直面過去真實生活時就會和奶油酥餅（shortbread）一樣粉碎掉屑。但編造背景故事、將餡餅（pasties）和西蒙內爾蛋糕（simnels cake）等傳奇化的需求，和食物本身一樣有價值、一樣令人目眩神迷。閱讀本書時，讓我想起兩件事：一是英國當地人過去（及現在）可以多認真；二是每一個烘烤自己小圓麵包的小社區曾經、也還是多麼連結緊密。這些食譜許多都誕生在經歷劇烈文化與社會變遷的 18 世紀，當時英國忙於探索、貿易、殖民的海外事務，在科學與藝術領域上也有巨大發現，同時也有令人無法置信的剝削與殘酷。無論是烘焙還是享用糕點的人都各自扮演著自己的角色。砂糖從西印度群島來，香料則來自東方。到了 19 世紀，英國從東歐與北美進口高筋麵粉、從法國進口蛋、從愛爾蘭進口奶油，但本地地方性仍然很關鍵——南方喜愛小麥、北方則依賴燕麥。比起南方，北地更少使用烤爐；燃料種類與勞動條件也扮演了鞏固區域特色的角色。不過，正是上述這些現實性相互交織，加上傳說故事（無論真實與否），才讓它們合在一起形成的整體比分開來時重大得多。

這便是本書的樂趣所在。這是一封寫給英式烘焙、以及所有英式烘焙代表事物的情書。它將你在每一家當地小店可以找到的小圓麵包與糕點，還有已經消失好長一段時間的蛋糕與麵包集結在一起。你能在本書中找到能再次於未來使用的古老與現代食譜，也能找到那些讓人了解過去與現在的傳說故事。瑞胡菈的寫作帶來的樂趣，是透過她的作品，我們因此認識到，能經由一個外來者的眼光而真正認識自己。這本書美麗、抒情、充滿了過去與現代的美好事物，這些事物背後充滿了眾多真實的文化遺產與想像的傳統。

---

1. 黏麵包起源於中世紀，是一種將麵包卷壓入方形烤模製作的發酵早餐甜麵包，麵團中有時會加入棕糖與肉桂，烤模則會事先加入棕糖、蜂蜜等黏稠食材，另有堅果、葡萄乾，有時還有奶油等。烘烤過後將烤盤倒置，底部的食材變為表面裝飾，糖漿也因此浸潤麵包。黏麵包來自德國，由 17 與 18 世紀從德國西南部與瑞士移民至美國的德系賓夕法尼亞人（Pennsylvania Dutch）帶至美國，其後商業化，超市就能買到。

人魚街，東薩塞克斯郡萊伊鎮（Mermaid Street, Rye, East Sussex）

英式烘焙代表舒適與溫暖

一個愛情故事

從很小的時候開始，我就對英國著迷不已。無論是5歲時聽到一首關於英國的搖籃曲時，還是畫出一座覆滿常春藤，矗立著城堡、史前遺跡、充滿令人尊敬的女王、勇敢的國王與神祕生物的島嶼時，我總興奮緊張得胃痛。我最大的夢想，就是希望能住在溪流邊的石灰岩小屋中。媽媽和我會特別跋涉前往比利時唯一的一家英國商店，假裝我們人在倫敦。我們會買英式奶油酥餅，放在英國瓷盤中，然後一邊看 BBC 的歷史劇與紀錄片一邊享用。

9歲時，父母終於對我最深切的夢想讓步，我們去了英國。他們之前認為童年一時的癡迷總會消逝，但實際上只有變得更強烈。我們所有的家庭旅行都開始在英國度過，而我整年都為此感到期待。而當無法身在英國時，我埋首英國歷史書中，英格蘭的國王與女王開始變得像是小說中的人物，我將一幅伊莉莎白一世（Queen Elizabeth I）的肖像掛在自己床頭，好似瑪丹娜一般：一位強大的女性，英格蘭的童貞女王，我的偶像。

我對英國旅行的期待，是從媽媽自圖書館帶回旅遊書開始。爸媽晚上會彎著腰檢視那張鋪在我們安特衛普小公寓圓餐桌上的公路地圖，用螢光筆為我們的旅程做記號——途經的路線、必看的景點。當他們完成後，我會將地圖帶回自己房間，跳上床，用手指划過那些做了記號的道路、記下每一個城鎮。我幻想著城堡、巨石陣、陡峭的海岸線與渺無人煙的高沼地。我從閱讀珍·奧斯汀的小說中學習英語，而且從不錯過 BBC《東區人》（*EastEnders*）[1] 的任何一集。最近幾年，某些我的英國朋友會評論說，我是在訓練自己成為英國人。

當我們前往英格蘭、蘇格蘭與威爾斯旅遊時，我總是在尋找當地的糕點與糕點店。我很驚訝英國糕點店那麼小，通常是只有一個窗戶的普通小屋中。我會將自己的鼻子貼在窗戶上，看看它們有賣哪些小圓麵包與蛋糕。我下午時總是會喝湯，因為我知道湯會附上宣傳詞上說的「溫暖柔軟的白色餐包」。這些餐包被包裹在白色的餐巾中，和被麵包的熱度快速軟化的小包裝奶油一起上桌。你知道在英國，這些白色小餐包共有七種不同的鄉土名稱嗎？我那時每一種都想品嘗看看。那是在「法國長棍麵包」風靡英國前的燦爛 90 年代，而那些「法國長棍麵包」和真正在法國得到的美味相比，只不過是一道預烤好的蒼白影子。當時（英國）每一家茶室、酒館和咖啡館都會供應當地糕餅店提供的自家製麵包與餐包，每一家美食吧（gastropub）都生意興隆，而你在經過的每一家酒館都能既吃得好、又吃得在地。我經歷了英國飲食的文藝復興年代，見證了人們對當地物產感到自豪，菜單上甚至會標註哪一道肉或魚為當地所產，這是我在比利時沒有看到的。那時在比利時，無論是哪一樣事物，都沒有人對其起源和傳統感到驕傲。

英國人對食物也有一種特別的幽默。除了來自澤西島（Jersey）[2] 的稀有品種牛排與馬鈴薯，或是香味逼人的咖哩牛肉外，他們的菜單上還供應披薩配薯條。我知道最後一項可能聽來有點古怪，但即使是義大利人也這麼做，而我童年時對此極其喜愛，就像薯條加上切達起司、厚切薯條奶油三明治（chip butty）或炸魚柳三明治（fish finger bap）[3] 一樣。這種食物一定占有一席之地，它們當然不該在每週或每個月的菜單上出現，但有時你就是需要這些簡單的食物。人有時只需要碳水化合物。

我從來沒有在我們的英國之旅中吃到太多蛋糕，因為我們家一般並不吃太多甜食，我只有在十幾歲後半到格拉斯頓伯利（Glastonbury）旅遊時體驗過一次下午茶。

---

1. 〈東區人〉是一部長篇英國電視影集，1985 年 2 月 19 日開始在 BBC ONE 播出，內容圍繞著倫敦華福特自治市（Walford）阿爾伯特廣場（Albert Square）一群居民的工作與家庭生活，至今已播出超過 5,000 集。
2. 澤西行政區為英國皇室屬地，位於法國諾曼第外海 20 公里處的海面上。此行政區高度自治，雖國防與外交事務由英國負責，但有自己的稅務與立法系統、議會，甚至發行自己的貨幣澤西島磅。
3. 厚切薯條奶油三明治與炸魚柳三明治都是英國常見、也備受喜愛的經典速食。前者是在兩片塗了奶油的白麵包中夾上厚片炸馬鈴薯，另可選擇加上番茄醬、美乃滋、棕醬（brown sauce）等；後者則是夾上炸魚柳、生菜並淋上番茄醬。

當時我看來像個嬉皮，但到現在我還清楚記得自己品嘗的第一個瑪芬：它結實而濕潤，點綴著藍莓，且幾乎和我的頭一樣大。我是在一個有霧的夏日於蘇格蘭高地阿勒浦港（port of Ullapool）附近的一家小糕餅店買到它的，整整花了兩天才吃完。每吃一口，我就把它整齊收回原本店家包裝的棕色紙袋中。每一口對我來說都津津有味，我取下藍莓，對它們留下濕潤、藍色的斑點處著迷不已，這真是史上最令人愉悅的事情了。就是在這個時刻，我發現自己喜歡蛋糕。回到家後，我便開始烘焙。

在法式甜點領域中，甜點主廚掌握專業技能，人們通常在甜點店中購買糕點，然而英國人卻是在家烘焙。英國烘焙食品的獨特性也與此相關。司康在剛出爐、掰開時還在冒煙的時候嘗起來最美味。當提供簡單、樸實的糕點時，味道需要 100% 到位，無法用賞心悅目的顏色和精緻的裝飾掩蓋。我經常發現法式蛋糕看起來遠比實際上吃起來美味，並懷疑它們到底用了多少吉利丁和食用色素才有如此「完美無瑕」的外型。

英式烘焙代表舒適與溫暖。英國人願意將時間留給蛋糕，如果可能，每天下午四點鐘他們會放下一切事物，只為了喝下午茶。最近有張警察局的公告，警方正在追溯公告照片中物品的所有人，照片背景裡有一盤吃到一半的維多利亞夾心蛋糕（Victoria sandwich cake），結果底下所有留言都是關於蛋糕的，沒有人在討論警方的公告！蛋糕、餅乾、派與其他甜鹹糕點和居住在翁鬱英國群島上的人們身分認同相互交織，因此 Bake Off 烘焙大賽[1] 起源於英國一點都不令人意外。當我站在那個知名的白色帳篷內、把自己當成瑪麗·貝莉（Mary Berry）[2] 時，總會掐自己一下。對英國人來說，小鎮慶典若沒有烘焙比賽就一點都不完整。烘焙與針對最佳蛋糕、餅乾、果醬或甚至最大鵝莓（gooseberry）[3] 的比賽，是一件社區的重大活動，也是「英國特質」的頂峰。

在我們的英國婚禮前一天，我和丈夫恰好遇到一個這樣的小鎮慶典。我們抵達得太早，烘焙比賽還沒開始，但在比賽場地白色帳篷的鄰近草地上，有位妖嬈的女士坐在放了巨大水果蛋糕的桌子後方。你需要猜測蛋糕的重量，我的猜測完全錯誤，但當那位女士聽到我們將要在她的小鎮上結婚的時候，她把最大獎給了我。

道地

本書中開發的食譜是基於我過去在歷史研究中遇到的，因為過去的食譜並不像現在這樣有著詳盡的解釋，它們並未如你想像中那麼直接了當。由於假設廚師們知道該用哪些食材，因此說明經常被省略。例如一個塔的食譜列出了餡料的食材與製作方法，但並未在塔皮上有

任何著墨。判斷蛋糕是否烤熟的標準、準備時間與烤箱溫度也被省略。（過去的）食材也（和現在）不同，現在的雞蛋比過去大，麵粉顆粒也細緻許多。這些食譜需經過無數次測試，才會變成現在的樣子。

我刻意未提供這些英式糕點經過美化裝飾的版本，對一本試著描繪英式烘焙風貌的書來說，那樣做是傲慢地改變書中所做的所有努力。例如若我將切爾西麵包（Chelsea bun）中的葡萄乾去除，加上開心果或核桃，那就不是切爾西麵包了。它還是會好吃，但卻再也不會是那個具代表性、外型稍成方形，點綴著葡萄乾、撒上糖粉的黏手麵包捲了。

若是比較晚近的經典如胡蘿蔔蛋糕、咖啡與核桃蛋糕、檸檬糖霜蛋糕、燕麥酥與一些派，我則提供了自己已經烘焙多年的食譜。它們通常來自我過去 20 年來多次在英國旅遊時品嘗到的記憶。

我的許多歷史烹飪古籍與日記訴說了關於風味來源與演變的故事，因此也訴說了食譜因烹飪方式改變而逐漸演變的故事。過去只有高社會階層的人能享受精緻豐腴的糕點與甜點，但從維多利亞時代開始，也出現了專為勞動階級所寫的食譜書。如同 19 世紀的主廚愛列克西·索耶（Alexis Soyer）在他的書封上所說，這些「給大眾」的新世代食譜書，是為家庭烘焙者所寫。這在當時並非總是很實際，因為許多低社會階層的人民其實是住在沒有廚房的房舍中。

到了 20 世紀，許多烘焙師指南出版。由於在高門豪苑舉辦的派對不再那麼奢靡腐敗，也越來越少能花上數小時準備豪華宴會的家庭雇工，製作精緻甜點的甜點師逐漸從舞台上消失。烘焙坊則持續存活並取代部分的甜點領域，但它們關注的主要是麵包、小圓麵包、蛋糕與餅乾。這些烘焙師傅指南中提供了如何了解顧客的工具，以及如何根據訂購者選擇豐腴或精簡版的食譜。某一本食譜書中提供了巴斯小圓麵包（Bath buns）的三種版本，其中一個做起來更為昂貴。

北燕南麥

本書的食譜也描繪了一幅英國烘焙風景。英國北方許多用燕麥製成的烘焙糕餅，說明了較為嚴苛、潮濕的北國氣候。燕麥與大麥是此地最重要的作物，因為它們能夠在這種氣候中存活。當地發展了如蘇打麵包、烤盤煎餅、燕麥餅與司康等快速麵包，以及在北英格蘭與蘇格蘭等地像紙一樣薄、名為「薄脆餅」（Clapcake）的麵餅，而我們通常會將這種脆餅和斯堪地那維亞國家聯想在一起。北方的糕點經常加入大量的香料，含有未精製糖、蘭姆酒或雪莉酒。像蘇格蘭的鄧迪（Dundee）、北英

格蘭的懷特港（Whitehaven）等與西班牙、加勒比海地區有貿易往來的大型港口，皆進口了糖、蘭姆酒、葡萄乾、雪莉酒與其他原物料。鄧迪蛋糕（Dundee cake）的獨特性就在於加了這些進口食材；許多薑餅、蛋糕與帕金燕麥薑汁蛋糕（Parkin）起源於北地也就一點都不奇怪了。

小麥則是中部、南部與西南部的代表，因為氣候較為乾燥、夏季也較長。加入番紅花，是康瓦爾（Cornwall）的烘焙特色，根據英國慢食協會（Slow Food UK）指出，這個西南半島是以錫礦交換番紅花和其他商品的貿易地。而為了滿足對這個有著神祕香氣的香料的需求，康乃爾和艾塞克斯郡鄰近薩弗倫沃爾登鎮（Saffron Walden）處也種植番紅花。

歷經數個世紀，一些烘焙食品已從歷史舞台上徹底消失或是大幅改變，有些則因為它們是某些地區工人們的主要食物而存活下來。在英格蘭中部斯塔福德郡的陶瓷工廠，最重要的食物就是用酸化燕麥粉麵團製作的斯塔福德郡燕麥餅（Staffordshire oatcake）；在康瓦爾的錫礦場，主食則是「餡餅」（pasty）——一種加了肉與蔬菜餡的手拿派；而在蘇格蘭高地，工人們則是以亞伯丁奶油麵包（Aberdeen buttery）來填飽肚子。

迷信、宗教與地方習俗也影響了英國烘焙傳統。節慶薑餅（fairings）是一種在農夫市集或城鎮市集時販售的餅乾。過去曾有一段時間女孩們相信若在市集買一個薑餅人，當年就能找到一位好丈夫。在耶誕節後第 12 天烤製、如今已失傳、以酵母發酵的第十二夜蛋糕，則伴隨著一個選出「國王」與「皇后」的角色扮演遊戲。

烘焙食品作為生命的象徵，是某些節慶的要角。豐收節麵包（Harvest loaf）是一種做成玉米束造型的大型裝飾性麵包，傳統上以當季收成的第一種穀物製成，以慶祝豐收節或收穫節（Lammas）[4]。根據佛羅倫斯·瑪麗安·麥克奈爾（Florence Marian McNeill）1929 年出版的《蘇格蘭廚房》（The Scots Kitchen）所述，蘇格蘭農村地區會將一種裝飾型的奶油酥餅作為結婚蛋糕。人們會在新娘踏入新家門檻時，在她頭上弄碎奶油酥餅[5]。

獻給蛋糕

願意在一天中將某段時間獻給蛋糕和下午茶，還發展出一整套儀式的人不多，連法國人都不這麼做。我不是一個特別喜愛餐後甜點（dessert）的人，因為我希望這些甜蜜的享受是一件主要事務，而非像餐後甜點一般，在一餐最後才加進來。關於下午茶儀式和文化以及吐司在英國文化中的重要性，還真有好多可說。

雖然為了讓使用起來更方便，目錄確實提供了大綱，但本書並未切分章節。我們不打算特別歸類「蛋糕」（cakes），因為小圓麵包（buns）和餅乾（biscuits）有時也被稱為「蛋糕」，而有些餅乾其實是薑餅（gingerbread）、薑餅也可能是帕金蛋糕。派可以是鹹的、也可以是甜的，有時則是兩者兼具。

過去這幾年英國變了不少，但我認為，即使知名的「英國性」（the iconic Britishness）在最近的政治變遷中遭受些許打擊，但若要圍著桌子坐下，一邊享用可口的蛋糕與英國濃茶、一邊認識彼此，現在是最合適的時機。

---

1. Bake Off 是 The Great British Bake Off（全英烘焙大賽）的簡稱，是一個烹飪比賽實境秀，由業餘烘焙愛好者參賽競爭、專業主廚作為評審，每一輪比賽淘汰一人，最後勝出者為冠軍。該節目第一季是在 2010 年 8 月 17 日播出，受到廣大歡迎，目前在英國已製播到第 12 季，另外也有其他衍生比賽系列。該節目形式被全球許多國家購買後製作當地版播出，本書作者正是比利時版本——《法蘭德斯烘焙大賽》（Bake Off Vlaanderen）的評審之一。

2. Bake Off 的比賽場地是在一座白色帳蓬內。瑪麗·貝莉則是英國烘焙大賽第一季至第七季的評審之一，她是英國知名的飲食作家、烘焙師與主廚、電視節目主持人，至今已出版超過 75 本書。

3. 「Gooseberry」與「currant」在中文中經常同名為「醋栗」，兩者有近親關係，同屬於茶藨子屬（genus Ribes），但「gooseberry」莖上有刺且果實通常較「currant」大，成熟時呈綠色或深紅色，本書中將其譯為「鵝莓」以作區別。

4. 原本英格蘭會在 8 月 1 日慶祝收穫節。

5. 此習俗可追溯至古羅馬時期。當時新郎會自己吃下一塊以小麥、大麥與鹽製成的「蛋糕」，並在新娘頭上壓碎剩下的部分，分給親友與賓客。穀物象徵著生育力，以祈願新人開枝散葉，這便是後來會在新人頭上撒花或紙花（confetti）的習俗由來。

憑著他們的辛勤勞動
與粗糙雙手，
我們先開墾、再收獲。
By whose tough labours,
and rough hands,
We rip up first,
then reap our lands.

1625-1660，羅伯・海瑞克（Robert Herrick）
豐收節（*The Hock Cart, or Harvest Home*）

食材說明
INGREDIENTS

我認為烘焙、或一般而言烹飪時的鐵則是，為達到最佳成果必須使用最好的食材。每個人的食物預算當然不同，我偏好吃少一點蛋糕，但讓它成為我能負擔得起的最好的蛋糕。這表示我總是在尋找優良來源的新鮮麵粉。留置數月沒有使用的麵粉會變得乾燥、也會影響烘焙成果。最好購買全有機食材，例如我只買有機蛋或農場直送的雞蛋。首先，因為我認為將母雞關在狹小的穀倉，使牠們永遠見不到日光、終生無法自由漫步是不對的；再來，有生活與呼吸空間的雞產出的雞蛋擁有更多風味。所以你可以決定為什麼要選擇有機蛋：是因為想拒絕為了自己的晚餐而受苦的動物、還是單純地想要品質最佳的蛋？這兩者通常很自然地有所關聯，而這也同樣適用於肉類——優質來源保證了良好風味。

麵粉（Flour）
我認為了解為什麼要求使用特定種類麵粉很重要，因為麵粉中的蛋白質含量會影響烘焙成果。麵粉蛋白質含量越高，麵團會越有彈性。高蛋白質含量的麵粉因而適合用來製作麵包，以及一些質地輕盈、有點彈性會更好的糕點。和白麵粉不同，全穀粉（wholemeal flour）則由於採用全穀製作並含有麩皮而呈現褐色，也因此擁有白麵粉所缺乏的纖維與維他命。小麥是最普遍用來製作全穀粉的穀物，但裸麥（rye，又稱黑麥）、斯佩爾泰小麥（spelt）[1]、燕麥與大麥，以及其他許多稀有、古老或少見的穀物也都能拿來製作全穀粉。

●高筋白麵粉（Strong white bread flour）：每 100 g（3½ oz）[2] 麵粉中含約 12.6 g（½ oz）蛋白質（12～13%）
英國麵包與其他烘焙食品的食譜有時會要求使用全部或部分的高筋白麵粉。和粉心麵粉（patent flour）[3] 不同，高筋白麵粉是以較硬質的小麥製成，磨製出的麵粉含有更多麵筋。麵筋是製作出膨脹良好、輕盈的成品不可或缺的成分。粉心麵粉則有不同種類，差異在於其中的蛋白質含量。正式名稱為「T65」的法國麵粉[4] 通常 100 g（3½ oz）中含有 13 g（½ oz）蛋白質。美國則是以冬麥和春麥區分，冬麥會在秋季播種、隔年夏季收割，蛋白質含量比夏季生長的小麥更高。這些麵粉只在專門店中有販賣，但對烘焙愛好者來說很容易取得。

●中筋白麵粉（Plain [all-purpose] white flour）：每 100 g（3½ oz）麵粉中含約 10 g（¼ oz）蛋白質（10%）
在我居住、靠近荷蘭的法蘭德斯地區（Flanders）[5] 有一種以在沿海氣候下生長的軟質小麥製作的「澤蘭麵粉」（Zeeland flour），它的蛋白質含量低，因而產生較少麵筋，適合製作酥脆的餅乾如奶油酥餅（shortbread），以及作為蛋糕基底脆殼的酥皮麵團。澤蘭麵粉的蛋白質含量約為 10%，和隨處可得的中筋白麵粉相同。

燕麥（Oats）
燕麥片與燕麥粉分成許多種類[6]：
●傳統燕麥片（Rolled oats）是全粒燕麥粒蒸製後以機器輾壓成扁平片狀。蒸氣將燕麥部分蒸熟，因此後續烹飪時能較快煮熟。傳統燕麥片以一般尺寸或大粒燕麥片出售。
●鋼切燕麥粒（Pinhead oats 或 steel-cut oats）是將全粒燕麥切成兩三段如大頭釘般的尺寸。這種燕麥也可用來煮燕麥粥，一般認為傳統愛爾蘭燕麥粥就是如此製作。它們更有嚼勁，堅果香氣更明顯。
●即食燕麥片（Porridge oats 或 oatmeal）是將鋼切燕麥粒或傳統燕麥片碾磨至半粉狀，但仍留下許多碎片。有細、中、粗等分別。
●燕麥粉（Oat flour）由鋼切燕麥粒或傳統燕麥片磨製，比即食燕麥片更細緻。其質地十分柔軟，類似全穀粉。你可以使用裝上刀片的食物調理機將傳統燕麥磨製成燕麥粉。

玉米粉（Cornflour）
玉米粉（玉米澱粉［cornstarch］）能降低麵粉內的蛋白質含量，很適合用來製作酥脆的餅乾，也能用來製作輕盈的蛋糕。玉米粉是從玉米粒胚乳中取得的澱粉，是將玉米粒浸在二氧化硫中萃取而成。二氧化硫自古以來就是一種用來保存食物的物質。在此萃取過程中產生的剩餘物，便是玉米粒中的蛋白質，可直接為動物飼料產業所用。由於如今玉米經常已經過基因改造，我建議使用有機玉米粉，可從英國麵粉專門店「鴿子農場」（Doves Farm）訂購。若要降低麵粉中的蛋白質含量（最低仍需維持 10%），可使用以下規則替換：將每 125 g（4½ oz）中筋麵粉中的 20 g（¾ oz）替換為玉米粉。

自發麵粉（Self-raising flour）

自發麵粉可以直接購買也能自製。自製的好處在於，當食譜要求自發麵粉時，只需購買一種麵粉並簡單地加入泡打粉即可。一包在櫥櫃後方找到的舊自發麵粉可能已不再有效、成品也無法膨發。通常 500 g（1 lb 2 oz）的自發麵粉中含有 15 g（½ oz）泡打粉。你可以使用這個比例調整想要的麵團膨發程度。本書中並未使用自發麵粉，而是在每個食譜中分別列出所需的泡打粉含量。

碳酸氫鈉（Bicarbonate of soda，即小蘇打 [baking soda]、E500）與泡打粉（baking powder）

這兩種粉末都能讓麵團或麵糊膨發，但絕對不是相同的東西。碳酸氫鈉是一種天然碳酸鹽，只有在麵團或麵糊中加入如檸檬汁、優格、白脫牛奶（buttermilk）[7]、醋或是黑糖漿（black treacle）等酸性物質時才會作用。而在添加了穩定劑的泡打粉中，酸性物質已存在於碳酸鹽中。你需要以 3 倍的泡打粉來替換碳酸氫鈉的用量。

豬油（Lard）

英國食譜中經常使用由豬的腹部脂肪製成的豬油，你可以自製也可直接在商店中買到。我自製豬油的方法是將豬肉腹部脂肪煮沸數小時、過濾後倒在容器中，接著冷凍——它可以永久保存。使用一點豬油做成的派皮會有種很棒的鹹味，和甜味內餡搭配也很合適。你可以用多餘的豬油煎蛋或烤馬鈴薯，非常美味。

板油（Suet）

板油碎粒（shredded suet）是將動物的腎臟油脂處理後製成小型顆粒，英國派皮食譜中經常使用，在布丁與香料果乾派中也很常見。你可以購買盒裝的即用板油碎粒，但也可以自製，雖然過程有些冗長。由於板油累積在腎臟周邊，必須先清除上方布滿的纖維，接著需要煮沸並過濾這些油脂、倒入容器中凝固，然後在使用前以粗粒磨碎器磨成碎粒。將板油磨成碎粒很重要。雖然結果不盡相同，但你也可以用奶油或豬油取代板油。以板油製成的糕點保存期限比以奶油製成的來得長。

奶油（Butter）

「奶油」指的是「無鹽奶油」，最好為有機、乳脂肪含量 82% 以上。大部分便宜的奶油乳脂肪含量較低，這並不代表它較為健康，但並不適合用來製作美味的蛋糕與烘焙食品。不要使用人造植物奶油（margarine）來製作本書中的食譜，即使 50 年前它被大力推薦，且我們的父母輩始終堅定相信它的功效[8]。你的烘焙技巧值得最好的奶油，油脂就是風味。

---

1. 斯佩爾特小麥是一種古老穀物，為現代小麥的遠親，具有獨特的堅果味。由於醣分含量較低（低 GI）、容易帶來飽足感，且採全穀形式研磨，在歐美烘焙中被視為麵粉的健康代替選項。
2. 本書中使用的重量及容量單位為公制與英制，後者和美式英制不同，換算時請注意。
3. 小麥結構大致可分為胚乳、麩皮與胚芽。胚乳是製造麵粉的主要成分。粉心麵粉是以小麥中心部位的胚乳磨製而成，灰份（麩皮中的礦物質含量）含量較低，顏色比外圍胚乳磨成的麵粉潔白、細緻，製作出的烘焙食品不容易發生褐變。
4. 法國麵粉以灰份值為區分，和台灣以蛋白質高低區分高中低筋不同。「T」表「type」之意，後方數字則是灰份值，T65 表示含灰份含量約 0.62% ～ 0.75%，在法國是用來製作麵包的麵粉；T45 則用來製作糕點。
5. 法蘭德斯（荷語 Vlaanderen）是比利時北部說佛蘭德斯語（英語 Flemish；荷語 Vlaams）的區域。
6. 除了文中列出的這些之外，還有只脫去穀殼、營養價值最高的去殼燕麥粒（oat groats）、脫去種皮後的燕麥米（oat rice），以及介於傳統燕麥片與即食燕麥片中間的快熟燕麥片（quick rolled oats）等。
7. 白脫牛奶是奶油製作過程中的副產物。不斷攪打鮮奶油使脂肪分離後會剩下液態乳清，乳清再發酵便是白脫牛奶。
8. 人造植物奶油又稱「乳瑪琳」。1970 年代是氫化植物油開始大量商業化運用的時代，當時的營養價值觀認為人造植物奶油較動物油脂更輕盈、健康，且成本也遠較奶油低，歐美食品工業也開始大量使用在烘焙與糖果商品中。

鮮奶油（Cream）與牛奶（Milk）

我確實喜歡有些脂肪，因此也喜歡鮮奶油。本書中的食譜使用「高脂鮮奶油」（double cream），這是英國對乳脂肪含量 48% 以上的鮮奶油的稱呼。在許多國家，全脂鮮奶油的乳脂肪含量介於 33% 與 35% 之間。仔細閱讀瓶身標示，選擇乳脂肪含量最高的那種，遠離輕盈的版本。本書中使用的牛奶皆為全脂。若要自製起司，我會標明使用可向農場購買的生乳（raw milk）。由於未經巴氏滅菌法殺菌[1]，它的保存期限非常短。你也可以使用「酸乳」（sour milk）或加了酸性物質的牛奶製作，但成果不會和這些食譜中要求的完全相同，因為使用酸乳或酸化牛奶製成的起司更酸，以生乳製成的則是甜的。如果無法找到生乳，可以在要求使用凝乳起司（curd cheese）的食譜中以瑞可達起司（ricotta）代替。

蛋（Eggs）

我在自己的食譜中使用中型有機雞蛋。蛋讓蛋糕體積增加，也添加營養價值，但卻會使其質地較乾。蛋黃則會使蛋糕顏色美觀。本書中的食譜假設一顆中型蛋約重 50 g（1¾ oz）。

酵母（Yeast）[2]

酵母能產生碳氣，並使麵團膨脹。我多半使用乾燥酵母，因為能便利地存放在食物櫃中，因此本書中的食譜也採用乾燥酵母。如果你偏好使用新鮮酵母，可將乾燥酵母的份量乘以 2。新鮮酵母不需在使用前浸入溫熱液體中活化。

杏桃核仁（Apricot kernels）[3]

過去會使用苦杏仁而非扁桃仁（almond）來調味，但苦杏仁含有毒素，若食用過多有害人體。杏桃核仁含有同樣的毒素，但含量微小得多，因而成為良好的替代品。搗碎的杏桃核仁加上玫瑰水會產生杏仁膏（marzipan）一般的香氣，嘗起來類似苦杏仁。請嚴格遵守本書中的用量，且不要在加入烘焙物之前食用。杏桃核仁不能像一般堅果一樣食用，因此需存放在遠離幼童之處，也別讓尋找零食點心的伴侶能隨手取得。

黃金糖漿（Golden syrup）與黑糖漿（Black treacle）

黃金糖漿與黑糖漿是兩種英國糖漿，它們是製糖精煉過程中的副產品。你可以使用楓糖漿或蜂蜜取代黃金糖漿，黑糖漿則能以糖蜜替代，不過糖蜜嘗起來味道強烈得多。你也可以使用蜂蜜，但就無法擁有那股漂亮的深沉色澤。

糖漬柑橘皮（Candied citrus peel）

在英國，經常混合糖漬檸檬皮與糖漬橙皮並很單純地稱為「糖漬皮」（candied peel）或「混合糖漬皮」（mixed peel）。為了方便起見，我在食譜中使用「糖漬柑橘皮」：直接使用你能找到的，除非食譜中特別指出要用哪一種。好的糖漬柑橘皮厚度至少要 5 mm（¼ inch）而且黏手，不像糖果那樣堅硬、乾燥。在某些食譜中我也提到義大利糖漬香檸（candied cedro）[4]，這是一種皮特別厚的檸檬種類，其糖漬皮的顏色通常為淺黃綠色。

小粒無籽葡萄乾（Currants）與大粒黑葡萄乾（Raisins）[5]

小粒無籽葡萄乾與大粒黑葡萄乾通常在使用前會浸泡數小時，但此做法並不適用所有的烘焙物。在製作某些蛋糕、水果蛋糕與小圓麵包時，使用未浸泡的葡萄乾更好。如果將浸泡過的果乾加入麵包或小圓麵包麵團，它們會在揉麵過程中受損；若在麵團塑型前加入，則可能將不必要的水氣帶入麵團中，使其變得難以處理地黏手。若果乾未經浸泡，我偏好使用較濕的麵團來平衡。我會在第一次發酵前加入果乾，使它們能完美地附著在麵團結構上。即使不浸泡，你還是需要清洗果乾以去除灰塵雜質，然後用廚房紙巾拍乾。

1.巴氏滅菌法（pasteurisation）是法國生物學家路易・巴斯德（Louis Pasteur, 1822-1895）於 1864 年發明的消毒方法，亦稱低溫殺菌法，是將液體或其他物質加熱至某個溫度後保持一段時間以殺死其中的微生物，達到保質效果。以牛奶為例，目前國際通用的巴氏滅菌法主要有兩種：一種是加熱至 62 ～ 65°C 維持 30 分鐘，另一種則是加熱至 75 ～ 90°C，維持 15 ～ 16 秒。

2. 注意此處使用的乾燥酵母並非速發酵母（instant dry yeast），若要換算，比例大約爲 2：1。

3. 一般烘焙使用與當成零嘴食用的「杏仁堅果」其實是扁桃的種子，由於外形與杏仁類似而誤譯。而用來提取杏仁香精、眞正的「杏仁」，是杏桃（apricot）的種子（apricot kernel），可以再略分成甜杏仁（南杏）與苦杏仁（北杏）兩類。

4. 「Cedro」爲義大利語，英語稱爲「citron」，中文又稱枸櫞、香櫞，是芸香科柑橘屬的一種植物，與檸檬外觀相似，但更大且皮厚，酸度較檸檬稍低。

5. 葡萄乾主要分爲三種：大粒黑葡萄乾（raisins）由各種品種的葡萄曬乾約三週製成；小粒無籽葡萄乾（currants）也稱爲桑特醋栗葡萄乾（Zante currants），但並不限於使用桑特醋栗品種，大部分採用黑柯林斯（Black Corinth）與卡莉納（Carina）品種，甜中帶酸、風味強烈；桑塔納葡萄乾（sultanas）則以無籽青葡萄曬乾製成，多半採用湯普森無籽品種（Thompson Seedless），由於在曬乾前會塗上以油爲基底的液體加速乾燥過程，顏色較淺。在美國，桑塔納葡萄乾則經二氧化硫防腐處理呈現金黃色，也被稱爲金黃葡萄乾（golden raisins），較前兩者甘甜、多汁。

開始烘焙以前
BEFORE YOU BAKE

準備模具

除非食譜中特別指示不同方法，否則皆以下述方式準備不同的模具。若以正確方式準備模具，蛋糕將能在烘焙後輕鬆脫模。

●方形、長方形與長條形模具

以摺疊後的廚房紙巾在模具擦上一層薄薄的奶油，並使其均勻分布各角落。將一張長條烘焙紙放入模具中，覆蓋住模具兩側並稍微突出頂端，這樣可在蛋糕烘焙後輕易取出脫模。在鋪好烘焙紙的模具上撒上麵粉，在工作檯或水槽上方，輕敲模具底部抖落多餘的麵粉。

●圓形模具

以摺疊後的廚房紙巾在模具擦上一層薄薄的奶油，並使其均勻分布模具邊緣。在模具底部鋪上一張烘焙紙，沿著模具邊緣在烘焙紙上壓一圈，然後剪出一個圓形。以奶油黏住烘焙紙，使其固定。在鋪好烘焙紙的模具上撒上麵粉，在工作檯或水槽上方，輕敲模具底部抖落多餘的麵粉。

●烤盤

大型淺烤盤只需簡單地鋪上一張烘焙紙。

烤箱

如果要說自己這些年來曾經學到什麼的話，那便是絕對不要相信烤箱內建的溫度計，無論製造商宣稱它是多麼準確。為自己找一個獨立的烤箱溫度計——它們非常便宜。這樣就不必擔心因為烤箱自體顯示已到達 220°C（425°F）、實際上卻只有 160°C（320°F）而使麵包失敗。

本書食譜中列出的溫度，是測試時成果最佳的溫度，但最重要的是學著從糕點外觀和氣味判斷它的烘烤程度。當你的烘焙經驗越豐富，你會更清楚蛋糕與糕點的烘焙時間。

此外，我從來不使用熱風功能或烤箱風扇，因為我發現它過於強力。如果你偏好使用旋風功能當然沒問題，但記得將溫度降低 20°C（68°F）。

我的家中還有一個 Esse 烤爐 [1]：這是一種藉著沉重鑄鐵外框蓄熱運轉的烤爐，它能從一個較低溫但持續的熱源吸收熱度。用這種烤爐烹飪或烘焙的做法不太一樣，因為它在烤箱前方並沒有玻璃門，因此不能在烘焙過程中直接目測蛋糕的狀況。我用這種烤爐測試過本書所有食譜，在有需要時也提供了額外的訣竅，不過通常烘焙時間與溫度都和食譜要求的相同。和使用一般的烤箱相同，記得始終要以額外的烤箱溫度計確認溫度。

蛋液

蛋液能在烘焙過程中為蛋糕帶來漂亮的金黃褐色，你也可以用它來將珍珠糖或小粒無籽葡萄乾等裝飾黏在蛋糕上。在烘烤內餡非常液態的塔時，可以以將空烤過的塔殼塗上蛋液後額外再烤五分鐘，這能完好填滿所有塔殼上的孔洞，塔殼也會變得更為堅實，如此便能阻隔濕氣。在使用蛋液前，將蛋和牛奶攪打均勻很重要——有些人甚至會過濾蛋液使其變得更均勻。典型的蛋液份量為一顆蛋黃加上一大匙牛奶，使用時以刷子在烘焙物上輕輕刷上一層。

---

1. 蘇格蘭人詹姆斯·史密斯（James Smith）在美國為西部拓荒者設計了以無煙煤燃燒的封閉式爐灶品牌，可同時烹飪與供暖，較傳統火爐更節能與潔淨。他在 19 世紀中將此發明帶回英國，成立 Esse 品牌，結果生意繁盛，包括皇室與許多名人、主廚皆是愛用者。

羅姆尼濕地，肯特郡與薩塞克斯郡交界（Romney Marsh, Kent and Sussex border）

七姊妹巖，薩塞克斯郡南唐斯丘陵（Seven Sisters, South Downs, Sussex）

你不能既保有
自己的蛋糕，
同時又吃掉它。
You can't have
your cake
and eat it.

1538，諾福克公爵湯瑪斯（Thomas Duke of Norfolk）
「人不能既保有自己的蛋糕又吃掉它。」
'A man cannot have his cake and eat his cake.'

諺語
你不能既吃掉蛋糕又同時保有它。
You cannot eat your cake and keep it at the same time.

含義
魚與熊掌不可兼得。

蛋糕
Cakes

生日、婚禮、宗教與傳統節慶……在每一個人生旅程中的重要時刻，都有烘焙食品供眾人分享，它們也標示著這些時刻的重要性。這些烘焙食品可以是麵包或餅乾，但今日最常見的則是蛋糕。蛋糕在英國皇室婚禮中意義非凡，婚禮水果蛋糕會被仔細包裹並裝入紀念盒中送給友邦、皇室親友與一般大眾。最近，一片盒裝的1840年維多利亞女王的婚禮紀念蛋糕在拍賣會上拍出了1,500英鎊[1]，而凱特王妃與威廉王子的皇室婚禮蛋糕更在2014年，以一片6,000英鎊的天價售出。

我們經常假設蛋糕一直以來都存在，但事實上，我們如今所知的蛋糕其實是非常晚近的產物。「蛋糕」（cake）這個詞彙來自古挪威語的「kaka」，而在古挪威人的感知中，蛋糕通常像餅乾或餐包那樣小。蛋糕過去更接近麵包，且僅以少量蜂蜜增加甜味，因為當時還沒有砂糖[2]。

許多餅乾、小圓麵包與糕點在過去與現在都被稱為「蛋糕」，譬如埃克爾斯蛋糕（Eccles cakes）與佐茶餐包（Tea cakes）[3]其實都不是「蛋糕」，但卻被如此稱呼。有趣的是，荷蘭語中也使用「蛋糕」這個詞彙，但其實它在古老的荷蘭或法蘭德斯烹飪書籍中都未曾出現。

宗教與多神教信仰的儀式上都有蛋糕與小圓麵包。圓形麵包象徵生命，通常會壓上十字形紋路以代表四季，而基督教之後將其改換為十字架的象徵，熱十字麵包（Hot cross bun）就是一例。

17世紀砂糖進口增加後，早期的蛋糕食譜便較常出現在英語食譜書中。英國的砂糖消費在1690年至1740年中甚至翻倍。1727年的《完美主婦，或有教養的貴婦指南》（*The Compleat Housewife, or, Accomplish'd Gentlewoman's Companion*）書中包含了40個蛋糕食譜，這些食譜在該書出版時已有至少30年左右的歷史。

直到18世紀末之前，「蛋糕」要不很小、和我們如今所知的蛋糕不同，要不就是非常巨大。約翰·莫拉德（John Mollard）的第十二夜蛋糕（Twelfth cake）中包含7磅的麵粉，最後需要烘烤好幾個小時。這些蛋糕是在紙、木頭、金屬或錫製的無底圓形蛋糕圈中，通常蛋糕圈會以濕濕的報紙包住，使蛋糕外層不會比中心更快烤熟。由於包含如果乾、香料等昂貴且仰賴進口的食材，這些大型蛋糕是為特殊場合製作的。能和蛋糕一樣珍貴的東西一起慶祝，是莫大的榮幸。

在1843年泡打粉上市之前，烘焙師傅們使用蛋與酵母讓蛋糕膨發，有時甚至需要打蛋一小時。這些「蛋糕」的質地更接近麵包而非鬆軟的蛋糕。由於舊式的磨粉技術無法製作出和我們如今習慣的麵粉一樣細緻的成品，過去使用的麵粉也更為粗糙與密實。當時的蛋糕通常會先經烹煮再烘焙，像西蒙內爾蛋糕（見第62頁）那樣的故事中就仍然可見這種做法。

19世紀下半葉，當使用泡打粉烘焙蛋糕成為常態，更細緻的麵粉從奧地利和匈牙利進口後，蛋糕食譜也變得更加精緻。但因為英國人始終尊重自己的古老傳統，我們仍然能在今日的耶誕節蛋糕和水果蛋糕中發現舊式蛋糕的蹤影。若和如維多利亞夾心蛋糕相比，它們更為厚重扎實。且許多人和他們的母親與祖母輩一樣，仍然使用濕濕的報紙包裹耶誕節蛋糕。這個方法至今管用，因為這種蛋糕需要低溫長時間烘焙。

有些蛋糕熟成後風味更佳。像耶誕節蛋糕、西蒙內爾蛋糕、佐茶蛋糕（Tea loaf）與「巴拉布里斯」威爾斯斑點麵包（Bara brith）等水果蛋糕，若給它們一點時間、並以白蘭地或另一種烈酒「餵養」，味道只會變得更好。像帕金蛋糕（Parkin）那樣的薑餅也一樣，一開始很乾，但會逐漸變得令人驚嘆地濕潤。

無論如何，蛋糕是一種烘焙來分享的事物，無論是與你親愛的人或同事、或是和陌生人，如果你的蛋糕是拿來販售的話。

1.維多利亞女王（1819-1901）與亞伯特親王（1819-1861）於1840年2月10日成婚。該婚禮紀念蛋糕是在2016年9月14日以1,500英鎊連同有著女王親筆簽名的紀念盒一同售出。

2.過去歐洲的甜味劑主要是蜂蜜。十字軍東征時將蔗糖帶回歐洲，歐洲人才學會甘蔗種植和蔗糖技術。此後有少部分蔗糖經地中海貿易，到達貴族、皇室與神職人員的餐桌上，砂糖成為身分地位的象徵。15世紀開始，葡萄牙、西班牙在大西洋群島上成立甘蔗種植園，砂糖逐漸在歐洲普及、糖價也逐漸下降。

3.參見第104頁的「約克郡佐茶餐包」（Yorkshire tea cakes），雖然原名直譯為「約克郡佐茶蛋糕」，但實際上是一種加了葡萄乾的小圓麵包。

薩瓦蛋糕
Savoy cake

在 19 世紀時,要使用當時性能不穩定的烤箱做出像薩瓦蛋糕這麼大又充滿空氣感的蛋糕,是很困難的,真的很考驗主廚的技巧。作家約翰.柯克蘭(John Kirkland)在他於 1907 年出版的《現代烘焙、甜點糖果與外燴業者》(*The Modern Baker, Confectioner and Caterer*)中提及,薩瓦蛋糕的銅模因形狀太複雜而不切實際,所以製作時經常會改用形狀比較簡單的布丁模。

在我的著作《英國國民信託協會布丁食譜書》(*National Trust Book of Puddings*)中,我提供了一個「微醺布丁」的食譜,需要在數天前製作並讓它自然乾燥,接著浸入甜酒中並和卡士達醬將一起上桌。

要製作薩瓦蛋糕,請使用你手中最美麗、裝飾性最強的模具,越高越好,或者使用咕咕霍夫模。遵造指示使用豬油潤模非常重要,如果你用了一個形狀精巧但沒有不沾外層的模具,這個方法能保證蛋糕順利脫模。如果使用大的模具,可將食譜份量加倍。

份量:4 ～ 6 人份
使用模具:一個容量至少 1 公升(4 杯)的裝飾蛋糕模

蛋黃　4 顆
蛋白　4 顆
細砂糖(caster [superfine] sugar)[1]　100 g(3½ oz)
現刨檸檬或橙皮屑　1 顆份
中筋麵粉　45 g(1½ oz)
玉米粉(玉米澱粉)[2]　45 g(1½ oz)
鹽　一小撮
豬油　模具上油用
玉米粉(玉米澱粉)　模具撒粉用
糖粉　模具撒粉用

作法

1. 將烤箱預熱至 190° C(375° F)。以豬油為模具上油,接著撒上玉米粉、抖落多餘的粉末。以同樣的方式撒上糖粉。

2. 將蛋黃在小碗中打散。在另外一個大碗中將蛋白打發,緩緩加入細砂糖,一次一小匙,持續打發成硬性發泡、堅挺且外觀閃亮的蛋白霜。將一小匙的蛋白霜加入蛋黃中,再加入檸檬皮屑並混合均勻。接著把混合的蛋黃糊拌入全部的蛋白霜中。

3. 將麵粉與玉米粉混合過篩加入蛋白霜中,再拌入一撮鹽,小心混合均勻,不要破壞蛋白霜蓬鬆的體積。

4. 將混合好的麵糊放入蛋糕模中,接著放入預熱好的烤箱。如果使用較高的模具,將其放在烤箱底層;如果模具高度中等,可放在烤箱中層。

5. 烘烤 30 ～ 40 分鐘,直到蛋糕頂端呈現金黃色。取出連模靜置 10 分鐘,接著脫模在烤架上冷卻。蛋糕整體應呈現極淺的顏色。

1.英式烘焙中經常使用細砂糖,顆粒介於白砂糖(granulated sugar)和糖粉(icing sugar、confectioner's sugar、powdered sugar)之間。美國則沒有那麼常見,但有時會以「superfine sugar」之名在超市出現。

2.為了和玉米曬乾後直接碾磨而成的黃色玉米粉(英:cornmeal;美:cornflour)區隔,使用白色且具凝膠、勾芡作用的玉米澱粉(英:cornflour;美:cornstarch)時,本書中會特別註明。

葛縷子蛋糕
Caraway seed cake

　　葛縷子（香芹籽）過去曾是英式烘焙中非常受歡迎的添加香料，但如今則普遍令人聯想到斯堪地那維亞國家。1900 年時，梅‧拜倫（May Byron）發表了來自格洛斯特郡、切斯特郡、肯特郡、約克夏郡與愛爾蘭等地的鄉土葛縷子蛋糕食譜，但從其他書中也可得知，葛縷子蛋糕在康瓦爾郡也很受歡迎。古老的食譜中也提到加入葛縷子糖（caraway comfits），即將葛縷子包上白砂糖糖衣。由於需花費數小時在明火上將極小的葛縷子一層一層地裹上糖衣，這是一項非常冗長單調的工作。葛縷子糖可和印度穆克瓦思潔口清新糖（mukhwas）對比，差別在於穆克瓦思使用茴香籽（fennel seeds），且使用彩色而非白色的糖。穆克瓦思五彩的顏色可為蛋糕增添巧思，我通常會使用混合使用穆克瓦思與葛縷子，但直接使用葛縷子，也能做出很棒的蛋糕。此外，也可使用壓碎的小豆蔻籽取代葛縷子。

份量：6 ～ 8 人份
使用模具：一個長條型模具

奶油　200 g（7 oz）（室溫）
細砂糖　200 g（7 oz）
全蛋　4 顆
中筋麵粉　250 g（9 oz）
葛縷子　1 大匙
　與（或）穆克瓦思潔口清新糖　2 大匙
泡打粉　1 大匙
奶油　模具上油用
麵粉　模具撒粉用

作法

1. 將烤箱預熱至 180°C（350°F），以第 21 頁說明的方式為模具上油、撒粉。
2. 將奶油與砂糖混合，以打蛋器打至柔軟泛白的乳霜狀。分次加入蛋，一次一顆，完全混合均勻再加入下一顆。加入最後一顆蛋時，同時加入一小匙麵粉，避免麵糊分離。
3. 將葛縷子與穆克瓦思潔口清新糖混入麵糊中，接著以不破壞麵糊體積的方式，拌入剩下的麵粉與泡打粉。將混拌好的麵糊放入模具中，抹平麵糊表面。放入預熱好的烤箱中層位置並烘烤 40 ～ 50 分鐘。
4. 將蛋糕連模靜置 5 分鐘後脫模，放在烤架上冷卻。

胡蘿蔔蛋糕
Carrot cake

　　無論長幼，胡蘿蔔蛋糕在不同年齡層都很有人氣。它起源於中世紀，當時糖與蜂蜜都過於昂貴，無法奢侈地大量使用。當時的人將胡蘿蔔蛋糕視爲一種甜食。第二次世界大戰時，因爲英國胡蘿蔔產量過剩，英國人便製作了大量胡蘿蔔蛋糕。胡蘿蔔當然很健康，這也是爲何英國食品部爲推廣胡蘿蔔烹飪而製作相關手冊派發給大衆。孩子們逐漸愛上胡蘿蔔，戰時物資缺乏時，分給小朋友的棒棒糖甚至被插在竹籤上的粗胡蘿蔔條取代。

　　製作胡蘿蔔蛋糕時，我喜歡使用全穀粉，因爲這會讓蛋糕更有份量，和其他食材也配合得更好。雖然一般都使用奶油乳酪（cream cheese）或奶油霜（buttercream）霜飾，但我偏愛食譜中的腰果優格糊，因爲堅果與胡蘿蔔和蛋糕中的香料搭配起來很棒。但如果你偏好奶油乳酪或奶油霜，也請儘管使用。

份量：6～8 人份
使用模具：兩個直徑 18～20 cm（7～8 inch）的圓形蛋糕模

蛋糕體

特級初榨橄欖油　250 ml（9 fl oz）

原糖（德梅拉拉糖）（raw [demerara] sugar）[1]　225 g（8 oz）

全蛋　4 顆

全麥麵粉或斯佩爾特小麥全穀粉　300 g（10½ oz）

橙皮屑　½ 顆份

肉桂粉　2 小匙

肉豆蔻籽粉（ground nutmeg）　2 小匙

薑粉　2 小匙

丁香　5 粒（磨成粉狀）

胡椒與海鹽　一小撮

胡蘿蔔細絲　400 g（14 oz）

泡打粉　2 小匙

胡桃（pecan）或核桃（walnut）碎粒　100 g（3½ oz）

奶油　模具上油用

麵粉　模具撒粉用

配料與裝飾

腰果　200 g（7 oz）（在冷水中浸泡隔夜，或於熱水中浸泡 2～3 小時）

楓糖漿或金黃糖漿（golden syrup）　2 大匙

海鹽　一小撮

希臘優格或冰島凝乳（skyr）[2]、椰奶優格（coconut yoghurt）100 g（3½ oz）

無鹽開心果或胡蘿蔔造型杏仁膏（marzipan）

作法

1. 首先準備配料與裝飾。將腰果瀝乾水分，並用廚房紙巾拍乾。放入食物調理機或果汁機，加入糖漿，一同打至滑順。接著加入鹽與優格，再度打至滑順的乳狀。放入小型調理盆中靜置冰箱備用。

2. 將烤箱預熱至 180°C（350°F），以第 21 頁的方式爲模具上油、撒粉，接著製作蛋糕體。使用桌上型攪拌機將橄欖油與糖一起攪打 5 分鐘，分次加入蛋，一次一顆，完全混合均勻再加入下一顆。加入最後一顆蛋時，同時加入一小匙麵粉，避免麵糊分離。

3. 加入橙皮屑、香料與鹽，接著加入胡蘿蔔絲，以矽膠攪拌匙混拌均勻。加入剩下的麵粉與泡打粉，全部一起混拌均勻，最後拌入胡桃（或核桃）碎粒。

4. 將麵糊均分成兩份，分別倒入兩個蛋糕模中，將模具在桌上用力震盪幾下，敲出麵糊中的氣泡。

5. 放入預熱好的烤箱中層，烘烤 35～40 分鐘。以竹籤插入蛋糕中測試烘烤程度，若取出竹籤後表面未沾黏麵糊，即表示蛋糕烘烤完成。

6. 蛋糕須完全放涼後才能組裝。若你已在前一天烤好蛋糕，在裝飾前一小時事先放入冰箱中冷卻。

7. 將三分之一的腰果優格糊抹上底層蛋糕片，也可裝入擠花袋中絞擠在蛋糕上。放上第二個蛋糕片，並將剩下的腰果優格糊抹於蛋糕頂部。以全粒或碎粒的開心果或是胡蘿蔔狀的杏仁膏爲蛋糕裝飾。組裝完成後若沒有要立刻享用，可暫置冰箱中。

---

1. 「Raw sugar」（原糖或原料糖）指的是精煉糖在精製處理前的粗砂糖，類似台灣的二號砂糖。「Raw」指僅經過一次結晶，和白砂糖與細砂糖等精煉糖經過兩次以上結晶相對。因起源於過去爲英國殖民地的德梅拉拉（Colony of Demerara，現爲獨立國家圭亞那），在英國也被稱爲「德梅拉拉糖」。

2. 冰島凝乳是一種以脫脂牛奶發酵製成的冰島傳統凝乳，較優格濃稠。由於含有凝乳酶，技術上屬於起司，但質地與結構較接近優格，食用方式也類似。

巴騰堡蛋糕
Battenberg cake

最早的巴騰堡蛋糕出現在費德烈‧范因（Frederick T. Vine）於 1898 年出版的《糕點店櫃檯與櫥窗商品》（*Saleable Shop Goods for Counter-Tray and Window*）一書中，且有著九格格紋而非現代的四格。從九格變為四格，很可能是由於 20 世紀蛋糕大廠以工業化方式生產蛋糕之故。1898 年，一位傑出的食譜書作家、雜誌發行者與烹飪器材商店經營者馬歇爾夫人（Mrs Marshall）也提供了一個外觀完全相同的蛋糕食譜，但該蛋糕有著不同的名字 [1]。且馬歇爾夫人在蛋糕的杏仁膏中加了黑櫻桃香甜酒（maraschino liqueur）增添風味。

市面售有巴騰堡蛋糕專用模具，能直接做出四條蛋糕體，只需額外修整。但如果你沒有專用模具，只需簡單使用兩個不同的蛋糕模製作兩種顏色的蛋糕，或是在一個大蛋糕模中用鋁箔紙做隔板，分開兩種麵糊即可。

份量：6～8 人份
使用模具：一個巴騰堡蛋糕模或一個 22 × 15cm
（8½ × 6 inch）的蛋糕模

自製杏仁膏
（或使用 400 g ／ 14 oz 市售杏仁膏）
糖粉　100 g（3½ oz）
細砂糖　100 g（3½ oz）
杏仁粉　180 g（6 oz）
杏桃核仁　20 g（¾ oz）
玫瑰水　1 小匙
全蛋　1 顆（打散）

蛋糕體
奶油　175 g（6 oz）（室溫）
細砂糖　175 g（6 oz）
全蛋　3 顆
中筋麵粉　135 g（4¾ oz）
杏仁粉　35 g（1¼ oz）
泡打粉　1 小匙
天然粉紅色食用色素
杏桃果醬　3～4 大匙
奶油　模具上油用
麵粉　模具撒粉用

* 若找不到杏桃核仁，可改為增加 20 g 杏仁粉，並加入幾滴天然杏仁香精或黑櫻桃甜酒取代。

作法

1. 杏仁膏最好在前一天先製作備用。將糖粉、細砂糖與杏仁粉一起過篩在大型調理盆中，混合均勻。將杏桃核仁浸入滾水中 5 分鐘，接著去皮。使用研缽將去皮後的杏桃核仁細細搗碎，接著加入玫瑰水或黑櫻桃甜酒。

2. 在過篩後的粉類中央挖出一個凹洞，加入蛋與磨碎的杏桃核仁，接著用一個矽膠攪拌匙或木匙將所有材料混合均勻。用手將杏仁膏揉捏均勻，若有需要，可以一次加一點點水調整質地，最後呈現不沾黏的狀態。將杏仁膏以保鮮膜包好，在室溫中靜置備用。

3. 將烤箱預熱至 180°C（350°F），以第 21 頁的方式為模具上油、撒粉。

4. 接著製作蛋糕體。將奶油與砂糖一起放在調理盆中一起攪打至乳霜狀。分次加入蛋，一次一顆，完全混合均勻再加入下一顆。加入最後一顆蛋時，同時加入一小匙麵粉，避免麵糊分離。

5. 加入剩下的麵粉、杏仁粉與泡打粉，混合均勻。將麵糊分成兩份，並在其中一份中加入粉紅色食用色素。將兩種麵糊分別倒入蛋糕模中，接著送入預熱好的烤箱，放在中層烘烤 25～30 分鐘。

6. 蛋糕取出完全冷卻後，將兩種顏色的蛋糕分別切成數個切面為 3 × 3 cm 的長條。請確保它們呈現整齊一致的四方體。如果你有巴騰堡蛋糕專用模，可以省略此步驟，只需做必要的修整即可。

7. 將杏桃果醬加熱至微溫，然後將其塗抹在蛋糕長條的四面，再把它們交錯粘接組合，呈現如彩繪玻璃般的效果。

8. 將杏仁膏擀至 5 mm（¼ inch）厚，刷上杏桃果醬，並將蛋糕放置其上。切除多餘的杏仁膏，將其裹住蛋糕體，最後修整掉兩端多出來的部分，使邊緣切面整齊。

---

1. 在馬歇爾夫人的食譜中，此蛋糕被稱為「多米諾蛋糕」（Gâteau à la Domino、Domino Cake）。

咖啡與核桃蛋糕
Coffee and walnut cake

　　咖啡與核桃蛋糕可以在英國任何一個茶室找到。雖然屬於老派蛋糕，但始終人氣不墜。你可以做成一個完整蛋糕後再用奶油霜裝飾，或是做成分層蛋糕，中間夾入奶油霜。

　　奶油霜有幾種不同的作法。義大利奶油霜採用義大利蛋白霜為基底，首先將蛋白與熱糖漿一起打發，持續攪打至蛋白霜冷卻後，再加入奶油。這種蛋白霜外觀非常潔白。瑞士蛋白霜的作法則是將蛋白與砂糖一起隔水加熱至71°C，然後打發成蛋白霜再加入奶油。法國奶油霜做法則為先製作炸彈蛋糊（pâte à bombe）：將水與糖一起加熱至121°C，同時將蛋黃打發，接著將糖漿注入其中攪打直至冷卻，最後加入切成丁狀的奶油，攪打成滑順、霜狀的奶油霜。德國人的技巧則完全不同，他們將奶油與甜點奶餡（pastry cream）[1] 以 1：2 的比例混合做成慕斯林奶餡（mousseline cream）。其他還有很多種不同版本，但此處我採用最簡單的一種，也就是英式或美式的做法。這種奶油霜質地沒有那麼滑順，但「簡單」就是它的優勢，不管是誰都能做。

份量：6～8人份
使用模具：兩個 18～20 cm（7～8 inch）
的圓形蛋糕模

蛋糕體
奶油　225 g（8 oz）（室溫）
原糖　200 g（7 oz）
全蛋　4 顆
中筋麵粉　225 g（8 oz）
即溶咖啡粉　3 小匙（以 1 大匙熱水溶解後靜置冷卻）
可可粉　一小撮
肉桂粉　一小撮
海鹽　一小撮
泡打粉　2 小匙
核桃　75 g（2 ½oz）（略切）
切半核桃　裝飾用
奶油　模具上油用
麵粉　模具撒粉用

奶油霜
奶油　240 g（8½ oz）（室溫）
糖粉　400 g（14 oz）
即溶咖啡粉　2 小匙滿匙 [2]（以 1 大匙熱水溶解後靜置冷卻）

作法

1. 將烤箱預熱至 180°C（350°F），以第 21 頁的方式為模具上油、撒粉。

2. 將奶油與砂糖放入調理盆中，一同攪打至滑順乳霜狀。分次加入蛋，一次一顆，完全混合均勻再加入下一顆。加入最後一顆蛋時，同時加入一小匙麵粉，避免麵糊分離。拌入即溶咖啡、可可粉、肉桂粉與鹽。

3. 在麵糊中仔細拌入剩下的麵粉、泡打粉，注意維持原本蓬鬆的體積。加入核桃，然後將麵糊均分成兩份，分別倒入兩個蛋糕模中，將麵糊表面抹平。將模具在桌上用力震盪幾下，敲出麵糊中的氣泡。放入預熱好的烤箱中層，烘烤 20～25 分鐘。

4. 將烤好的蛋糕連模靜置 5 分鐘，接著脫模放在烤架上冷卻。

5. 製作奶油霜：將奶油放在桌上型攪拌機中攪打直至泛白，這是一個重要步驟。接著加入糖粉混合，一次一匙，直到糖粉被奶油完全吸收。最後加入即溶咖啡，持續攪打至蓬鬆。

6. 蛋糕組裝：選出頂部較平滑的蛋糕放在一旁備用。將奶油霜抹上另一個蛋糕，或裝入擠花袋中，以星型擠花頭在蛋糕上擠出想要的樣式。疊上頂部平滑的那片蛋糕，稍微向下輕輕壓平，最後以奶油霜和切半核桃裝飾。

---

1. 甜點奶餡法文為 crème pâtissière，即台灣人熟悉的「卡士達醬」（custard cream）。不過在英語中，「custard」泛指各種質地從稀到濃稠的蛋奶醬，和擁有固定做法與質地的甜點奶餡不同，因此本書在提到「pastry cream」會譯為「甜點奶餡」，但提到「custard」時則譯為「卡士達醬」（見第 49 頁食譜）。
2. 滿匙（heaped spoon）指的是未推平、承裝食材會在中間高起的滿滿一匙。

瑞士卷
Swiss roll

瑞士卷或果醬蛋糕卷（Jelly roll）起源於 19 世紀。由於許多文化中都有相似的蛋糕，無法肯定確切的來源。英國人特別熱中瑞士卷，因爲這讓他們想起經典的英式果醬布丁卷（Jam roly-poly）。你可以嘗試不同口味的內餡與配料，但我的最愛始終都是最經典的草莓鮮奶油組合。

份量：8 ～ 12 人份
使用模具：一個 39 × 27 cm（15½ × 10¾ inch）
的瑞士卷蛋糕模

蛋糕體
蛋白　4 顆
細砂糖　100 g（3½ oz）
蛋黃　4 顆
現刨檸檬皮屑　½ 顆份
中筋麵粉　45 g（1½ oz）
米穀粉或玉米粉（玉米澱粉）　45 g（1½ oz）
細砂糖　撒於模具用

內餡
鮮奶油（乳脂肪含量 40% 以上）　200 ml（7 fl oz）
白砂糖　1 大匙
草莓果醬　4 ～ 6 大匙
開心果碎粒　裝飾用
新鮮草莓或覆盆子　裝飾用

作法

1. 將烤箱預熱至 200°C（400°F）。爲蛋糕模上油，鋪上烘焙紙並撒上細砂糖。

2. 在調理盆中將蛋白打發，一次加入一匙細砂糖，持續打至形成呈硬性發泡的蛋白霜。在另一個調理盆中將蛋黃均勻打散。

3. 在打散的蛋黃中加入一小匙蛋白霜，然後加入檸檬皮屑混合均勻。把蛋黃糊和剩下的蛋白霜混合均勻。小心拌入麵粉與玉米粉，注意不要讓蛋白霜消泡，保持原本蓬鬆的體積。將完成的麵糊倒入蛋糕模中並將表面抹平。

4. 放入預熱好的烤箱中烘烤 6 ～ 8 分鐘，直到蛋糕表面呈現淺金黃色。將蛋糕從烤箱中取出脫模，放在一張下方墊了茶巾（tea towel）的烘焙紙上，將其捲起並靜置備用。這個步驟會讓接下來捲填了內餡的蛋糕卷時輕易許多。

5. 將鮮奶油與糖一起打發。將剛才捲起的蛋糕攤平，在上方抹上草莓果醬，接著抹上打發鮮奶油。重新將蛋糕捲起，並用開心果碎粒和新鮮莓果裝飾。

* 如果沒有要立刻享用蛋糕，最好在鮮奶油中加入吉利丁使其狀態穩定。將 2 片吉利丁片（凝結力 200Bloom、一片約 1.9g）浸在裝了冷水的調理盆中，將鮮奶油打發至類似優格的質地後，把吉利丁片瀝乾，使用微波爐加熱 10 ～ 15 秒，稍微靜置冷卻，接下來將吉利丁液倒入鮮奶油中，持續打發至堅挺狀態。

* 你也可以使用香草冰淇淋取代鮮奶油。將蛋糕和烘焙紙一起捲起，接著放入冷凍庫中定型後再享用。

康瓦爾重蛋糕
Cornish heavy cake

　　康瓦爾重蛋糕誕生的時間不明，但康瓦爾郡人宣稱它已有百年歷史。以下的食譜來自於一個 1920 年左右的康瓦爾食譜小冊。這是一個扁平、表面凹凸不平的葡萄乾蛋糕，外觀更接近岩石蛋糕（Rock cake）。

份量：6 ～ 8 人份
使用模具：一個 22 × 33 cm（8½ × 13 inch）的烤模

奶油　50 g（1¾ oz）（室溫）
豬油　50 g（1¾ oz）
中筋麵粉　340 g（11¾ oz）
白砂糖　50 g（1¾ oz）
海鹽　½ 小匙
牛奶或水　125 ml（4 fl oz）
葡萄乾　180 g（6 oz）
糖漬檸檬皮　50 g（1¾ oz）
蛋黃 1 顆＋牛奶 1 大匙　蛋液用
白砂糖　表面裝飾用

作法

1. 將烤箱預熱至 190° C（375° F），在模具上鋪上烘焙紙。
2. 將奶油、豬油和麵粉、糖與鹽略混合。
3. 加入牛奶或水混合成團。加入葡萄乾與糖漬檸檬皮，持續揉捏麵團，直至果乾均勻分布在麵團中。將麵團用布或保鮮膜覆蓋靜置 1 ～ 2 小時。
4. 將麵團放入模具中，輕輕延展成大的長方形。以刀子在表面輕輕刻劃出菱形格紋。刷上蛋液並撒上一些糖。
5. 放入預熱好的烤箱中央，烘烤 40 ～ 50 分鐘。

維多利亞夾心蛋糕
Victoria sandwich cake

　　此蛋糕的第一個版本，是做成類似三明治的小型、單人份長型蛋糕，在下午茶時享用。在 1907 年出版的《現代烘焙、甜點糖果與外燴業者》中，作者約翰‧柯克蘭提供了數種不同的蛋糕食譜，如咖啡與核桃蛋糕，但夾了覆盆子或草莓果醬的維多利亞三明治蛋糕最受歡迎。傳統上製作這個蛋糕時，會將雞蛋連殼秤重，再取用相同重量的奶油、糖與麵粉 [1]。

份量：6 ～ 8 人份
使用模具：兩個直徑 18 ～ 20 cm（7 ～ 8 inch）
的活底蛋糕模

全蛋　4 顆
奶油　約 250 g（9 oz）（室溫）
中筋麵粉　約 250 g（9 oz）
白砂糖　約 250 g（9 oz）
牛奶　1 大匙
泡打粉　2 小匙
奶油　模具上油用
麵粉　模具撒粉用
覆盆子或草莓果醬　2 ～ 3 大匙
糖粉　表面裝飾用

作法

1. 將烤箱預熱至 180°C（350°F），以第 21 頁說明的方式為模具上油、撒粉。
2. 為蛋連殼秤重，然後取用相同重量的奶油、麵粉與糖。
3. 將蛋放入大的調理盆中，接著加入奶油、糖、牛奶、麵粉與泡打粉，全部混合均勻成滑順的麵糊。
4. 將麵糊均分成兩份，分別倒入兩個蛋糕模中，並將表面抹平。將模具在桌上用力震盪幾下，敲出麵糊中的氣泡。放入預熱好的烤箱中層，烘烤 20 ～ 25 分鐘。取出後連模靜置 5 分鐘，接著脫模放在烤架上冷卻。
5. 蛋糕冷卻後，在其中一個蛋糕上放上果醬並疊上另一個蛋糕，最後在表面上撒上糖粉。
6. 如果要製作比較華麗的版本，可以在底層蛋糕的果醬層上額外抹上打發鮮奶油（乳脂肪含量 40% 以上）。夏天時若在內餡與蛋糕頂端加上新鮮草莓切片也很棒 [2]。

---

1. 使用相同份量的蛋、糖、奶油、麵粉就是標準磅蛋糕（pound cake）的做法，也是法語中將其稱為「四個四分之一」（quatre-quarts）之故。
2. 草莓在歐洲產季為 4 ～ 6 月。

A collaboration between the hen, the cow and the cook.

Custard

母雞、乳牛與廚師的協力合作。

卡士達醬

馬德拉蛋糕
Madeira cake

　　馬德拉蛋糕得名於馬德拉酒（Madeira wine），是葡萄牙馬德拉地區的一種加烈葡萄酒（fortified wine）[1]，18 至 19 世紀時在英國很受歡迎。這種酒是和蛋糕一起享用，如同在義大利托斯卡尼地區會在品嘗托斯卡尼杏仁餅乾（Cantucci biscuits）時，一起享用義大利聖酒（Vin Santo）一樣。最早的馬德拉蛋糕食譜之一出現在伊萊莎·阿克頓（Eliza Acton）於 1845 年出版的食譜《私宅現代烹飪》（*Modern Cookery for Private Families*）中。馬德拉蛋糕現在仍然經常看到，但如今則是和一杯滾燙的熱茶而非馬德拉酒一起享用。

份量：6 ～ 8 人份
使用模具：一個直徑 18 ～ 20 cm（7 ～ 8 inch）
的圓形蛋糕模

奶油　175 g（6 oz）（室溫）
細砂糖　175 g（6 oz）
全蛋　3 顆
中筋麵粉　250 g（9 oz）
現刨檸檬皮屑　1 顆份
泡打粉　1 小匙
糖漬檸檬皮　1 ～ 2 片細絲（或檸檬皮屑）
奶油　模具上油用
麵粉　模具撒粉用
糖漬水果　裝飾用

作法

1. 將烤箱預熱至 180°C（350°F），並以第 21 頁說明的方式為模具上油、撒粉。
2. 將奶油與糖放入調理盆中攪打至乳霜狀。分次加入蛋，一次一顆，完全混合均勻再加入下一顆。加入最後一顆蛋時，同時加入一小匙麵粉，避免麵糊分離。拌入檸檬皮屑。
3. 將剩下的麵粉與泡打粉小心拌入麵糊中，維持原本蓬鬆的體積。拌入糖漬檸檬皮。將麵糊倒入蛋糕模中並抹平表面。放入預熱好的烤箱中層烘烤 30 ～ 40 分鐘。
4. 蛋糕取出後連模靜置 5 分鐘，接著脫模並放在烤架上冷卻。你可以使用糖漬水果將蛋糕裝飾成復古風格。
5. 和一杯英式伯爵茶或馬德拉酒、雪利酒或波特酒一起享用。
6. 過往食譜中會使用義大利糖漬香檬（cedro）細絲。如果要製作一個更美味的變化版，可以在麵糊中額外添加 50 g（1¾ oz）的糖漬香檬。

1.加烈葡萄酒指的是加入蒸餾烈酒（通常是白蘭地）增添酒精濃度的葡萄酒。馬德拉酒和同樣來自於葡萄牙的波特酒（Port Wine）、西班牙的雪利酒（Sherry）等同為世界最出名的加烈葡萄酒。

檸檬糖霜蛋糕
Lemon drizzle cake

　　檸檬糖霜蛋糕在樸實茶室和新潮咖啡店中都很常見。讓這個簡單蛋糕如此迷人的祕密，在於將明亮酸香的檸檬糖漿滲入絲綢般柔軟的蛋糕體中。最適合的烘焙方式是做成長條形蛋糕，若是圓形就沒有相同效果了。這是我丈夫布魯諾最喜歡的蛋糕。

份量：8 ～ 12 人份
使用模具：一個容量 500 g（1 lb 2 oz）的長條型模具

蛋糕體

奶油　225 g（8 oz）（室溫）
細砂糖　225 g（8 oz）
全蛋　4 顆
中筋麵粉　250 g（9 oz）
白脫牛奶或一般牛奶混合一點檸檬汁　4 大匙
現刨檸檬皮屑　2 顆份
泡打粉　2 大匙
奶油　模具上油用
麵粉　模具撒粉用

檸檬糖霜

檸檬汁　2 顆份
白砂糖　175 g（6 oz）

作法

1. 將烤箱預熱至 180° C（350° F），以第 21 頁說明的方式為模具上油、撒粉。
2. 將奶油與砂糖放入調理盆中，一同攪打至滑順乳霜狀。分次加入蛋，一次一顆，完全混合均勻再加入下一顆。加入最後一顆蛋時，同時加入一小匙麵粉，避免麵糊分離。加入白脫牛奶與檸檬皮屑並混合均勻。
3. 將剩下的麵粉與泡打粉小心拌入麵糊中，維持原本蓬鬆的體積。
4. 將麵糊倒入模具中，放入預熱好的烤箱中層，烘烤45 ～ 50 分鐘。
5. 將檸檬汁與糖均勻混合完成糖霜。
6. 以竹籤在烘烤完還溫熱的蛋糕上刺出幾個小洞。待蛋糕冷卻 5 分鐘後，移至一個有邊淺盤中。
7. 將糖霜用湯匙淋在蛋糕上，持續這個動作直到糖霜滴下蛋糕邊緣。將蛋糕持續靜置冷卻。

* 若將一小匙的罌粟籽混入麵糊中，就能製成另一個英式經典──檸檬罌粟籽蛋糕。

豬油蛋糕
Lardy cake

豬油蛋糕在英國的某些地區很出名。我曾經在柯茲沃（Cotswolds）見過，豬油蛋糕在當地的尺寸較小，而且呈螺旋狀；而在劍橋，麵團則被摺疊成磚形，就像本食譜中一樣。

份量：8 ～ 12 人份
使用模具：一個 22 × 33 cm（8½ × 13 inch）的烤模

蛋糕體

乾燥酵母　15 g（½ oz）
溫水　300 ml（10½ fl oz）
高筋白麵粉　500 g（1 lb 2 oz）
原糖　60 g（2¼ oz）
肉桂粉　½ 小匙
豬油或奶油　20 g（¾ oz）（室溫、切丁）
海鹽　5 g（⅛ oz）
蛋黃 1 顆＋牛奶 1 大匙　蛋液用

內餡

豬油　60 g（2¼ oz）
奶油　60 g（2¼ oz）（室溫）
還原棕糖（soft brown sugar）[1]　50 g（1¾ oz）
大粒黑葡萄乾　120 g（4¼ oz）
小粒無籽葡萄乾　50 g（1¾ oz）
糖漬柑橘皮 50 g（1¾ oz）

糖漿

白砂糖　60 g（2¼ oz）
水　5 小匙

作法

1. 將乾燥酵母放入溫水中活化。桌上型攪拌機裝上鉤型攪拌棒（hook），攪拌機的調理盆中放入麵粉、糖與肉桂粉，最上方放入豬油或奶油。將一半的酵母混合液倒在豬油或奶油上，靜置 1 分鐘，接著啟動攪拌機攪打混合數秒。倒入剩下的酵母液，此時麵團應非常濕黏，但不要額外加入麵粉，這就是它該有的樣子。以攪拌機持續攪打 5 分鐘，將調理盆邊緣的麵團刮下與整體混合。你也可以不用攪拌機，改為以手揉捏。

2. 靜置麵團數分鐘，接著加入鹽，持續攪打 10 分鐘後從鉤型攪拌棒上取下。接著使用雙手揉捏調理盆中的麵團，直至成為一個滑順的圓球，但不要加入額外的麵粉。調理盆加蓋，放在溫暖的地方發酵 1 小時，或者膨脹至體積變為 2 倍。

3. 將豬油、奶油與糖一同攪打混合均勻製成內餡。

4. 將發酵好的麵團擀成一個 22 × 50 cm（8½ × 20 inch）的長方形，在麵團上分散放上小塊的豬油內餡，用手指將其抹開，然後在上方撒上葡萄乾與糖漬柑橘皮。首先將麵團從左往右摺一個寬 10 cm 的長條，接著持續捲起，在捲起同時一邊用手指稍微按壓麵團，讓內餡與麵團稍微融合。

5. 在烤模上鋪上烘焙紙，將麵團放在上面靜置 30 分鐘，同時預熱烤箱至 200°C（400°F）。在麵團二次發酵膨脹後，以手拍平麵團，讓它覆蓋整個烤模。在麵團上刷上蛋液，放入烤箱中烘烤 30 ～ 35 分鐘，直到表面呈現金黃褐色。

6. 當蛋糕在烤箱中烘烤時製作糖漿。將水與糖一起在小的醬汁鍋中加熱，微微沸騰直至糖完全溶解。豬油蛋糕出爐時趁熱刷上糖漿。

7. 有些人會將烤好的豬油蛋糕翻面，浸泡在烤模中滲出的油脂裡，讓蛋糕吸收所有的精華，取代刷上糖漿。

---

1. 傳統製糖流程中，在糖漿濃縮、結晶時未將糖蜜（molasses）分離析出精煉的成品稱為棕糖（brown sugar），再依糖蜜的多寡分為紅糖（light brown sugar）與黑糖（dark brown sugar）。白砂糖（white sugar）則是在糖蜜分離後精製產生的無色無風味、僅有純淨甜味的糖。在傳統製程下，棕糖較白糖保留了較多礦物質與營養素，但在現代製糖工業中，為了加速生產流程，幾乎皆是在大量製造白砂糖後重新批覆糖蜜製得還原紅糖（soft light brown sugar）與黑糖（soft dark brown sugar），質地較原糖（raw sugar, demerara sugar）細緻與濕潤。

黏稠太妃糖蛋糕
Sticky toffee cake

黏稠太妃糖蛋糕是基於我的書《驕傲與布丁》（*Pride and Pudding*）中介紹的黏稠太妃糖布丁（Sticky toffee pudding）變化而來。不知從什麼時候開始，人們開始用烤蛋糕的方式烤布丁糊，黏稠太妃糖布丁因而誕生。我的祕方是使用是一種稱爲「appelstroop」[1]的濃縮蘋果糖漿，某些健康食品店有售。如果找不到，也可用蜜棗糖漿代替。

份量：6 ～ 8 人份
使用模具：兩個直徑 20 cm（8 inch）的活底蛋糕模

蛋糕體

蜜棗或李子乾　450 g（1 lb）（去核）
奶油　170 g（5¾ oz）（室溫）
還原棕糖　200 g（7 oz）
全蛋　3 顆
中筋麵粉　300 g（10½ oz）
濃縮蘋果糖漿或蜜棗糖漿　100 g（3½ oz）
泡打粉　50 g（1¾ oz）（與麵粉混合均勻）
海鹽　一小撮
奶油　模具上油用
麵粉　模具撒粉用

太妃糖醬

（如果只做一個大蛋糕，可將食譜份量減半）
奶油　50 g（1¾ oz）
還原棕糖　175 g（6 oz）
鮮奶油（乳脂肪含量 40% 以上）　200 ml（7 fl oz）
濃縮蘋果糖漿或蜜棗糖漿　1 大匙
海鹽　一小撮

作法

1. 將蜜棗或李子放在一個裝有滾水的醬汁鍋中，以微沸狀態持續煮 15 分鐘，瀝乾後壓成果泥。
2. 將烤箱預熱至 180° C（350° F），以第 21 頁說明的方式爲模具上油、撒粉。
3. 將奶油與糖放在調理盆中一起攪打至呈現乳霜狀。分次加入蛋，一次一顆，完全混合均勻再加入下一顆。加入最後一顆蛋時，同時加入一小匙麵粉，避免麵糊分離。加入蜜棗或李子果泥、蘋果或蜜棗糖漿，然後加入剩下的麵粉、泡打粉與鹽，充分混合均勻。
4. 將麵糊均分成兩份，分別倒入兩個蛋糕模中並抹平表面。將模具在桌上用力震盪幾下，敲出麵糊中的氣泡。放入預熱好的烤箱中層烘烤 45 ～ 50 分鐘，取出後連模靜置 5 分鐘，接著脫模放在烤架上冷卻。
5. 烘烤蛋糕時，製作太妃糖醬。將奶油放在醬汁鍋中，與糖、鮮奶油、蘋果或蜜棗糖漿與鹽一起融化，煮至冒泡後用湯匙舀起醬汁感覺變得濃稠的程度。靜置冷卻備用。
6. 蛋糕冷卻後，用一半的太妃糖醬覆蓋一片蛋糕，然後把第二片蛋糕放在上方。用竹籤在上方蛋糕的表面刺幾個小孔，淋上剩下的太妃糖醬。
7. 享用時將蛋糕切片，並附上凝脂奶油（clotted cream）[2] 或卡士達醬（見右頁食譜）。

* 你也可以用同樣的蛋糕體食譜，搭配一個直徑 22 cm（8½ inch）的活底蛋糕模製成一個大蛋糕，但太妃糖醬用量只需一半即可。也可在麵糊中另外加入 220 g（7¾ oz）的蘋果丁，做成黏稠太妃糖蘋果蛋糕。

---

[1]「appelstroop」即爲荷蘭文的「蘋果糖漿」（apple syrup），是一種由蘋果與糖一起熬煮濃縮製成的深色黏稠糖漿，從中世紀至今，主要產區皆在比利時與荷蘭的林堡地區（Limburg）。蘋果糖漿多半做爲三明治抹醬使用，也可作爲食材加在不同菜餚中。

[2] 凝脂奶油是將全脂牛奶以蒸汽或水浴法間接加熱再冷卻後，取於表層凝結成塊的乳脂製成的濃郁鮮奶油，是英式奶油茶點（cream tea）不可或缺的元素。

多塞特郡蘋果蛋糕
Dorset apple cake

幾個世紀以來，西南英格蘭的風景特色都是布滿了蘋果樹，因此多塞特郡以熱熱享用的蘋果蛋糕爲傲也不意外。雖然在全英都能找到蘋果蛋糕，但卻有區域性差異，例如南方的蘋果蛋糕不含香料，但越往北走，蘋果蛋糕中就加了越多香料和果乾。由於加了香料的蘋果蛋糕選項非常豐富，我決定在本書中採用多塞特郡蘋果蛋糕。在許多複雜的風味中，單純有時是一種療癒。

這種蛋糕通常是用烤模烘烤，而且只有數公分厚，結構也很扎實。理想是使用擁有新鮮酸香的考克斯蘋果（Cox apples），但你也可以使用任何一種紅蘋果。

份量：6 ～ 8 人份
使用模具：一個邊長 20 cm（8 inch）的正方形蛋糕模

蛋糕體
考克斯蘋果或其他紅蘋果　220 g（7¾ oz）（切丁）
奶油　180 g（6 oz）（室溫）
白砂糖　180 g（6 oz）
全蛋　2 顆
白脫牛奶或一般牛奶　60 ml（2 fl oz）
中筋麵粉　220 g（7¾ oz）
泡打粉　15 g（½ oz）
奶油　模具上油用
麵粉　模具撒粉用

卡士達醬 [1]
牛奶　250 ml（9 fl oz）
鮮奶油（乳脂肪含量 40% 以上）　250 ml（9 fl oz）
原糖　25 g（1 oz）
肉豆蔻皮（blade of mace）[2]　1 片
新鮮月桂葉　1 片
蛋黃　5 顆

作法

1. 將烤箱預熱至 160° C（320° F），以第 21 頁說明的方式爲模具上油、撒粉。

2. 將蘋果丁和一些麵粉翻拌混合，防止蘋果在烘烤時沉入麵糊底部。

3. 將奶油與糖一起角打至泛白並呈乳霜狀，加入蛋液，確認混合均勻後再加入牛奶。

4. 將麵粉過篩，與上方的蛋奶糊混合均勻，再篩入泡打粉，再次混合均勻。拌入蘋果丁，然後將混合好的麵糊倒入蛋糕模中。放入預熱好的烤箱烘烤 30 分鐘。

5. 蛋糕在烘烤時製作卡士達醬。將牛奶與鮮奶油與糖、肉豆蔻皮和月桂葉一起放在醬汁鍋中加熱。在一個大型調理盆中將蛋黃打散。將肉豆蔻皮和月桂葉從醬汁鍋中取出，接著將一些溫熱的牛奶倒入蛋黃液中混合均勻，避免過熱的液體瞬間將蛋黃燙熟。將剩下的牛奶倒入蛋黃液中，持續攪打均勻。

6. 將卡士達液倒回醬汁鍋中，以小火烹煮，一邊使用矽膠攪拌匙攪動，直到質地變稠。小心不要讓醬汁過熱，否則會變成炒蛋。將變稠的卡士達醬裝入一個罐子或壺中，以保鮮膜貼緊表面以免卡士達醬表面結皮。

7. 將蘋果蛋糕切成塊狀，淋上冷或熱的卡士達醬趁熱享用。

---

1. 與第 35 頁譯註說明相同，「卡士達醬」包含了質地由稀到濃稠的蛋奶醬，此處的食譜做法卽類似「英式蛋奶醬」（crème anglaise）而非甜點奶餡（pastry cream / crème pâtissière）。

2. 肉豆蔻（Myristica fragrans）果實的種子爲「nutmeg」，假種皮稱爲「mace」，兩種皆爲著名香料。

托登漢蛋糕
Tottenham cake

1901 年，爲了慶祝托登漢熱刺足球俱樂部（Tottemham Hotspurs）在英格蘭足球總會挑戰盃（FA Cup）中得勝，倫敦托登漢區曾將一個個托登漢蛋糕分送給小朋友們。傳統上，蛋糕的粉紅糖霜是以桑椹汁染色，並以彩色巧克力米或椰子粉裝飾。

約翰·柯克蘭在《現代烘焙、甜點糖果與外燴業者》中提到，此蛋糕製作簡單快速，適合需要在短時間內準備大量糕點的兒童派對或其他場合。他的食譜份量能夠製作一個超過 5 公斤（11 磅）的巨型蛋糕，但一點都不可口，因爲不含蛋，也幾乎沒有任何糖與奶油，顯然是爲了節省成本！此處我提供的食譜，則是當今糕點店販售的版本——一個簡單，但極爲可口的蛋糕。

「一便士就能買到一塊柔軟的海綿蛋糕；
若是形狀不工整，半便士便能入手大快朵頤。
粉紅糖霜來自豔紅的桑椹汁，
如此黏稠、美味，人人大飽口福 ...」
——亨利·雅各（Henry Jacobs）〈托登漢蛋糕〉

份量：12 人份
使用模具：一個 24 × 28 cm（9½ × 11¼ inch）
的蛋糕烤模

蛋糕體
奶油　300 g（10½ oz）（室溫）
白砂糖　300 g（10½ oz）
全蛋　6 顆
中筋麵粉　500 g（1 lb 2 oz）
泡打粉　50 g（1¾ oz）
牛奶　85 ml（2¾ fl oz）
奶油　模具上油用
麵粉　模具撒粉用

糖霜
糖粉　350g（12 oz）
水或紅醋栗汁　30 ml（1 fl oz）
（也可改用天然粉紅食用色素取代紅醋栗汁染色）
椰子粉與（或）彩色巧克力米　裝飾用（選用）

作法

1. 將烤箱預熱至 160° C（320° F），以第 21 頁說明的方式爲模具上油、撒粉。

2. 將奶油與糖放在調理盆中一起攪打至呈現乳霜狀。分次加入蛋，一次一顆，完全混合均勻再加入下一顆。加入最後一顆蛋時，同時加入一小匙麵粉，避免麵糊分離。

3. 將剩下的麵粉與泡打粉小心拌入麵糊中，維持原本蓬鬆的體積。一點一點拌入牛奶混合均勻。將麵糊倒入模具中並將表面抹平。放入預熱好的烤箱中層，烘烤 30 ~ 40 分鐘。將蛋糕靜置完全冷卻。

4. 製作糖霜：將糖粉與紅醋栗汁或水與粉紅色素混合均勻。

5. 將椰子粉或（與）巧克力米放入淺盆中，整齊切割蛋糕邊緣。切下的蛋糕屑可用來製作班柏莉蛋糕的內餡（見第 134 頁）。將糖霜抹在蛋糕上，並切成 12 塊，每次切割後都需將蛋糕刀擦乾淨。將蛋糕沾上椰子粉或巧克力米，或者不加裝飾。

6. 最好在製作蛋糕當天或隔天享用。

燕麥酥
Flapjacks

　　許多英國朋友非常喜愛燕麥酥。它們在幾乎任何一家糕餅店都能買到，但自行製作是如此簡單，以後你絕對不會再買市售產品。燕麥酥其實就是用燕麥、糖、糖漿與奶油製作的穀物能量棒（muesli bar）。它就像空白的畫布一般，雖然經常使用堅果、小粒無籽葡萄乾與其他果乾、巧克力等，但你可以發揮創意，加入任何喜歡的東西。我在下面的食譜中給了一些建議。

「來，你跟我們回去吧。我們假日吃肉、齋日吃魚，還有布丁和燕麥酥。我們很歡迎你。」
——威廉·莎士比亞《泰爾親王佩利克爾斯》（*Pericles, Prince of Tyre*）[1]

份量：8 ～ 10 條燕麥酥
使用模具：一個邊長 20 cm（8 inch）的正方形蛋糕烤模

傳統燕麥片或斯佩爾特小麥　220 g（7¾ oz）
奶油　200 g（7 oz）
金黃糖漿、楓糖漿或蜂蜜　100 g（3½ oz）
還原棕糖　50 g（1¾ oz）
海鹽　一小撮
奶油　模具上油用
麵粉　模具撒粉用
巧克力豆（選用）

作法

1. 將烤箱預熱至 160° C（320° F），以第 21 頁說明的方式為模具上油、撒粉。
2. 將燕麥片放入果汁機中，以瞬間高速功能（blitz/pulse）打 3 秒（如果使用傳統燕麥薄片［fine rolled oats］可省略此步驟）。
3. 將奶油放入醬汁鍋中，以小火融化（小心不要起泡沸騰）。加入金黃糖漿、糖與鹽，持續攪拌至糖融化。離火後加入燕麥片或斯佩爾特小麥，另外加上其他選用的食材，攪拌均勻。
4. 將混合穀物用力壓入烤模中，使表面平整。放入預熱好的烤箱中層，烘烤 20 ～ 30 分鐘。
5. 若需加上巧克力覆面：當燕麥酥出爐時，立刻在上方加入巧克力豆。巧克力豆融化後，用矽膠刮刀將其抹平。
6. 將燕麥酥連模靜置 15 分鐘冷卻，提起烘焙紙，小心地將燕麥酥從烤模中取出並切成方形。

* 變化版：加入一把巧克力豆、胡桃碎、蔓越莓、藍莓乾、杏桃乾或小粒無籽葡萄，或者使用你喜歡的穀麥片（muesli）取代燕麥片或斯佩爾特小麥。

1.本書書名舊譯爲《沉珠記》，節錄部分出自於第 2 幕第 1 景漁夫甲（First Fisherman）的台詞。

婚禮與耶誕節水果蛋糕
Fruit cake for weddings and Christmas

布魯諾和我是在我們最愛的一個英格蘭南部小鎮成婚的。古老的市政廳一切仍依照傳統事務流程辦理，街頭傳告員（town crier）在市政廳前一邊搖著手搖鈴、一邊以有如時鐘般的聲音，向鎮民與聚集的民眾宣布我們結婚的消息。婚禮之後，他帶領我們穿過一條隱藏在石子路中的小徑，來到進行舉杯祝酒儀式的酒館。

在祝酒儀式之後，我們前往康瓦爾度蜜月。在回家的路程上，我們在布萊頓（Brighton）一個海邊小鎮上領取了結婚蛋糕。根據英式婚禮傳統，這是一個豐厚的水果蛋糕，也是我品嘗過最美味的蛋糕。糕點師貝琪‧柯蕾蒂（Becky Colletti）在三個月前便把它做好，然後每幾週便以干邑白蘭地持續浸潤蛋糕體。她接著以一層杏仁膏包裹，然後用翻糖糖霜為這個完熟的水果蛋糕裝飾。當我們經過海關時，由於後座放著巨大的箱子，海關人員將我們攔下。在做完爆裂物測試後，他詢問我們裡面是不是一個水果蛋糕？我答覆，我們是在運送自己的結婚蛋糕。如果這件事發生在法國海關的話，我們可能就得拋下它了，但還好英國人很了解他們自己的蛋糕！

當我在寫作本書時，我希望能夠分享這個如此特別的水果蛋糕食譜，所以請朋友詢問了他們的家族食譜。每一個食譜都很可口，但沒有一個能媲美我的結婚蛋糕。或許是因為那個特殊的場合讓蛋糕嘗起來特別甜美，也有可能那就是現存最好的食譜，而我永遠不可與之匹敵。

我決定直接向貝琪詢問她的食譜。自從我的婚禮後，她就一直關注著我的冒險旅程，因此欣然同意。她告訴我，這是一個家族食譜，而她的父親是一個烘焙大師，曾經發誓過一定要用手混拌麵糊，好讓水果保持完好無損。她也就如何在長時間的烘焙過程中避免蛋糕過度加熱給了一些專家的建議。我想這就是我為何如此喜愛這個蛋糕的其中一個原因——它是如此濃郁多汁，不像其他耶誕節水果蛋糕一樣過於乾燥且硬得像塊磚頭。

耶誕節蛋糕也是一種水果蛋糕，只是通常加入更豐富的果乾。鄧迪蛋糕（見第 60 頁）和這種蛋糕就有密切關聯，通常被當成清爽版的耶誕節蛋糕來品嘗。早期的耶誕節蛋糕或水果蛋糕被稱作李子蛋糕（Plum cake），就像耶誕節布丁被稱為李子布丁（Plum pudding）一樣。「李子」（plum）在此指的其實是大粒黑葡萄乾與小粒無籽葡萄乾，而非真指李子或李子乾（prune）。在耶誕節時品嘗李子蛋糕的習俗來自「第十二夜蛋糕」（見第 58 頁），通常是在耶誕節後的第十二夜或是主顯節前夜（Revelation）品嘗。由於英國人已多年不曾慶祝「耶誕節的 12 天」（12 Days of Christmas），這個習俗被移轉至耶誕節當天[1]。

因此，我便在這裡分享我的結婚蛋糕食譜給你——現在我們在每個耶誕節享用它。希望它也會成為你的耶誕節蛋糕，或甚至有一天，成為你的經典英式結婚蛋糕。

如果保存得當，這個蛋糕可以存續好幾個月。它甚至有可能超過百年以上也不會發霉，就像前陣子我們看到維多利亞女王的婚禮紀念蛋糕在拍賣上售出。即使你不是皇室成員，這個蛋糕也能是很棒的婚宴送客禮。我就曾經保留著一片自己的結婚蛋糕很多年，直到我們去年搬家終於不小心弄丟。

份量：8 ～ 10 人份

使用模具：一個直徑 22 cm（8½-9 inch）
的圓形彈性邊框活動模

酒漬果乾

桑塔納葡萄乾　790 g（1 lb 12 oz）

大粒黑葡萄乾　285 g（10 oz）

小粒無籽葡萄乾　225 g（8 oz）

酒香糖漬櫻桃（glacé cherries）　115 g（4 oz）（切成四等分）

糖漬柑橘皮　115 g（4 oz）

現刨檸檬皮屑　1 顆份

橙皮屑　1 顆份

干邑白蘭地　175 ml（5½ fl oz）

蛋糕體

奶油　340 g（11¾ oz）（室溫）

紅糖　340 g（11¾ oz）

天然杏仁精　½ 小匙

香草籽　1 根份
　或天然香草精 1½ 小匙

全蛋　6 顆

中筋麵粉　400 g（14 oz）

杏仁粉　85 g（3 oz）

英式綜合香料（mixed spice）[2]　1½ 小匙

肉桂粉　½ 小匙

肉豆蔻籽粉　½ 小匙

橘子果醬　3 大匙

干邑白蘭地　浸潤蛋糕體用

奶油　模具上油用

作法

1. 製作水果蛋糕時，將模具好好包裹起來非常重要，這樣蛋糕側邊才不會在烘烤時燒焦。將模具上油後，以雙層烘焙紙鋪在模具底部與內側。另將一張牛皮紙對折，包住蛋糕模外側邊緣，並用棉繩固定。用牛皮紙折好一個四方形，蛋糕送進烤箱時墊在模具下方；折好另外一個四方形，在烘烤時覆蓋模具頂端，烘烤結束前 20 分鐘再移除。以這樣的方法準備模具，可以保證蛋糕烘烤程度均勻。也有些人會使用報紙圍住模具外側。

2. 在蛋糕烤製前一天，將所有的果乾、糖漬檸檬皮浸入干邑白蘭地中，至少須浸漬 12 小時。

3. 將烤箱預熱至 130° C（250° F）。

4. 將奶油與糖放在調理盆中一起攪打至呈現乳霜狀。接著混入杏仁精、香草籽或香草精。分次加入蛋，一次一顆，完全混合均勻再加入下一顆。加入最後一顆蛋時，同時加入一小匙麵粉，避免麵糊分離。將剩下的麵粉、杏仁粉與香料加入麵糊中混拌均勻。

5. 將橘子果醬加入酒漬果乾與干邑白蘭地中，接著緩緩將果乾混合物倒入蛋糕糊中，一邊用矽膠攪拌匙或手輕柔攪拌。

6. 將麵糊倒入烤模中，放入預熱好的烤箱裡烘烤 3 個半至 4 小時。烘烤完畢後取出連模靜置冷卻。當蛋糕完全冷卻後，用細竹籤在蛋糕四處戳洞，以湯匙澆淋 4 大匙的干邑白蘭地在蛋糕上浸潤蛋糕體。用烘焙紙包裹住蛋糕，再封上一層保鮮膜，放在密封盒中保存。

7. 你可以每幾週就以干邑白蘭地浸潤蛋糕。貝琪通常會提前三個月製作這個蛋糕，但你也可以在一個月前製作即可。做好後立即享用當然也沒有問題。

---

1. 「耶誕節的 12 天」也稱「Twelvetide」，指的是從耶誕節當天或隔日一直延續 12 天，直到 1 月 5 日主顯節前夜或 1 月 6 日主顯節當天的慶祝傳統。此傳統是在西元 567 年的法國圖爾大公會議（council de Tours）上確立，直到現在，許多歐洲國家的耶誕假期仍以這 12 天為主。文中提到英國人已不再慶祝耶誕節的 12 天，但法國人仍保留著此傳統，在主顯節享用國王派（galette des rois），和英國享用第十二夜蛋糕的習俗類似（見第 58 頁）。

2. 英式綜合香料又稱「布丁香料」（pudding spice），在英式烘焙中經常使用，可在英國超市買到現成品。成分大多包含肉桂、肉豆蔻籽、肉豆蔻皮、薑、丁香、五香粉與芫荽籽等，每家品牌的混合比例不同。

人魚街，東薩塞克斯郡萊伊鎮

第十二夜蛋糕
Twelfth cake

第十二夜蛋糕自 18 世紀中葉至 19 世紀末一直很受歡迎，但早於一個世紀以前，它們就已出現在詩歌與文學中。傳統上是在 1 月 5 日製作這個蛋糕，以慶祝主顯節前夜，或者如同名稱所示，慶祝耶誕節後的第十二夜。

過去會以精心設計的宴飲場景將第十二夜蛋糕裝飾地極爲華麗，包括使用雪白糖霜與精細的木製模具塑形製作的人偶與塑像等。皇冠似乎曾經是最受歡迎的裝飾，只要是關於此蛋糕的插畫，幾乎都有它的蹤影。大英博物館中藏有巨型的第十二夜蛋糕照片，這個蛋糕大到需要 14 名腳夫搬運。1849 年 1 月的《倫敦新聞畫報》（*Illustrated London News*）上則刊載了一幅獻給維多莉亞女王的第十二夜蛋糕版畫，那是一個巨大無比的蛋糕，上面裝飾著一整群雕像，包括一個小提琴家與糖霜製作的樹木等。

在維多利亞時期的倫敦，人們會圍繞著第十二夜蛋糕聚在一起玩遊戲消遣。他們發明了特殊紙牌，上面畫著不同角色，整個晚上每個人都需依照自己手中牌卡繪製的人物，作出相應的行爲舉止。詩人羅伯・亨利克（Robert Herrick）在他 1648 年的作品中曾經描繪過，第十二夜蛋糕中會藏入一粒豆子與豌豆，在自己那片蛋糕中找到它們的人，就能被王冠加冕，扮演國王或王后。

接近 19 世紀末時，第十二夜蛋糕終於併入耶誕節蛋糕中。如今已經沒有商店製作第十二夜蛋糕，也只有少數人還記得。

這裡的食譜是根據 1802 年首次公開出版的第十二夜蛋糕食譜而來，食譜作者是約翰・莫拉德。原本的食譜傳統上能夠製作一個極大的蛋糕，使用超過 3 公斤麵粉和 2 公斤小粒無籽葡萄乾。

份量：8 ～ 12 人份
使用模具：一個直徑 24 cm（9½ inch）的圓形彈性邊框活動模

乾燥酵母　15 g（½ oz）
溫牛奶　200 ml（7 fl oz）
中筋麵粉　450 g（1 lb）
原糖　80 g（2¾ oz）
丁香粉　1 小匙
肉桂粉　1 小匙
肉豆蔻皮粉　¼ 小匙
現磨肉豆蔻籽　¼ 小匙
奶油　65 g（2¼ oz）（室溫、切丁）
全蛋　1 顆
小粒無籽葡萄乾　300 g（10½ oz）
杏桃果醬　刷蛋糕表面用
擀好的杏仁膏薄片（rolled marzipan）　裝飾用
白色翻糖　裝飾用
奶油　模具上油用
麵粉　模具撒粉用

作法

1. 將酵母放入溫牛奶中活化。將麵粉、糖與香料放入桌上型攪拌機的調理盆中，裝上鉤型攪拌棒，混合均勻，接著將奶油放在上方，把一半的酵母牛奶液倒在奶油上，開始攪拌。當麵團完全混和均勻後，加入另一半酵母牛奶液與蛋，以攪拌機攪打 10 分鐘，直到成爲一個光滑但不過於乾燥的麵團。在攪拌過程中，需時不時將黏在調理盆和鉤型攪拌棒上的麵團刮下，幫助均勻混合。

2. 麵團加蓋靜置發酵 1 小時，或者直到麵團膨發至 2 倍大。以第 21 頁的方式爲模具上油、撒粉。

3. 將小粒無籽葡萄乾加入麵團中稍稍揉合。將麵團放入模具，加蓋靜置 1 小時二次發酵。將烤箱預熱至 160°C（320°F）。

4. 將蛋糕放入預熱好的烤箱中層，烘烤 2 個半小時。如果頂端上色太快，使用鋁箔紙做一個中間高起的蓋子輕輕覆蓋在蛋糕上直到烘烤完成。當烘烤結束後，以竹籤插入蛋糕中測試。將其脫模，靜置數小時冷卻再裝飾。

5. 將整個蛋糕刷上杏桃果醬，接著包裹上一層杏仁膏，平滑表面並覆蓋住所有的孔洞。將翻糖擀平。在杏仁膏表面再度刷上一層杏桃果醬，然後輕輕將翻糖包覆住蛋糕，用雙手或翻糖刮刀平滑表面。以自己喜歡的方式裝飾蛋糕。

鄧迪蛋糕
Dundee cake

　　傳說中，16 世紀的蘇格蘭女王瑪麗不喜歡酒漬櫻桃，清爽版本的水果蛋糕——鄧迪蛋糕便是爲她特別創造出來的。實情是，鄧迪蛋糕是在 18 世紀末由珍娜・凱勒（Janet Keiller）發明，她在自己位於蘇格蘭鄧迪的店內販售，同時還販賣她的柑橘果醬（marmalade）。

　　珍娜・凱勒是我們如今熟知的柑橘果醬發明人，在此之前柑橘果醬是用切的而非塗抹的。她的生意代代相傳，直到 19 世紀成爲鄧迪著名的「凱勒氏」（Keiller's）品牌。爲了消化剩餘的糖漬橙皮，凱勒氏也以商業化規模持續製作鄧迪蛋糕，並採用典型的杏仁裝飾。這個蛋糕是製作柑橘果醬的副產品，也是凱勒氏公司柑橘產季以外製作的商品。和賽維亞酸橙（Seville orange）相同，杏仁、雪莉酒、大粒黑葡萄乾從西班牙乘船到達鄧迪港，幫助該公司維繫與西班牙賣家的生意。鄧迪蛋糕也呈現了鄧迪進口港的樣貌與其富饒。

　　在凱勒氏開始商業化生產鄧迪蛋糕後，全英的其他蛋糕製造商也紛紛跟隨其腳步，以餅乾盒裝方式販售鄧迪蛋糕並運送至全世界。如今，只有在鄧迪本地製造、且遵循嚴格的食材與技術規範的版本才能稱爲眞正的鄧迪蛋糕。此蛋糕內沒有添加任何香料，但你隨時都能加入無妨。

份量：6～8 人份
使用模具：一個直徑 22 cm（8 inch）
的圓形彈性邊框活動模

蛋糕體
奶油　150 g（5½ oz）（室溫）
紅糖　150 g（5½ oz）
全蛋　3 顆
中筋麵粉　200 g（7 oz）
雪莉酒　1 大匙
糖漬橙皮　100 g（3½ oz）（切碎）
橙皮屑　1 顆份
杏仁粉　25 g（1 oz）
泡打粉　1 小匙
海鹽　一小撮
大粒黑葡萄乾　175 g（6 oz）
奶油　模具上油用
麵粉　模具撒粉用
去皮杏仁 40～60 g（1½–2¼ oz）　裝飾用

糖漿
白砂糖　1 大匙
水　1 大匙

作法

1. 將烤箱預熱至 180°C（350°F），以第 21 頁說明的方式爲模具上油、撒粉。

2. 將奶油與糖放入調理盆中攪打至乳霜狀。分次加入蛋，一次一顆，完全混合均勻再加入下一顆。加入最後一顆蛋時，同時加入一小匙麵粉，避免麵糊分離。拌入雪莉酒、糖漬橙皮與橙皮屑。

3. 將剩下的麵粉與杏仁粉、泡打粉、鹽小心拌入麵糊中，維持原本蓬鬆的體積。拌入葡萄乾。將麵糊倒入蛋糕模中並抹平表面。

4. 將整粒去皮杏仁在蛋糕頂端以同心圓方式排列。不要將杏仁壓入麵糊中，只需輕輕將它們放在蛋糕表面，否則烘烤時杏仁會沉入麵糊裡。

5. 將烤箱溫度降至 150°C（300°F），把蛋糕放在烤箱下層烘烤 50～60 分鐘。

6. 在蛋糕烘烤時，製作糖漿。將糖與水放在小的醬汁鍋中混合均勻，並以小火加熱直至糖完全溶解。

7. 蛋糕烤好後，趁熱在表面刷上糖漿。連模靜置直到蛋糕完全冷卻。蛋糕在烤好後隔幾天享用會更美味，可以放在密封盒中保存。

西蒙內爾蛋糕
Simnel cake

　　西蒙內爾蛋糕的起源有點謎樣。其名稱可能來自於拉丁文的「simile conspersa」，即「細麵粉」之意。不過如果英國不想出一個更為羅曼蒂克的故事，那她就不叫做英國了。1838 年，一個標題為「西蒙—內爾」（The Sim-Nell）或「威爾特郡蛋糕」（The Wiltshire Cake）的故事刊登在報紙上。西蒙（Simon）與內莉（Nelly）這對老夫婦在復活節時為了要將多餘的麵團拿來做什麼而起了爭執。西蒙認為麵團應該要放在模具裡烘烤，但內莉認為不該用烤的，而應該放在爐火上加熱。為了不讓爭吵持續，夫妻倆最後妥協，決定先在爐上加熱蛋糕，然後再放進烤箱裡烤！

當西蒙內爾蛋糕食譜出現在一首詩中後，另一則故事則成了傳說。詩中除了食譜外還提到，應該在仲春時節買這個蛋糕送給母親。受此詩啟發，「西蒙內爾蛋糕是在母親節[1]時，由當天能夠回家探望母親的女僕製作」的傳說因而成形。很明顯，製作這個蛋糕的食材得在有能力雇用女僕的富裕人家才能找到。在當今的英國，人們仍然在復活節前後，特別是母親節時製作西蒙內爾蛋糕。

　　17 世紀的資料顯示當時西蒙內爾蛋糕確實是先煮再烤，後來因為烤箱變得更可靠，烹煮程序便消失了。不過像糖漬柑橘皮、無籽葡萄乾，有時甚至包含番紅花的華貴食材則流傳下來。杏仁膏也是一個重要的元素，蛋糕上的 11 個杏仁膏小球代表著去掉猶大的耶穌十二使徒。

份量：4～6 人份
使用模具：一個直徑 20 cm（8 inch）
的圓形彈性邊框活動模

自製杏仁膏
糖粉　200 g（7 oz）
細砂糖　200 g（7 oz）
杏仁粉　360 g（12¾ oz）
杏桃核仁　40 g（1½ oz）
玫瑰水　1 小匙
全蛋　2 顆（打散）

蛋糕體
奶油　115 g（4 oz）（室溫）
細砂糖　115 g（4 oz）
全蛋　3 顆
中筋麵粉　110 g（3¾ oz）
杏仁粉　55 g（2 oz）
泡打粉　1 小匙
小粒無籽葡萄乾　340 g（11¾ oz）
糖漬柑橘皮　55 g（2 oz）（切碎）
杏桃果醬 ½ 大匙　刷蛋糕表面用
奶油　模具上油用
麵粉　模具撒粉用
蛋黃 1 顆＋牛奶 1 大匙　蛋液用

＊ 若找不到杏桃核仁，可改為增加 20 g（¾ oz）
杏仁粉，並加入幾滴天然杏仁香精或黑櫻桃甜
酒取代。

作法

1. 杏仁膏最好在前一天先製作備用。將糖粉、細砂糖與杏仁粉一起過篩在大型調理盆中，混合均勻。將杏桃核仁浸入滾水中 5 分鐘，接著去皮。使用研缽將去皮後的杏桃核仁細細搗碎，接著加入玫瑰水或黑櫻桃甜酒。

2. 在過篩後的粉類中央挖出一個凹洞，加入蛋與磨碎的杏桃核仁，接著用一個矽膠攪拌匙或木匙將所有材料混合均勻。用手將杏仁膏揉捏均勻，若有需要，可以一次加一點點水調整質地，最後呈現不沾黏的狀態。將杏仁膏以保鮮膜包好，在室溫中靜置備用。

3. 將烤箱預熱至 160°C（320°F）。將模具上油後，以雙層烘焙紙鋪在模具底部與內側。將一張牛皮紙對折，包住蛋糕模外側邊緣，並用棉繩固定。

4. 將杏仁膏分成兩等份，然後將每等份擀平成 5 mm（¼ inch）厚的薄片。用蛋糕模切出兩個直徑 20 cm（8 inch）的圓片。將剩下的杏仁膏揉成 11 個小球。

5. 將奶油與砂糖一起放在調理盆中一起攪打至乳霜狀。分次加入蛋，一次一顆，完全混合均勻再加入下一顆。加入最後一顆蛋時，同時加入一小匙麵粉，避免麵糊分離。拌入剩下的麵粉、杏仁粉、泡打粉，最後拌入小粒無籽葡萄乾與糖漬柑橘皮。

6. 將一半的麵糊倒入蛋糕模中，然後在頂端平整地放上一片杏仁膏圓片，在上方倒入另外一半麵糊。

7. 將烤箱降溫至 130°C（250°F），然後將蛋糕放入烤箱下層，烘烤 2 小時。如果 2 小時候蛋糕還沒烤熟，可另外再烘烤 15 分鐘。

8. 將蛋糕從烤箱中取出，把烤箱的功能改為高溫炙烤（grill）[2]。讓蛋糕連模靜置 15 分鐘後脫模。在蛋糕頂端刷上一層薄薄的杏桃果醬，並把另一片杏仁膏圓片鋪在上方。將 11 個杏仁膏圓球排列在蛋糕上，以杏桃果醬固定。

9. 將蛋液輕輕刷在杏仁膏圓球上，把蛋糕放回烤箱中稍微炙烤上色，直到杏仁膏圓球呈現淺金褐色。

---

1. 英國母親節稱為「Mothering Sunday」，起源於中世紀時向個人受洗的教會（mother church）致敬的傳統。時間落在復活節前三週的週日，通常是三月中下旬，傳統會攜帶賀禮回家探望雙親，過去雇主也會在當天讓家庭傭工放假返家與母親團聚。
2. 歐美烤箱多半至少有兩種不同功能：烘焙（bake）與炙烤（grill 或 broil）。前者是長時間以熱傳導方式緩慢烘烤，後者則多半是使用烤箱上方的高溫加熱管快速上色烤製，英國稱為「grill」，美國稱為「broil」。

熱那亞蛋糕
Genoa cake

　　雖然這個蛋糕和義大利耶誕節蛋糕「熱那亞甜麵包」（Pandolce genovese）非常類似，它卻和比利時小圓麵包（第112 至 115 頁）與巴騰堡蛋糕（第 32 頁）一樣，是個不折不扣的頂級英式蛋糕。我小時候，母親偶爾會在超市購買一個有著酒漬櫻桃與小粒無子葡萄乾的蛋糕，我一直都稱呼它為「英國蛋糕」（English cake）。相對比較豐厚的耶誕節蛋糕來說，熱那亞蛋糕是個迷人的選擇。用糖漬水果裝飾熱那亞蛋糕很棒，它們反射光線時會像小巧的寶石般閃閃發光。

　　許多 19 世紀的食譜書中都有熱那亞蛋糕的蹤影，它們的作法一開始和磅蛋糕相同。這裡的版本是基於羅伯特‧威爾斯（Robert Wells）在 1890 年出版的《麵包、餅乾烘焙師與糖工藝者參考書》（*The Bread and Biscuit Baker's and Sugar-Boiler's Assistant*）書中食譜。他提供了一個四方形蛋糕的做法，但我認為長條形蛋糕製作起來更方便。

份量：6 ～ 10 人份
使用模具：一個容量 500 g（1 lb 2 oz）的長條型模具

奶油　200 g（7 oz）（室溫）
白砂糖　200 g（7 oz）
全蛋　4 顆
泡打粉　2 小匙
中筋麵粉　200 g（7 oz）
酒漬櫻桃　150 g（5½ oz）
小粒無籽葡萄乾　150 g（5½ oz）
糖漬橙皮　150 g（5½ oz）
奶油　模具上油用
麵粉　模具撒粉用
去皮杏仁　裝飾用

作法

1. 將烤箱預熱至 160°C（320°F），以第 21 頁說明的方式為模具上油、撒粉。

2. 將奶油與砂糖一起放在調理盆中一起攪打至乳霜狀。分次加入蛋，一次一顆，完全混合均勻再加入下一顆。加入最後一顆蛋時，同時加入一小匙麵粉，避免麵糊分離。

3. 小心拌入剩下的麵粉與泡打粉，注意維持原本蓬鬆的體積。拌入果乾，將麵糊倒入模具中並抹平表面。

4. 將蛋糕放入預熱好的烤箱中層，烘烤 2 小時。在烘烤了 1 小時 45 分鐘後，確認蛋糕烘烤程度；到了 2 小時再確認一次。最後以去皮杏仁裝飾蛋糕。

* 若要將蛋糕妝點得更為華麗，可以再加上糖漬水果與（或）杏桃果醬。

「巴拉布里斯」
威爾斯斑點麵包 Bara brith

　　「巴拉布里斯」是威爾斯地區的葡萄乾麵包，在威爾斯語中意為「斑點麵包」。如同愛爾蘭水果蛋糕（Barmbrack）或佐茶蛋糕（Tea loaf，巴拉布里斯的現代版）一般，在製作的前一晚，會事先將葡萄乾浸泡在茶中。

　　巴拉布里斯麵包對威爾斯人來說非常重要，150 年前的威爾斯拓荒者甚至帶著它乘船前往阿根廷巴塔哥尼亞（Patagonia）的丘布特河谷（Chubut Valley）。如今丘布特谷的許多茶室仍然供應該麵包，且即使當地的主要語言是西班牙語，威爾斯語仍然留存了下來。

　　這個食譜來自於一本 1940 年代的食譜書《英格蘭與威爾斯傳統風尚》（*Traditional Fare of England and Wales*），製作出的麵包非常緊實，看起來更像是蛋糕。如果想要一個比較輕盈的版本，可以改做佐茶蛋糕（第 68 頁）或水果蛋糕（第 70 頁）。

份量：6 ～ 10 人份
使用模具：一個容量 900g（2 lb）的長條型模具

小粒無籽葡萄乾　110 g（3¾ oz）
大粒黑葡萄乾　110 g（3¾ oz）
熱紅茶或伯爵茶　250 ml（9 fl oz）
豬油或奶油　85 g（3 oz）（室溫）
中筋麵粉　330 g（11½ oz）
白砂糖或金黃糖漿　85 g（3 oz）
英式綜合香料　½ 小匙
海鹽　¼ 小匙
全蛋　25 g（1 oz）（或 ½ 顆）
速發乾酵母　11 g（¼ oz）
糖漬柑橘皮　25 g（1 oz）
奶油　模具上油用
麵粉　模具撒粉用

作法

1. 將小粒無籽葡萄乾與大粒黑葡萄乾在熱茶中浸泡隔夜。

2. 將豬油或奶油以指尖揉入麵粉、糖、混合香料與海鹽中。加入蛋、兩種葡萄乾與茶，接著拌入酵母、糖漬柑橘皮，揉捏 5 分鐘。

3. 麵團加蓋靜置 1 小時，或膨發至 2 倍大。

4. 以第 21 頁說明的方式為模具上油、撒粉。將膨脹的麵團放入模具中，再度靜置發酵 1 小時。發酵時間近尾聲時，將烤箱預熱至 190° C（375° F）。

5. 烤箱降溫至 150° C（300° F），將麵包放入烤箱下層烘烤 1 個半小時。

6. 和奶油一起上桌享用。

蘇格蘭黑麵包
Black bun

黑麵包（Black bun）或蘇格蘭麵包（Scotch bun）是蘇格蘭人在主顯節前夜享用的糕點，如同第十二夜蛋糕一般。不過在上世紀，它變得和蘇格蘭除夕派對（Hogmanay party）有關。蘇格蘭除夕派對在一年中的最後一天舉辦，當晚蘇格蘭人通常會去拜訪朋友或鄰居（First Footing）。你必須在午夜的鐘聲響起之前離開家門，按下拜訪對象的門鈴，還要帶著煤炭做伴手禮。煤炭象徵著新的一年將充滿溫暖，而黑麵包則代表全家生活富足、不會挨餓（當然也不會缺少威士忌！）。

過去會先製作一個麵包麵團，留下部分準備給麵包外層脆殼，再將剩下其他食材加入麵團中。現代版本的「黑麵包」則是一個水果蛋糕，蛋糕頂端和底部有著一層酥皮，有時酥皮則會包覆蛋糕整體。

在以下的食譜中，我使用了 1791 年傅萊澤夫人（Mrs Frazer）的《烹飪、糕點及甜點糖果實作》（The Practice of Cookery, Pastry, and Confectionary）書中食譜，這是最古老的黑麵包食譜之一。傅萊澤太太稱它「濃郁半配克麵包」（Rich half-peck Bun）[1]，這也是第一個使用酥皮包裹這種水果蛋糕的食譜。

份量：6 ～ 10 人份
使用模具：一個容量 1 kg（2 lb 4 oz）的長條型模具

內餡
大型大粒黑葡萄乾　150 g（5½ oz）
小粒無籽葡萄乾　150 g（5½ oz）
糖漬柑橘皮　50 g（1¾ oz）
蘭姆酒　2 大匙
還原棕糖　50 g（1¾ oz）
肉桂粉　½ 小匙
丁香粉　¼ 小匙
薑粉　¼ 小匙
去皮杏仁切半　50 g（1¾ oz）

酥皮
乾燥酵母　5 g（⅛ oz）
溫水　300 ml（10½ fl oz）
高筋白麵粉　500 g（1 lb 2 oz）
原蔗砂糖或細砂糖　1 大匙
奶油　30 g（1 oz）（室溫、切丁）
鹽　一小撮
蛋黃 1 顆＋牛奶 1 大匙　蛋液用
奶油　模具上油用
麵粉　模具撒粉用

作法

1. 將兩種葡萄乾、糖漬柑橘皮、蘭姆酒一起放入調理盆中，加入足以覆蓋全部材料的水量，浸漬一晚後瀝乾，與糖和所有香料混合。

2. 將乾燥酵母放入溫水中活化。在一個大型調理盆或是桌上型攪拌機的調理盆中混合麵粉與糖，若使用桌上型攪拌機，請裝上鉤型攪拌棒。將奶油放在粉類上方，倒入一半的酵母混合液在奶油上開始攪拌，當牛奶與奶油完全被吸收後，加入剩下的酵母液。

3. 攪打麵團 5 分鐘，然後靜置數分鐘。加入鹽，持續攪打 10 分鐘，直到所有材料混合，成為一個光滑但不過於乾燥的麵團。將所有沾黏在攪拌棒或調理盆壁上的麵團刮下混合均勻。

4. 將烤箱預熱至 180° C（350° F），以第 21 頁說明的方式為模具上油、撒粉。

5. 取三分之一的麵團，和準備好的果乾與杏仁混合均勻。大致將這個麵團塑形成一個長方體（內餡）。將剩下的麵團壓平成一個大的長方形，尺寸要足夠包覆內餡。將內餡放在麵團上，然後以麵團完全包覆並壓緊封口。切除多餘的麵團，然後將黑麵包放在模具中。刷上蛋液，放在預熱好的烤箱下層，烘烤 1 小時。

6. 和奶油一起上桌享用。

1.「配克」（peck）是英美容量單位，英制 1 配克相當於 2 乾量加侖（gallon）或 8 乾量夸托（quarter），約為 9.092 公升。

佐茶蛋糕
Tea loaf

佐茶蛋糕是沒有添加酵母的「巴拉布里斯」，即更爲現代的威爾斯蛋糕。成品美妙、濕潤，能夠保存數天，隨著時間過去，它只會更爲可口。如果在上面抹上奶油，風味更是妙不可言。這是我和親友相聚時最愛的蛋糕。

份量：6 ～ 10 人份
使用模具：一個容量 900 g（2 lb）的長條型模具

小粒無籽葡萄乾　175 g（6 oz）
大粒黑葡萄乾　80 g（2¾ oz）
熱英國特濃紅茶　250 ml（9 fl oz）
中筋麵粉　260 g（9¼ oz）
原糖　110 g（3¾ oz）
還原棕糖　120 g（4¼ oz）
英式綜合香料　½ 小匙
糖漬柑橘皮　50 g（1¾ oz）
泡打粉　15 g（½ oz）
全蛋　1 顆
奶油　模具上油用
麵粉　模具撒粉用

作法

1. 將兩種葡萄乾放入大型調理盆中，倒入熱紅茶浸漬一夜。
2. 將烤箱預熱至 150° C（300° F），以第 21 頁說明的方式爲模具上油、撒粉。
3. 將麵粉、糖、綜合香料、糖漬柑橘皮、泡打粉與蛋加入浸漬葡萄乾的調理盆中[1]，混合均勻後倒入模具內。
4. 將模具放入預熱好的烤箱下層，烘烤 1 個半小時。烘烤 1 小時後確認烘烤狀態，如果上色速度太快，用鋁箔紙蓋住蛋糕。
5. 和奶油一起上桌享用。

1.葡萄乾會吸收濃茶變得膨脹多汁，和其他材料混合時不需瀝乾剩下的茶液。

水果蛋糕
Fruit loaf

　　這是我成長過程中熟悉的那種水果蛋糕——更像是麵包而非蛋糕。我還記得在我們鎮上最老的一家糕餅店中買了一條水果蛋糕，到家時只剩半條。我和媽媽總是在回家的路上就吃掉一半，因為直接享用紙袋中剛剛切片的蛋糕最美味。剩下的蛋糕，我們會在隔天烤得兩面金黃，然後塗上冰冷的奶油，當成下午點心。

　　我和學校裡的朋友也用同樣的方法享用水果蛋糕。直到現在只要經過糕點店，我也一定會買一條水果蛋糕，然後將手伸進袋中拿取一片，另一片、接著再多幾片。從糕點店回家的那條路，已經被我和新鮮出爐的水果蛋糕香氣緊密相連了。

份量：6 ～ 10 人份
使用模具：一個容量 900 g（2 lb）的長條型模具

小粒無籽葡萄乾　175 g（6 oz）

大粒黑色葡萄乾　60 g（2¼ oz）

蘭姆酒　2 大匙

乾燥酵母　15 g（½ oz）

溫牛奶　200 ml

高筋白麵粉　500 g（7 fl oz）

原糖　50 g（1¾ oz）

奶油　100 g（3½ oz）（室溫、切丁）

全蛋　2 顆

海鹽　5 g（⅛ oz）

糖漬柑橘皮　35 g（1¼ oz）

奶油　模具上油用

麵粉　模具撒粉用

蛋黃 1 顆＋牛奶 1 大匙　蛋液用

作法

1. 將兩種葡萄乾浸漬在蘭姆酒中 1 小時後瀝乾。

2. 將乾燥酵母放入溫水中活化。在一個大型調理盆或是桌上型攪拌機的調理盆中放入麵粉與糖，若使用桌上型攪拌機，請裝上鉤型攪拌棒。攪拌均勻後將奶油放在上方，將一半的酵母混合液倒在奶油上開始攪拌，當牛奶與奶油完全被吸收後，倒入剩下的酵母液與蛋，攪打 5 分鐘。

3. 靜置麵團數分鐘後加入鹽，再度攪打 10 分鐘，直到全部材料混合均勻成為一個光滑但不過於乾燥的麵團。將所有沾黏在攪拌棒或調理盆壁上的麵團刮下混合均勻。

4. 麵團加蓋靜置 1 小時或是直到膨發至 2 倍大。同時以第 21 頁說明的方式為模具上油、撒粉。

5. 加入浸漬好的兩種葡萄乾與糖漬柑橘皮，攪打麵團 5 分鐘。將麵團塑形成一個長方體，放入模具中。加蓋後再度靜置發酵 1 小時。

6. 將烤箱預熱至 180°C（350°F）。在麵團表面刷上蛋液，放入預熱好的烤箱中烘烤 30 ～ 35 分鐘直到完全烤熟，輕扣底部時應該聽到空心的聲響。

康瓦爾番紅花蛋糕
Cornish saffron cake

　　英國其他地區也曾製作過番紅花蛋糕，但它們在康瓦爾郡持續廣受歡迎，今日也還能找到。酵母的作用讓它的質地更接近水果麵包而非蛋糕。在西南英格蘭，人們會在番紅花蛋糕上塗上一層厚厚的奶油享用。

份量：6 ～ 10 人份
使用模具：一個容量 900g（2 lb）的長條型模具

溫牛奶　325 ml（11 fl oz）
乾燥酵母　15 g（½ oz）
乾燥番紅花蕊　½ 小匙
高筋白麵粉　500 g（1 lb 2 oz）
原糖　60 g（2¼ oz）
豬油或奶油　30 g（1 oz）（室溫、切丁）
海鹽　5 g（⅛ oz）
葛縷子　5 g（⅛ oz）
小粒無籽葡萄乾　60 ～ 100 g（2¼-3½ oz）
糖漬柑橘皮　50 g（1¾ oz）（切碎）
奶油　模具上油用
蛋黃 1 顆＋牛奶 1 大匙　蛋液用

作法

1. 將溫牛奶分爲兩等份，將酵母加入其中一份溫牛奶中活化。使用研磨缽與杵將番紅花蕊壓碎，然後將其加入剩下的牛奶中。

2. 在一個大型調理盆或是桌上型攪拌機的調理盆中放入麵粉與糖，若使用桌上型攪拌機，請裝上鉤型攪拌棒。攪拌均勻後將豬油或奶油放在上方，將一半的酵母混合液倒在奶油上開始攪拌，當液體與豬油或奶油完全融合後倒入剩下的酵母液，攪打 5 分鐘。

3. 靜置麵團數分鐘後加入鹽與葛縷子，再度攪打 10 分鐘，直到全部材料混合均勻成爲一個光滑但不過於乾燥的麵團。將所有沾黏在攪拌棒或調理盆壁上的麵團刮下混合均勻。將小粒無籽葡萄乾與糖漬柑橘皮揉捏至麵團中。

4. 麵團加蓋靜置 1 小時或是直到膨發至 2 倍大。同時以第 21 頁說明的方式爲模具上油。

5. 稍微揉捏發酵好的麵團，將其塑形爲一個長方體，然後放入模具中。模具加蓋靜置 1 小時或是直到發酵成 2 倍大。

6. 將烤箱預熱至 180° C（350° F）。在麵團表面刷上蛋液，放入預熱好的烤箱中烘烤 30 ～ 35 分鐘直到完全烤熟，輕扣底部時應該聽到空心的聲響。

格拉斯米爾鎮，湖區坎布里亞郡（Grasmere, Cumbria, Lake District）

1.「Gingerbread」直譯其實是「薑麵包」，這是一種泛指加了如肉桂、丁香、豆蔻、薑等綜合香料的糕點，質地從柔軟濕潤的蛋糕類，到較為扎實的麵包或乾燥脆口的餅乾皆有可能。且由於在糕餅歷史發展早期，麵包與蛋糕、餅乾間的分界模糊，而現代西方烘焙中仍然保留著這些特色，因此有時稱為「bread」或「loaf」、「bun」的糕點，質地實際上更接近蛋糕；稱為「cake」的也可能接近麵包。文中稱為「蛋糕」的各地薑餅，也有許多其實是餅乾。

2.因早期會在薑餅加入胡椒，因此許多國家都將薑餅稱為「胡椒蛋糕」。

3.參見第 47 頁譯註 1，糖蜜是食糖加工過程中產生的副產品，無法再結晶製糖。糖蜜質地黏稠、顏色深黑、風味濃苦，但含有比白糖更多的營養物質。糖漿則是將糖蜜混合精煉糖漿製成，最常見的就是金黃糖漿與黑糖漿。糖漿與糖蜜有許多共同點，但無法完全相互替代。

4.燈草節起源自古老的英國教會儀式，詳情見下頁「格拉斯米爾薑餅」。扛著燈心草束至教堂的人們稱為「rushbearer」，儀式結束後可領取薑餅食用。此儀式後來演變為節慶，穿著綠色服裝的人們會帶著燈心草、新鮮花朵等在村內遊行一周，最後將燈心草撒在教堂內。

薑餅
Gingerbreads

在荷蘭與比利時，薑餅被稱爲「史貝克拉斯」（speculaas）或「史貝克路斯」（speculoos），它們也被稱爲「蜂蜜香料蛋糕」（honingkoek）[1] 或「胡椒香料蛋糕」（peperkoek）[2]。比利時瓦隆大區（Wallonia）的迪南（Dinant），有一種如石頭般堅硬、印上美麗鄉間風景的裝飾版本。德國則有自己的各種變化，例如德式蜂蜜薑餅（lebkuchen）；瑞士有瑞士蜂蜜薑餅（tirggel），斯堪地那維亞國家也分別有稱爲「胡椒蛋糕」（pepparkakor，瑞典）、「棕色蛋糕」（brune kager，丹麥）與「胡椒蛋糕」（piparkakut，芬蘭）的薑餅。在拉脫維亞和愛沙尼亞，薑餅皆被當地語言稱爲「胡椒蛋糕」（分別爲 piparkukas 與 piparkoogid）。匈牙利有意爲「蜂蜜蛋糕」的薑餅（mézeskálacs）、波蘭與捷克的薑餅原意同樣爲「胡椒蛋糕」（pernicky 與 pierniczki）。俄羅斯的薑餅稱爲「蜂蜜麵包」（prianiki），法國則是「香料麵包」（pain d'épice）。如果說有一種糕餅可以連結世界，那顯然非薑餅莫屬。

我們都知道，薑餅在英國非常受歡迎，因爲甚至連莎士比亞都在他的一齣戲劇中提到過：

「卽使我在這世上只剩下一便士，你也可以把它拿去買薑餅吃⋯⋯」
——威廉‧莎士比亞《愛的徒勞》（*Love's Labour's Lost*, 1598）第 5 幕第 1 景

「Gingerbread」（薑餅）當然不是如名稱所說的「麵包」（bread），不過在中世紀到 18 世紀的食譜裡，它們確實是用麵包製作的：將麵包粉和蜂蜜、香料，有時候還有牛奶或酒一起加熱後揉捏成麵團。薑餅經常會以檀香木粉染成紅色，也有使用杏仁代替麵包粉製作的白色薑餅，外型看來有些類似烤過且加了香料的杏仁膏。這兩種薑餅以及其他添加了不同香料的各種變化，都經常是以雕刻成動物或人形的木製模具製作。早期並不用烤箱烘烤薑餅，而是首先藉由明火的熱輻射傳導方式烘乾，然後以金箔包裹。中世紀時，人們會在飯後享用薑餅幫助消化，但很快它便成爲慶典中的一種點心，在不同的地區與宗教祝節日中烘焙與販售。

在 18 世紀後半，「糖漿」（treacle syrup）[3] 登場，這是製糖工廠的一種副產品，被用來當作甜味劑，裡面也添加了精煉糖。在此時期，比起麵包粉，使用小麥麵粉變得更爲頻繁。在伊萊莎‧史密斯（Eliza Smith）於 18 世紀寫就的《完美主婦》書中收錄了 6 則薑餅食譜，包括一則荷蘭薑餅食譜與一則白色薑餅食譜。當時葛縷子也經常出現在綜合香料中。

到了 19 世紀晚期，甚至可以在一本書中找到 10 種不同的薑餅食譜，而且使用不同的食材——有時是黑糖漿（black treacle）、有時則是金黃糖漿與糖。因此，「薑餅」這個詞彙的範圍非常廣泛。每個地區的薑餅都不同，有時候差異極小，有時卻完全不一樣。

坎布里亞郡的格拉斯米爾薑餅（Glasmere gingerbread）最爲出名，它是一種薄但很有嚼勁的餅乾。同樣在格拉斯米爾鎮，過去也有質地較軟、更像蛋糕的版本——「燈草節薑餅」（Rushbearers gingerbread）[4]。北英格蘭的約克郡帕金蛋糕（第 76 頁）也是一種薑餅，不過是以燕麥製成。同一個地區在 19 世紀時，也有惠特利鎮（Whitley）的「原創韋克菲爾德薑餅」（Original Wakefield gingerbread），它是一種加入了糖漬柑橘皮的薑汁蛋糕；另外還有史列米爾薑餅（Sledmere gingerbread）。不過這兩種在現代都消失了，幸好施洛普夏郡（Shropshire）的德雷頓市薑餅（Market Drayton gingerbread）仍然存在。餅乾品牌比靈頓（Billington）從 1817 年就開始製造這種薑餅，不過他們宣稱其根源可以追溯至 1793 年。德雷士頓薑餅的做法是將麵糊以擠花的方式形成長條狀。

康瓦爾慶典薑餅（Cornish fairings）與韋德坎慶典薑餅（Widecombe fair gingerbread）是圓球狀的麵團在烘烤時受熱延展產生裂紋，成爲酥脆的餅乾。19 世紀畢頓夫人（Mrs Beeton）的書中，有一則桑德蘭薑餅（Sunderland gingerbread nuts）的食譜，它看起來和現代的桑德蘭薑餅沒有太大差異。1914 年，梅‧拜倫（May Byron）則提供了一個目前已消失的哈特福硬薑餅（Hertford Hard gingerbread）食譜。同樣來自約克郡，惠特比薑餅（Whitby gingerbread）則是質地像蛋糕一樣柔軟的方塊形薑餅。當地的柏森（Botham）糕餅店直到今日仍持續製作惠特比薑餅，柏森糕餅店是在 1865 年由伊莉莎白‧柏森（Elizabeth Botham）創立，現在仍然由同一個家族經營。許多食譜書中還有無數並未和特殊地域產生關聯的薑餅食譜，而本章內所呈現的，僅是不列顛偉大薑餅傳統中的滄海一粟。

格拉斯米爾薑餅
Grasmere gingerbread

格拉斯米爾是位於北英格蘭湖區、有許多丘陵的美麗小鎮。周遭的環境是如此如詩如畫，詩人威廉・華茲華斯（William Wordsworth）曾定居此地寫作，也就毫不爲奇了。華茲華斯的妹妹桃樂絲（Dorothy）在 1803 年的日記中寫道，她將購買薑餅去探望住在格拉斯米爾的哥哥。

50 年後的 1854 年，莎拉・奈爾森（Sarah Nelson）以自己的方式開始製作格拉斯米爾薑餅，在她像是薑餅屋的小屋中販售。這個小屋距離華茲華斯的故居僅有幾碼遠。「格拉斯米爾薑餅」從此有了專屬商標，沒有其他的薑餅能夠冠上格拉斯米爾之名。這是 10 年前的薑餅戰爭導火線，因爲莎拉・奈爾森並非當地唯一販售薑餅的人，而在她之前，格拉斯米爾早有製作薑餅的傳統。小鎮裡流傳著一個關於狄克森（Dixon）家族的故事，他們自 18 世紀即開始販售薑餅。而我則在 1912 年出版的一本書中查到，距離莎拉的商店幾呎處的教堂，從 1819 年開始就有將薑餅分給孩童的做法，這種薑餅稱爲「燈草節薑餅」（燈草節［Rushbearing］是一個古老的英國教會儀式，人們將燈心草捆成束後用來覆蓋教堂內的泥土地。燈心草必須每年更換一次，時間通常是在教堂的命名日［name day］。命名日過去稱爲「教堂祝聖紀念日」［Wakes Day］[1]。在英國，許多糕點都和教堂祝聖紀念日有關）。

那本書中同樣提到，沃克（Walker）家族在他們小小的店中製作並販售薑餅，且在瑪麗・狄克森夫人（Mrs Mary Dixon）於當地經營薑餅生意多年後，吉布森夫人（Mrs Gibon）也開設一家薑餅店。奇怪的是，書中並未提到莎拉・尼爾森。製作薑餅看起來像是女性的工作，這在烘焙師傅多半爲男性的當時顯得非常特殊。

份量：4 片大薑餅或 8 片小薑餅
使用模具：一個邊長 20 cm（8 inch）的正方形蛋糕烤模

中筋麵粉　225 g（8 oz）
還原棕糖　115 g（4 oz）
薑粉　1 小匙
肉豆蔻籽粉　¼ 小匙
碳酸氫鈉（小蘇打）　¼ 小匙
海鹽　一小撮
奶油　115 g（4 oz）（室溫）
奶油　模具上油用
麵粉　模具撒粉用

作法

1. 將烤箱預熱至 180°C（350°F），以第 21 頁說明的方式爲模具上油、撒粉。

2. 將所有的材料放入調理盆中，以指尖將奶油與其他食材揉合，形成麵包粉大小般的顆粒。如果能使用食物調理機或果汁機進行這個步驟是最好的，這樣就不會變成像餅乾麵團一樣的一整團，而能維持如麵包粉般的細粒。

3. 秤出 70 g（2½ oz）的粉粒靜置在旁，將剩下的粉粒壓入蛋糕烤模中，用一個迷你擀麵棍或一張烘焙紙將其向下壓實。將適才保留的粉粒倒在上方，以輕壓的方式使其均勻分布在壓實的麵團上。

4. 用刀子輕輕在薑餅上方畫出格線，先分成四個正方形，再把每個正方形畫分成兩半。

5. 將薑餅放入預熱好的烤箱中烘烤 25 分鐘，時間到後立刻取出烤箱。趁熱沿著格線將薑餅切塊。

---

[1] 每一間教堂在落成啟用時，將會被賜予守護聖人，這一天稱爲教堂祝聖紀念日，而守護聖人的殉道日（即「瞻禮日」［feast day］）便是命名日。過去英國每個城鎮都會在教堂祝聖紀念日有一系列慶典，燈草節就是其中之一。後來慶祝活動演變更爲世俗化，加入了各種公衆娛樂如歌舞、比賽、游藝市集等。燈草節在英國湖區特別盛行，目前坎布里亞郡仍有五間教堂會在每年 7 至 9 月舉行，以格拉斯米爾鎮的聖奧斯瓦德教堂（St Oswald's Church）最爲出名。

約克郡帕金蛋糕
Yorkshire parkin

　　帕金蛋糕是一種經常和約克郡與蘭卡夏郡（Lancashire）聯想在一起的薑餅。許多「薑餅」類似餅乾，但帕金蛋糕則是「蛋糕」，傳統上是為了蓋‧福克斯之夜（Guy Fawkes Night）前後的慶祝活動製作。蓋‧福克斯之夜又稱「篝火之夜」（Bonfire Night），是為了紀念 1605 年成功阻止暗殺英王詹姆斯一世（James I）的火藥陰謀（Gunpowder Plot）而來。在篝火之夜那晚，英國四處都會點燃大型焰火，街道各處也會有遊行，煙火與篝火則是活動的高潮。這是一個充滿政治意味的傳統，習俗上會焚燒象徵蓋‧福克（火焰陰謀主謀、策畫炸毀國會大廈）的假人。如今某些遊行中會扛著象徵政治人物的假人，但會避免焚毀他們。

　　對還不理解政治與宗教爭端的幸福孩童來說，篝火之夜非常令人興奮且有趣。他們能夠獲得許多小點心糖果，也能熬夜觀賞遊行與煙火。太妃糖和帕金蛋糕毫無疑問是樂趣的來源之一。

　　關於帕金蛋糕是怎麼和 11 月 4 日的蓋‧福克斯之夜產生關聯，有好幾種說法。在過去，它和 11 月第一週的燕麥採收季重合，燕麥是帕金蛋糕的主成分，也是此地的主要作物。10 月 31 日的農民節慶薩溫節（Samhain）[1] 當晚，會點燃大型篝火，當然也會有使用當地穀物製作的蛋糕。這些蛋糕的主要甜味劑首先是蜂蜜，接著變為糖漿，因進口糖讓其生產變得更為平價。11 月 11 日的聖馬丁節時間也很接近，它象徵著農業年度與收穫季結束。蓋‧福克斯之夜的「篝火」變得如此重要，這兩個節日可謂貢獻良多。而在蓋‧福克斯之夜，異教與基督教慶典被謹慎地置換為政治慶典。

　　現代版本的帕金蛋糕並未使用燕麥，只採用小麥麵粉，因而成品較為細緻，更接近貝蒂阿姨的薑汁蛋糕（見第 79 頁）。我在這裡提供的食譜含有燕麥，對現代人的味蕾來說，是一種需要花點時間才會喜歡上的風味。最好能提前製作，然後讓蛋糕靜置數天到數週。

份量：9 個方塊
使用模具：一個邊長 20 cm（8 inch）的正方形蛋糕烤模

傳統燕麥片　　100 g（3½ oz）（見第 16 頁）
金黃糖漿或楓糖漿　　200 g（7 oz）
黑糖漿或糖蜜　　45 g（1½ oz）
奶油　　200 g（7 oz）
燕麥粉　　200 g（7 oz）
碳酸氫鈉（小蘇打）　　2 小匙
薑粉　　2 小匙
肉豆蔻籽粉　　½ 小匙
全蛋　　1 顆
威士忌或牛奶　　2 大匙
海鹽　　一小撮
奶油　　模具上油用
麵粉　　模具撒粉用

作法

1. 將烤箱預熱至 160°C（320°F），以第 21 頁說明的方式為模具上油、撒粉。

2. 在食物調理機中裝上刀片附件，以瞬間高速功能稍微打碎。

3. 將金黃糖漿、黑糖漿與奶油一起放在醬汁鍋中加熱，直到融化且三者均勻混合。靜置一旁數分鐘，然後加入打碎的燕麥與剩下的其他材料，以木匙或矽膠攪拌匙混合均勻，攤平在蛋糕烤模中。

4. 放入預熱好的烤箱中烘烤 50～60 分鐘，取出後連模靜置冷卻。當蛋糕冷卻後切分成方塊。放在密封盒中靜置至少一天再品嘗。

＊帕金蛋糕會一天比一天變得更為黏稠濕潤，而且可以保存兩週——如果你能收藏那麼久的話。

----
[1].薩溫節是古凱爾特人（Celt）的新年，他們認為這一天是夏末，冬日即將開始，是一年中最重要的節日之一。當天會以動物的頭或皮毛裝扮自己，避過重返人間的死神與鬼魂，也是今日萬聖節化妝舞會的由來。

貝蒂阿姨的薑汁蛋糕
Aunty Betty's gingerbread

　　我取得這個家族食譜的方式很特別。某次當我搭車前往倫敦時，喬安（Joanne）前來告訴我，自己非常喜愛我的第一本書《驕傲與布丁》，因此希望能和我分享家族的薑餅食譜。

　　喬安告訴我，自己出身於北英格蘭的坎布里亞，此地是格拉斯米爾薑餅的起源地，歷史上也出現了各種不同的薑餅。在我們後來的對話中，她也提及在 1980 年代，這個薑餅食譜多半都是使用乳瑪琳，因為當時奶油太貴了，只能用在特殊場合的蛋糕製作上，例如耶誕節蛋糕與奶油酥餅（Shortbread）。當喬安還是個小女孩時，她的母親曾在鎮上慶典活動的烘焙比賽中，憑藉這個薑汁蛋糕勝出獲獎。此家族食譜來自喬安的姨祖母貝蒂，而我非常榮幸能與你們分享。

份量：16 個方塊
使用模具：一個邊長 20 cm（8 inch）的正方形蛋糕烤模

中筋麵粉　340 g（11¾ oz）

碳酸氫鈉（小蘇打）　2 小匙

薑粉　2 小匙

肉桂粉　1 小匙

海鹽　一小撮

奶油　225 g（8 oz）

白砂糖　225 g（8 oz）

黑糖漿　225 g（8 oz）

金黃糖漿　1 大匙

牛奶　200 ml（7 fl oz）

全蛋　2 顆

奶油　模具上油用

麵粉　模具撒粉用

作法

1. 將烤箱預熱至 160° C（320° F），以第 21 頁說明的方式為模具上油、撒粉。

2. 將麵粉、小蘇打粉、香料與鹽一起放入一個大的調理盆，混合均勻。

3. 將奶油、糖、黑糖漿與金黃糖漿一起放在醬汁鍋中，以小火加熱融化。離火後稍微靜置冷卻。將牛奶、蛋與其他粉類混合均勻。將奶油糖漿加入麵糊中攪拌均勻後倒入蛋糕烤模中。

4. 將薑汁蛋糕放入預熱好的烤箱中層，烘烤 45 ～ 55 分鐘。連模靜置 5 分鐘冷卻，使用烘焙紙脫模後切成方塊狀。

* 你可以立即享用這個薑汁蛋糕，但其實它隔天變得更為黏稠後會更美味，若裝入密封盒內放置一週，甚至還會更可口。

伊萊莎的18世紀薑餅
Eliza's 18th-century gingerbread

　　這個18世紀的食譜來自伊萊莎‧史密斯1727年的著作《完美主婦》。我有一冊1737年經作者題名的版本，是我最珍貴的收藏之一。

　　這個薑餅是我在《完美主婦》書中最喜歡的食譜之一，它的外型像是一個個小靠墊。中心很柔軟，而且充滿了芫荽籽和葛縷子的香氣。

　　如果無法取得萊爾黑糖漿（Lyle's black treacle）[1]，可以使用別的品牌或甚至糖蜜，但我並不是那麼喜歡較強烈的味道。花點力氣找到萊爾黑糖漿很值得。伊萊莎的食譜內並沒有加入海鹽，但我認為它確實讓風味變得更好。

份量：20個薑餅

金黃糖漿或楓糖漿　130 g（4½ oz）
黑糖漿或糖蜜　35 g（1¼ oz）
奶油　115 g（4 oz）
全蛋　½ 個
還原棕糖　55 g（2 oz）
薑粉　6 g（⅛ oz）
丁香粉　½ 小匙
肉豆蔻皮粉　½ 小匙
芫荽籽粉　½ 小匙
葛縷子粉　½ 小匙
中筋麵粉　200 g（7 oz）
中筋全穀粉或燕麥粉　100 g（3½ oz）

作法

1. 在前一天預先製作麵團可讓成品呈現最好的狀態。

2. 將金黃糖漿、黑糖漿與奶油一起放在醬汁鍋中，以小火加熱融化。加入剩下其他材料並混合均勻。靜置一旁冷卻。

3. 將烤箱預熱至180°C（350°F），在一個大烤盤上鋪上烘焙紙。

4. 揉捏麵團，然滾成一個個圓球後放在烤盤上，每個圓球大約是33 g（1 oz）。將圓球稍微向下輕壓。

5. 放入預熱好的烤箱中烘烤15～20分鐘，出爐後將薑餅放在網架上冷卻。

1.糖漿是英式烘焙與烹飪中深受喜愛的材料之一，而萊爾是最知名的糖漿品牌之一，許多名廚也曾公開推薦。

康瓦爾節慶薑餅
Cornish fairings

節慶餅乾（fairings）是在英國慶典販售了數百年的甜蜜小點心，通常是薑餅。在英國宗教改革時期，那些通常在宗教節日舉行的慶典、節慶都被取締，1647 年的一條國會法案甚至廢除了耶誕節和相關慶祝活動。將近兩個世紀，製作節慶食物變成可依法懲處的罪行。1660 年查理二世（Charles II）復辟後，人們才得以重新舉辦慶典。薑餅歷經一段復興時期，因為用來製作薑餅的香料變得平價，且當時從加勒比海巴貝多進口的糖大量湧入倫敦的製糖廠。

節慶餅乾在整個英國境內都很知名，但自從 1886 年康瓦爾郡楚羅市（Truro）的烘焙師傅傅尼斯（Furniss）開始販售康瓦爾節慶薑餅，它和康瓦爾郡變得特別相關。1908 年 12 月 3 日的《康瓦爾人》（*The Cornishman*）週報上刊出了一則節慶薑餅的廣告，標題寫著「給康乃爾里維拉（Cornish Riviera）所有人的純正美味」。如今傅尼斯食品公司（Furniss Foods）依然販售康乃爾節慶餅乾，並且擁有註冊商標。

19 世紀初，報紙報導在鄉鎮慶典上，會販售成堆的薑餅人「丈夫」（gingerbread 'husbands'）給想要脫單的年輕女孩。但薑餅人的起源其實早在更久之前。《牛津糖與甜食指南》（*The Oxford Companion to Sugar and Sweets*）揭露了一則相關傳說：都鐸王朝的女王伊莉莎白一世非常喜愛享用以其夫婿候選人和賓客形象製成的薑餅人，還會在宴席中提供這些薑餅。如此一來，每位賓客都能把自己「吃掉」，這位童貞女王也能用牙齒咬下那些追求者的頭（順帶一提，她的牙齒最後因為過度攝取糖分而變黑）。女王終生未婚，獨自統治國家，讓那些圍繞在她身旁、極富權力的男人們皆非常惱怒。

份量：14 個節慶薑餅

奶油　50 g（1¾ oz）（室溫）
中筋麵粉　100 g（3½ oz）
還原棕糖　50 g（1¾ oz）
英式綜合香料　一小撮
薑粉　1½ 小匙
金黃糖漿或楓糖漿　55 g（2 oz）
碳酸氫鈉（小蘇打）　1 小匙
泡打粉　一小匙
海鹽　一小撮

作法

1. 將烤箱預熱至 180°C（350°F），將一個大烤盤鋪上烘焙紙。
2. 用手將奶油、麵粉、糖與香料揉合。
3. 在醬汁鍋內加熱金黃糖漿，然後加入剩下的材料攪拌均勻。靜置一旁冷卻。
4. 揉捏麵團，然後滾成一個個小圓球，每個圓球大約為 18 g（½ oz）。將它們放在烤盤上，稍微向下輕壓。
5. 放入預熱好的烤箱中烘烤 8 ～ 10 分鐘，然後放在網架上冷卻。這些餅乾會在烘烤過程中延展，周圍形成漂亮的裂紋。烘烤當天享用風味最佳，因為它們無法長期維持酥脆。

由上至下：舒茲柏利脆餅、古斯納脆餅、燕麥餅乾

舒茲柏利脆餅
Shrewsbury cakes

雖然舒茲柏利脆餅原文中的「cake」可能會讓人誤以為它們是蛋糕，但其實它是一種酥脆的香料餅乾，看起來有些接近薑餅。要謝謝劇作家威廉·康格里夫（William Congreve）告訴我們這個事實。他在 1700 年的劇作《世道人心》（*The Way of the World*）中寫道：「你的性子急得像舒茲柏利脆餅一樣。」（'You may be as short as a Shrewsbury cake.'）[1] 舒茲柏利脆餅最早在 16 世紀就已出現，而自 1760 年起，拜林先生（Mr Pailin）便在施洛普夏郡的舒茲柏利鎮販賣這種餅乾。

在英國殖民印度時期（British Raj），舒茲柏利脆餅在印度大受歡迎，直到現在還能在浦那（Pune）的卡亞尼糕餅店（Kayani Bakery）買到。這裡新鮮出爐的圓形舒茲柏利脆餅自 1955 年起便極有人氣。

自始至終，舒茲柏利脆餅的製作材料不是包含肉豆蔻、丁香、薑、肉桂，就是有肉豆蔻皮。玫瑰水是唯一不變的材料，但在 20 世紀早期被檸檬取代。在我的藏書中，有一本 1907 年的手寫食譜書，其中有一個不含香料但加入檸檬皮屑的舒茲柏利脆餅食譜。

份量：12 片餅乾

中筋麵粉　225 g（8 oz）
糖粉　110 g（3¾ oz）
肉桂粉　¼ 小匙
肉豆蔻皮粉　¼ 小匙
肉豆蔻籽粉　¼ 小匙
海鹽　一小撮
冰涼奶油　110 g（3¾ oz）（切丁）
蛋黃　1 顆
水　1 小匙
玫瑰水或水　1 小匙

作法

1. 將烤箱預熱至 180° C（350° F），烤盤鋪上烘焙紙。
2. 將麵粉、糖、香料與鹽一同放入一個大型調理盆中，以指尖將奶油與其他食材揉合，成為麵包粉般大小的顆粒。加入蛋黃、水與玫瑰水，揉捏直到形成一個光滑、堅硬的麵團。小心不要過分揉捏麵團。若麵團變得過於乾燥，可額外多加一些水，一次一小匙，別讓麵團變得濕黏。
3. 將麵團夾在兩張烘焙紙中擀平，厚度約 4～5 mm（¼ inch）。用一個直徑 8 cm（3¼ inch）的圓形切模切出 12 片餅乾。傳統上舒茲伯利脆餅直徑是 12 cm，但我認為這尺寸有點大。你可以將剩下的麵團揉捏在一起後切出更多的餅乾。
4. 用一個以小孔連成格紋的壓模在每片餅乾上壓出花紋裝飾，然後在每一個方格中央再壓上一個小圓點（我發現使用乾淨、墨水已耗光的原子筆筆尖可以得到最佳效果）。
5. 將餅乾放入烤盤中，送入預熱好的烤箱中烘烤 10 分鐘，直到表面薄薄上色。若稍微再烤久一些也很美味，雖然這不是傳統的做法，但用你喜歡的方式烘烤就行了。
6. 將舒茲柏利脆餅留在烤盤上冷卻。

---

1. 英語中以「short-tempered」形容性子很急、沒有耐心。此處康格里夫以舒茲伯利脆餅的「short」（酥脆）特性雙關語來形容劇中角色韋爾福（Sir Wilfull Witwoud）。出自第 2 幕第 15 景。

古斯納脆餅
Goosnargh cakes

1859 年 6 月 18 日，《普雷斯頓紀事》（*The Preston Chronicle*）報導，在當年度的聖靈降臨節（Whitsun）[1]，古斯納鎮（Goosnargh）售出了數以千計的古斯納脆餅。鄰近的史塔邁恩鎮（Stalmine）也有自己的版本，稱爲托斯脆餅（Tosset cakes）。德比郡（Dirbyshire）的威克斯沃斯（Wirksworth）與溫斯特（Winster）的糕餅店也製作同樣的餅乾，但分別稱爲威克斯沃斯與溫斯特教堂祝聖紀念脆餅（Wirksworth and Winster Wakes cakes）[2]，並加入小粒無籽葡萄乾取代葛縷子。一首老歌唱道，「在溫斯特祝聖紀念週中，有艾爾啤酒（ale）[3] 與脆餅」（'At Winster Wakes there's ale and cakes'）。的確，搭配這些脆餅享用的，通常是一大杯啤酒而不是茶。

這些脆餅在今日幾乎都絕跡了，包括古斯納脆餅。英國慢食協會認爲這是由於二次世界大戰中實施奶油與糖配給制度的緣故。

這些像是奶油酥餅般的餅乾，因爲添加了葛縷子（有時則是芫荽籽）而風味特殊。若使用小豆蔻也是種很不錯的變化。

份量：24 片餅乾

中筋麵粉 225 g（8 oz）
玉米粉（玉米澱粉）或米穀粉 50 g（1¾ oz）
細砂糖 100 g（3½ oz） 另加點綴用份量
海鹽 一小撮
冰涼奶油 225 g（8 oz）
葛縷子 2 大匙
麵粉 工作檯撒粉用

作法

1. 將麵粉、玉米粉或米穀粉、糖與鹽放入一個大型調理盆中。

2. 以指尖將奶油與以上食材揉合，加入葛縷子，接著將混合物揉捏成一個均勻的麵團。不要過度揉捏，否則餅乾會變得較不酥脆。

3. 以保鮮膜包覆麵團，放入冰箱冷藏 15 分鐘。在此期間將烤箱預熱至 160° C（320° F），烤盤上鋪上烘焙紙。工作檯撒上麵粉，然後將麵團擀至約 7 mm（¼ inch）厚。用一個直徑 8 cm（3¼ inch）的圓形切模切出一個個餅乾。把剩餘的麵團重新揉合、切出更多餅乾。

4. 用叉子在餅乾上戳出小洞，將餅乾放在烤盤上，送入預熱好的烤箱中層，烘烤 20 分鐘。這些餅乾的烘烤時間不能太長，只要邊緣呈現一圈金黃色就足夠了。從烤箱中取出餅乾，撒上多的細砂糖點綴，並讓它們在烤盤上靜置冷卻。

---

1. 聖靈降臨節或聖靈降臨日又稱五旬節「Pentecost」（來自希臘文的「pentekoste」，表示「第 50 個」），紀念以色列人出埃及後第 50 天、摩西自耶和華處領受十誡之日。在基督教中，這天落在復活節後的第七個星期日，是《聖經》記載聖靈降臨早期門徒，使其能說方言、向外傳揚福音之日。「White Sunday」「Whitsunday」之名在中世紀英格蘭出現，得名自當日受洗者在洗禮儀式時身穿的白袍，「Whitsun」則是現代略稱。由於緊接著的「Whit Monday」是英國國定假日（1971 年後改爲五月的最後一個星期一），現代使用時多指假期本身，較無「Pentecost」代表的宗教意涵。

2. 參閱第 74 頁。在英國工業革命時期，許多英國城鎮，特別在北英格蘭與英格蘭中部地區，將教堂祝聖紀念日調整爲常規暑假，當地的工廠、煤礦與其他製造業等，會選出一週進行例行休假並關閉工廠進行維修，稱爲「教堂祝聖紀念週」（Wakes week）。以古斯納所在的蘭卡夏郡爲例，每年 6 到 9 月當地城鎮皆會輪流放假。後來由於英國製造業衰退，且英格蘭全境統一學校假期，教堂祝聖紀念週便逐漸消失。

3. 一種啤酒類型。因發酵溫度較高且使用上層發酵法（top-fermenting yeast）發酵，果香與香料風味更明顯，酒體更濃郁。

燕麥餅乾
Flakemeal biscuits

　　燕麥餅乾是在北愛爾蘭很受歡迎的一種甜餅乾，不一定每次都有添加椰子粉，但椰子粉確實讓風味更好。能把這個食譜介紹給你們，要感謝兩位曾經和我討論過北愛爾蘭烘焙的愛爾蘭女士。

份量：14 片餅乾

細砂糖　75 g（2½ oz）
奶油　150 g（5½ oz）（室溫）
傳統燕麥　150 g（5½ oz）
椰子粉　35 g（1¼ oz）
海鹽　一小撮
中筋麵粉　75 g（2½ oz）

作法

1. 將烤箱預熱至 180° C（350° F），烤盤上鋪上烘焙紙。

2. 將糖放入調理盆內，以叉子將奶油與砂糖揉合，接著加入燕麥、椰子粉與鹽，用一個木匙將所有材料聚合成一個麵團，最後加入麵粉揉捏。

3. 將麵團夾在兩張烘焙紙中擀平，厚度約 1 cm（½ inch）。使用一個直徑 6 ～ 7 mm（2½-2¾ inch）的圓形切模切出 14 個餅乾。

4. 將餅乾放在烤盤中，每一個餅乾間要有足夠的距離，好讓它們在烘焙時有 1 cm（½ inch）的延展空間。

5. 放入預熱好的烤箱中層，烘烤 20 ～ 25 分鐘，直到餅乾稍微上色。如果你想要金黃的餅乾與更濃郁的風味，烘烤時間可以稍微再長一些。取出餅乾後讓它們在烤盤中靜置冷卻。

奶油酥餅
Shortbread biscuits

根據佛羅倫斯·瑪麗安·麥克奈爾 1929 年的著作《蘇格蘭廚房》的描述，蘇格蘭鄉村的結婚蛋糕是一個經過裝飾的奶油酥餅，稱為「婚宴蛋糕」（infar-cake）[1]。在成婚的第一天，或是「結婚日」（infare day），會在新娘的新家門檻前，將婚宴蛋糕弄碎撒在新娘的頭上。這個古老的習俗來自於異教信仰[2]。

經典的奶油酥餅是以 1 份的糖搭配 2 份奶油與 3 份麵粉。我的版本糖含量較少、奶油較多，也用米穀粉、玉米粉或杜蘭小麥粉（semolina）取代部分的麵粉，使餅乾更為酥鬆易碎。我希望能作出自己最喜歡的蘇格蘭長條奶油酥餅，而這個食譜的成品非常接近。

我在這裡提供了製作一般圓形、長條形與被稱為「襯裙邊」（petticoat tails）的奶油酥餅方法。「襯裙邊」的作法是烤一個大的圓形酥餅，再像派一樣切分[3]。在 1990 年代，茶室很流行將酒漬櫻桃壓入奶油酥餅麵團中，製作「櫻桃奶油酥餅」（Cherry shortbread）。今日加入可食用的薰衣草也很受歡迎，但我認為對奶油酥餅而言，簡單是最棒的了。

中筋麵粉　200 g（7 oz）
玉米粉（玉米澱粉）　50 g（1¾ oz）
　或杜蘭小麥粉、米穀粉或以上粉類混合
細砂糖　75 g（2½ oz）　另加點綴用份量
海鹽　一小撮
奶油　175 g（6 oz）（室溫，但不放軟）
麵粉　工作檯撒粉用

作法

準備麵團

1. 將所有的粉類放入一個大型調理盆中混合均勻。以指尖將奶油與其他食材揉合，成為麵包粉般大小的顆粒。將混合物揉捏成一個柔軟的麵團。不要過度揉捏，否則餅乾會變得較不酥脆。
2. 將麵團以保鮮膜包覆後放入冰箱冷藏，同時預熱烤箱至 160°C（320°F）。

製作 10 個圓形奶油酥餅

1. 烤盤鋪上烘焙紙。
2. 工作檯撒上麵粉，用雙手將麵團拍平至大約 7 mm（¼ inch）厚。不要用擀麵棍擀麵團，否則餅乾質地會變得有韌性。你可以在麵團上鋪上一張烘焙紙，然後用手掌撫平表面，這樣你的奶油酥餅表面便會變得平滑。
3. 用直徑 7 cm（2¾ inch）的圓形切模切出餅乾，將剩下的麵團再次輕拍聚合，持續用切模切出餅乾，直到用盡所有麵團。
4. 用叉子在整塊酥餅上俐落地戳出幾個孔洞，將餅乾放在烤盤上，放入預熱好的烤箱中層，烘烤 30 分鐘。
5. 這些奶油餅乾不應過度上色，只要邊緣呈現一抹金黃色就足夠了。將烤好的奶油酥餅從烤箱中取出，立刻撒上細砂糖，在烤盤中靜置 5 分鐘冷卻，接著用一個矽膠刮刀將它們從烤盤中移至網架上徹底冷卻。

* 以密封盒保存奶油酥餅，盡快食用完畢。

製作 16 個長條形奶油酥餅

1. 準備一個邊長 20 cm（8 inch）的正方型烤模，以第 21 頁說明的方式為模具上油、撒粉。

2. 將麵團拍平，放在鋪了烘焙紙的烤模中，輕壓使其蓋住整個模具底部。將另一張烘焙紙鋪在一個大烤盤上，然後將前面裝了麵團的模具翻轉在烤盤上，光滑的底部朝上。重新將麵團重新滑入原本的模具中，用刀子輕輕在麵團劃線，分隔出 16 個長條形。

3. 將奶油酥餅放入預熱好的烤箱中層，烘烤 35 ～ 40 分鐘。

4. 奶油酥餅不應過度上色，只要邊緣呈現一圈金黃色就足夠了。將烤好的奶油酥餅從烤箱中取出，依照切線切出長條形，撒上細砂糖。在烤模中靜置 10 分鐘冷卻，接著用一個矽膠刮刀將它們從烤模中移至網架上徹底冷卻。

製作 8 片襯裙邊奶油酥餅

1. 將麵團大致輕拍成一個厚約 1 cm（½ inch）的圓形。使用擀麵棍或是以一張烘焙紙覆蓋麵團表面，再用手平滑表面。將麵團上下翻轉，讓最平滑的底部朝上。以一個直徑 22 cm（8½ inch）的圓形烤模為基準，切除多餘的麵團，使其成為一個齊整的圓形。

2. 用刀子輕輕在麵團上分割出你想要的份數，以叉子在麵團整體上戳出或壓出裝飾性的花紋。放入預熱好的烤箱中層，烘烤 35 ～ 40 分鐘。

3. 奶油酥餅不應過度上色，只要邊緣呈現一圈金黃色就足夠了。將烤好的酥餅從烤箱中取出，依照切線分割，成為「襯裙邊」奶油酥餅，撒上細砂糖。在烤盤中靜置 10 分鐘冷卻，接著用一個矽膠刮刀將它們從烤盤中移至網架上徹底冷卻。

---

1. 在蘇格蘭語中，「infar」（或 infare、infair）指的是新娘來到新家當天，以及夫家擺設的婚宴，經常泛指婚禮儀式後的那一天。更廣義的「infar」也能表示進入人生的新階段。

2. 參見第 13 頁註釋。

3. 這種奶油酥餅邊緣通常有波浪或紋飾，再切分成三角形，外型令人聯想起女性的襯裙邊緣因而得名。

消化餅乾
Digestives

　　消化餅乾是由兩名蘇格蘭醫師在 1830 年代發明的，目標是希望能夠創造一種能夠幫助消化的餅乾，因此才有「消化餅乾」之名。最受歡迎的品牌是麥維他（McVitie's），該公司於 1892 年開始大量生產消化餅乾。

　　消化餅乾也經常被稱為麥芽餅乾，最早拿到的專利名為「麥芽麵包製造」（Making Malted Bread）。1894 年出版的《卡塞爾烹飪全書》（*Cassell's Universal Cookery Book*）中提供了一個麥芽餅乾的食譜。作者認為葛縷子粉對深受腸胃脹氣所苦的人們來說，是一種合宜的香料，但她同時說明，也可以使用任何其他香料。

　　和奶油酥餅、馥郁佐茶餅乾（Rich tea biscuits）一樣，消化餅乾如今是最受歡迎的英國餅乾之一。有時候消化餅乾還會加上一層巧克力，當你將餅乾浸在咖啡中、巧克力融化時，那滋味真是棒極了。我滿喜歡在這種餅乾中加入烘烤過的胡桃粉，但如果你是追求正統的人，歡迎將它換成燕麥粉。

份量：至少 40 片餅乾

胡桃　40 g（1½ oz）
奶油　150 g（5½ oz）（室溫）
原糖　100 g（3½ oz）
全蛋　2 顆
泡打粉　1 小匙
海鹽　1 小匙
燕麥粉　150 g（5½ oz）
中筋全穀粉或斯佩爾特小麥全穀粉　260 g（9¼ oz）
麵粉　工作檯撒粉用

作法

1. 將烤箱預熱至 200° C（400° F），兩個烤盤鋪上烘焙紙。

2. 將胡桃分散鋪在其中一個烤盤上，烘烤 10 分鐘。冷卻後將胡桃放入果汁機或食物調理機中，以瞬間高速功能打成粗粒粉狀質地。

3. 將奶油與糖攪打成乳霜狀（如果你有桌上型攪拌機，建議使用），然後分次加入蛋。依序加入泡打粉、胡桃粉、鹽與其他粉類。麵團成形會需要一點時間，一開始它會看起來非常乾，但不要因此加入牛奶或水。

4. 麵團可以立刻使用，或者放在冰箱靜置 15 分鐘。

5. 將麵團放在撒了麵粉的工作檯上或是烘焙紙上，用手拍平。在麵團上撒上一些麵粉，防止擀麵棍沾黏，接著用擀麵棍將麵團擀至 5 mm（¼ inch）厚。使用一個直徑 7 cm（2¾ inch）的圓形切模切出一片片餅乾。將剩下的麵團聚合，再次擀平並切出更多餅乾，直到把所有麵團都用完為止。

6. 將餅乾放在鋪了烘焙紙的烤盤上，用叉子在上面戳洞。放入預熱好的烤箱中層，烘烤 10 ～ 13 分鐘。13 分鐘後將會得到較深色的餅乾，而那是我最喜愛的樣子。

馥郁佐茶餅乾
Rich tea biscuits

馥郁佐茶餅乾的味道單純，因此它們是浸在熱咖啡或熱茶裡的理想選擇。科學家也證實，若要將餅乾浸在熱飲中，馥郁佐茶餅乾的表現相當優秀。研究結果顯示，消化餅乾在浸入熱飲中 5 秒後就會開始軟化掉屑，但馥郁佐茶餅乾可以支撐至少 20 秒以上。正是因為它始終酥脆，人們才發現適合把它們浸在熱飲裡。（只有在英國，才會有人研究這些豆知識！）

威廉王子要求在皇家婚禮時以馥郁佐茶餅乾製作他的新郎蛋糕（groom's cake）[1]。據說這個使用了 1,700 片餅乾和 40 磅巧克力製作的免烤蛋糕，也是伊莉莎白女王最愛的蛋糕。

如果英國皇室和幾乎一半的英國人都喜愛馥郁佐茶餅乾，本書自然應該收錄它。自家製的版本和那些知名英國品牌簡潔、完美的餅乾相比，顯得質樸許多，但若論起浸在熱飲中的表現，可是一點也不差。

份量：28 片餅乾

中筋麵粉　280 g（10 oz）
泡打粉　1 大匙
海鹽　1 小匙
原糖　65 g（2¼ oz）
冰涼奶油　65 g（2¼ oz）（切丁）
冰牛奶　150 ml（5 fl oz）
麵粉　工作檯撒粉用

作法

1. 烤箱預熱至 200°C（400°F），將一或兩個烤盤鋪上烘焙紙。

2. 將麵粉、泡打粉、鹽與糖在一個大型調理盆中混合。以指尖將奶油與其他食材揉合，成為接近粗麵包粉般大小的顆粒。倒入牛奶，用手指將所有材料聚合成形為一個麵團，略為壓揉。

3. 將麵團放在撒了粉的工作檯上，切分成兩半，方便作業。將其中一半的麵團擀得越薄越好——理想為 2 mm（1/16 inch）厚（記住餅乾會在烘烤時膨發成 2 倍高度）。用一個直徑 7 cm（2¾ inch）的圓形切模切出一片片的餅乾，然後用同樣的方式將另外一半的麵團使用完畢。

4. 用叉子在餅乾上戳洞，然後將它們放在鋪好烘焙紙的烤盤上。放入預熱好的烤箱烘烤 10 分鐘，直到呈現淺金黃色。從烤箱取出後，在烤盤內靜置放涼。

* 現在你可以為自己沏一杯濃茶，然後將餅乾浸入茶後享用！

---

1. 新郎蛋糕起源於英國維多利亞時代，後由英國殖民者傳播至美國，盛行於美國南方。維多利亞時代的新郎蛋糕是濃郁、扎實的水果蛋糕，後來也常用巧克力、酒等風味強烈、被視為充滿陽剛特質的食材，多半以新郎的嗜好、興趣等做為裝飾主題。此蛋糕通常會擺放在婚禮接待處，作為賓客的第二個婚禮蛋糕選擇，有些地區則在婚禮預演時，作為晚餐的餐後甜點享用。

加里波第餅乾
Garibaldi biscuits

　　加里波第餅乾是在 1861 年由強納森・卡爾（Jonathan Carr）爲英國皮克・弗雷恩斯公司（Peek, Frean and Co）製作。強納森・卡爾是餅乾世界中的知名人物，他是第一位成功將餅乾以工業化規模大量生產的人。他來自卡爾家族，而卡爾家族至今仍在英格蘭卡萊爾市生產卡爾全麥餅乾（Carr's Table Water Crackers）[1]。

　　這款餅乾以 19 世紀時爲義大利統一運動奮戰的朱塞佩・加里波第（Giuseppe Garibaldi）將軍命名。

份量：14 片餅乾

小粒無籽葡萄乾　100 g（3½ oz）
中筋麵粉　150 g（5½ oz）
米穀粉或玉米粉（玉米澱粉）　50 g（1¾ oz）
泡打粉　½ 小匙
原糖　50 g（1¾ oz）　另加點綴用份量
海鹽　一小撮
冰涼奶油　50 g（1¾ oz）
蛋黃　2 顆
牛奶　4 大匙
麵粉　烘焙紙撒粉用
蛋黃 1 顆＋牛奶 1 大匙　蛋液用

作法

1. 烤箱預熱至 180°C（350°F），在一個烤盤上鋪上烘焙紙。

2. 將小粒無籽葡萄乾放入一個調理盆中，用研磨杵或是玻璃杯杯底輕輕壓碎。

3. 將麵粉、泡打粉、糖與鹽放入另一個調理盆中，以指尖將奶油與其他食材揉合，直到成爲麵包粉般的細粒。

4. 加入蛋黃與牛奶（剩下的蛋白可以用來取代蛋黃，作爲蛋液使用）。用一把鈍刀混合乾濕材料，然後用手大略揉捏，形成一個光滑的麵團。將麵團放入冰箱內靜置 30 分鐘。

5. 將麵團切分成兩半，每一半都在撒了麵粉的烘焙紙上擀成一個 20 × 30 cm（8 × 12 inch）大小的方形。在其中一個方形麵團上刷上蛋液（或是剛才留下的蛋白），接著均勻撒上一層小粒無籽葡萄乾，在第二個方形麵團上刷上蛋液，然後將其疊在前一個麵團的葡萄乾上。

6. 用擀麵棍輕輕擀壓這個三層夾餡麵團，好讓上下兩個麵團密合。別擔心葡萄乾似乎到處露出，這會讓餅乾看起來更有魅力。

7. 將麵團切成 14 個長方形餅乾，輕輕將邊緣壓平，然後放在鋪了烘焙紙的烤盤上。刷上更多蛋液，然後撒上多的原糖。

8. 將餅乾放入預熱好的烤箱中層，烘烤 10 ～ 15 分鐘直到上色。取出烤盤後，讓餅乾在烤盤中靜置冷卻。

* 你也可以用全穀粉取代中筋白麵粉。

---

1. 強納森・卡爾於 1831 年開始製造卡爾全麥餅乾，並在 1841 年獲維多利亞女王授與英國皇家認證（Royal Warrant），成爲英國皇室御用商品。

卡士達奶油夾心餅乾
Custard creams

卡士達夾心餅乾是一種以巴洛克花紋裝飾，中間夾了類似卡士達餡的餅乾，在英國非常風行。1837 年，由於妻子對蛋過敏，伯明罕（Birmingham）的藥師艾弗列·柏德（Alfred Bird）為她發明了柏德無蛋卡士達粉（Bird's egg-free custard powder）。

餅乾上的巴洛克紋飾，可以用蕾絲飾巾或類似的東西輕壓麵團做出。

份量：12 ～ 14 片餅乾

餅乾體

中筋麵粉　220 g（7¾ oz）

米穀粉或玉米粉（玉米澱粉）　50 g（1¾ oz）

泡打粉　½ 小匙

細砂糖　35 g（1¼ oz）

卡士達粉　2 大匙

海鹽　½ 小匙

冰涼奶油　100 g（3½ oz）

蛋黃　1 顆

牛奶　4 大匙

麵粉　工作檯撒粉用

內餡

細砂糖　100 g（3½ oz）

卡士達粉　1 大匙

奶油　50 g（1¾ oz）

溫牛奶或溫水　1 大匙

海鹽　一小撮

作法

1. 將所有乾性材料放在裝上刀片附件的食物調理機盆中混合均勻。加入奶油，以瞬間高速功能打成細麵包粉般的質地。加入蛋黃與牛奶，混合均勻，直到形成球狀麵團。稍微以手揉捏麵團使其平滑。

2. 將麵團以保鮮膜包覆，放在冰箱中靜置 15 ～ 20 分鐘，在此期間製作內餡，同時將烤箱預熱至 180°C（350°F），並將一個烤盤鋪上烘焙紙。

3. 將細砂糖、卡士達粉、奶油、牛奶與鹽在食物調理機中攪打均勻，質地呈現乳霜狀。如果太乾，可以再加多一點牛奶，一次 ¼ 小匙。用布或保鮮膜蓋住，靜置一旁備用。

4. 將麵團在撒了粉的工作檯上擀開，直到大約 3 mm（⅛ inch）的厚度。用蕾絲飾巾或襯墊等在麵團上壓出花紋，用一個長約 5 cm（2 inch）的長方形切模切出一塊塊餅乾。

5. 將餅乾放在烤盤上，放入預熱好的烤箱中烘烤 10 ～ 15 分鐘。取出後移至網架上冷卻。

6. 將一小匙的內餡抹在一半的餅乾上，然後蓋上剩下的另外一半餅乾，稍微旋轉一下壓緊。

* 請和濃郁的奶茶一起享用。

小圓麵包
Buns

小圓麵包是維多利亞時期人們的最愛,但它們仍然在今日的英式烘焙藝術中占有重要的一席之地。砂糖在 19 世紀變得非常平價,因此促成了新興中產階級對各種精美糕點與小圓麵包的需求。小圓麵包由添加了奶油、蛋或鮮奶油的發酵麵團製作而成,有的另外還有裝飾與內餡。最重要的是,它們是甜的。人們通常直接食用小圓麵包,但有時會另外抹上奶油,或額外添加果醬、鮮奶油甚至糖漿。約克夏佐茶餐包(Yorkshire tea cake)通常只會稍微兩面烘烤過就直接享用。

英國飲食中最常見的小圓麵包包括切爾西麵包、熱十字麵包、比利時圓麵包(Belgian bun)、約克夏佐茶餐包與糖霜手指麵包(Iced fingers)。另外還有許多地區的特色小圓麵包在國界以外並不知名,例如康瓦爾有番紅花圓麵包(Saffron bun)、北愛爾蘭與蘇格蘭西部海岸有巴黎圓麵包(Paris bun)、巴斯(Bath)不僅有巴斯圓麵包(Bath bun),還有莎莉蘭麵包(Sally Lunn);懷特島(Isle of Wight)有油炸圓麵包(dough nuts)、布萊頓有岩石蛋糕。有些小圓麵包被稱為蛋糕(cake),但有些蛋糕則被稱為小圓麵包,英語還真令人無法鬆懈呢!

切爾西麵包,18 世紀的明星麵包

18 世紀早期,倫敦切爾西區有一家名為「切爾西麵包屋」(Chelsea Bun House)的糕餅店,其中一位經營者被稱為「小圓麵包上尉」(Captain Bun)。包括國王喬治二世與卡洛琳王后夫婦、喬治三世與夏洛特王后及他們的孩子都是這家麵包店的主顧。報紙報導,從這家店裡的豪華家具、雕像、珍品與牆上的大型畫作看來,這家店更像宴會舞廳而不是麵包店。長長的店面以延伸到人行道上的柱廊裝飾,無論是店內還是店外裝潢都是許多藝術家的描摹對象,就像我們今天會為了在 Instagram 上發布照片而拍照一樣。據說人們會為了來這裡買麵包而特地繞遠路。一份當地的報紙甚至宣稱,5 萬名民眾在聖週五(Good Friday)[1] 前往切爾西麵包屋,搶購只有在當天才製作的熱十字麵包。當時的店主後來宣告,該店往後將只販賣切爾西麵包,因為整個街坊都在抱怨前來購買熱十字麵包的那群「暴亂不受控的廣大倫敦百姓」。

雖然切爾西麵包屋至少從 1711 年起就生意興隆,但

1804 年,附近貴族士紳們常去的休閒娛樂場所瑞尼拉遊樂園(Ranelagh Pleasure Gardens)關門大吉後,仍然衝擊了該店的營運。在家族最後一位後裔過世後,由於後繼無人,切爾西麵包屋被拆除,經營權也歸皇室所有。這實在是一件憾事,畢竟,根據 1839 年 5 月 4 日的《鏡文學、娛樂與指南》(*The Mirror of Literature, Amusement, and Instruction*)報導,在當年的聖週五,切爾西麵包屋依然售出了超過 2 萬 4,000 個麵包。該週刊也寫道,該店將會在所在的街區重新整修後重建,但不幸的是,新切爾西麵包屋始終未被修建。

根據伊莉莎白‧大衛(Elizabeth David)[2] 的說法,切爾西麵包屋確實曾在 1951 年,作為「英國節」(Festival of Britain)[3] 的一部分慶祝活動短暫復活。伊莉莎白‧大衛將切爾西麵包視為英式傳統之一。如今,雖然已經沒有一家專售切爾西麵包的店家,但它們卻仍然在各地廣為販售。在劍橋,有一家特別的糕餅店以切爾西麵包知名,他們自 1920 年開始便製作這項出名的商品。

巴斯圓麵包

坐落在翠綠的峽谷中,壯麗的巴斯擁有羅馬時代的溫泉遺跡、喬治時代(Georgian era)[4] 的街道與圓形廣場。在這裡,你可以找到兩種著名的小圓麵包:莎莉蘭麵包與巴斯圓麵包,甚至有專門分別販售它們的茶室。

「莎莉蘭」是一種柔軟、類似潔白布里歐許(brioche)[5] 的小圓麵包,球形表面金褐閃亮,自 1776 年就出現在食譜書中。這些食譜書通常會解釋,莎莉蘭麵包就是一種未添加小粒無籽葡萄乾的佐茶餐包,但其實莎莉蘭麵包和佐茶餐包還有一處不同:佐茶餐包的烘焙方法較為自由,但根據 1830 年威廉‧基奇納(William Kitchiner)的《廚師寶典》(*The Cook's Oracle*)說明,莎莉蘭麵包是放在一個淺烤盤或圓環中烘烤,因此底部一環的顏色較淺。

巴斯圓麵包在 18 世紀時被稱為「巴斯蛋糕」(Bath cake)。巴斯本地的居民與食譜作家瑪莎‧布萊德利(Martha Bradley)在她 1756 年出版的《英國家庭主婦》(*The British Housewife*)書中提供了一個「巴斯種籽蛋糕」(Bath seed cake)的食譜。而根據伊莉莎白‧拉弗德(Elizabeth Raffald)1769 年《經驗豐富的英格蘭管家》(*The Experienced English Housekeeper*)中的說明,巴

斯蛋糕的尺寸和法式麵包卷（French roll）差不多，而且需要在早餐時熱騰騰地上桌。曾在巴斯居住過一段時間的珍·奧斯汀是巴斯圓麵包的粉絲，她在 1801 年寫道，如果姊姊卡珊卓（Cassandra）不陪她前往參訪，她將大吃特吃巴斯圓麵包作為補償。這顯示在珍·奧斯汀時期，「巴斯蛋糕」已以「巴斯圓麵包」之名著稱了。

無論是巴斯圓麵包還是莎莉蘭麵包，都是富裕人家才吃得起的點心。在 18 世紀，一般平民百姓不在早餐時吃甜味糕點，甜的發酵麵包與小圓麵包要到維多利亞時期才稍微更廣泛地在不同社會階層中傳播。當時糕餅店的製造變得更為工業化、糖的價格也降低了。

瑪莎·布萊德利和伊莉莎白·拉弗德書中的巴斯圓麵包，與珍·奧斯汀所知道的版本應該非常相似，它們都以葛縷子或葛縷子糖調味及裝飾，葛縷子糖的作法是將葛縷子裹上一層層糖衣，其製作是一項非常耗時的工作，每裹上一層糖衣便需要將葛縷子烘乾，成品類似彩色巧克力米，但更接近中間包著茴香籽的印度穆克瓦思潔口清新糖（Mint Mukhwas）。葛縷子糖和其他康菲糖（comfit）[6] 一樣，經常是在餐後享用以幫助消化，就像在印度餐後吃穆克瓦思潔口清新糖一般。

接近 19 世紀末葉，添加糖漬柑橘皮、檸檬皮與（或）糖漬果乾與綜合香料變得受歡迎。但今日的巴斯圓麵包已不再使用葛縷子或葛縷子糖製作或裝飾，麵團中加了糖、並以珍珠糖和小粒無籽葡萄乾做裝飾。我提供了 19 世紀前與現代的版本，你可以決定自己比較喜歡哪一種。

1851 年，在亞伯特王子（Prince Albert）舉辦的倫敦萬國工業博覽會（Great Exhibition）中，售出了 93 萬 4,691 個巴斯圓麵包給前來參觀的遊客。據說人們發現這些在倫敦販售的巴斯圓麵包沒有原本用料那麼奢華，所以將它更名為「倫敦圓麵包」。在約翰·柯克蘭的《現代烘焙、甜點糖果與外燴業者》書中，你可以找到一個廉價巴斯圓麵包或倫敦圓麵包的食譜，證實了這個說法。

1. 聖週五即復活節週末的頭一天，是基督與天主教徒用來紀念耶穌基督被釘死受難的紀念日，因此又被稱為耶穌受難日、耶穌受難節。
2. 伊莉莎白·大衛（1913-1992）是英國知名飲食作家，在 20 世紀中期曾以一系列關於英國與歐洲飲食文化的文章與書籍，掀起英國烹飪革命。
3. 英國節由英國皇家藝術學會（Royal Society of Arts）構思，原本是為了紀念 1851 年英國舉辦萬國工業博覽會 100 週年的活動，但由於耗費巨大，且希望優先重建二戰後的倫敦，籌辦委員會決定聚焦在英國本身，舉辦一系列關於英國藝術、文化、科學、建築、工業設計等展覽，歌頌英國在各領域的成就，宣傳英國已走出戰爭陰霾。
4. 喬治時代指的是大不列顛王國漢諾威家族（House of Hanover）前四位君主，即四位喬治國王（喬治一世、二世、三世、四世）在位期間，有時也會將其後的威廉四世統治期間計入。喬治時代下啟維多利亞時期，約自 1714 至 1737 年止。
5. 布里歐許是一種柔軟的法式重奶油麵包，屬於「維也納麵包類」（viennoiserie）。
6. 康菲糖指的是一種用硬糖包裹堅果、種子或果乾的老式糖果。

切爾西麵包
Chelsea buns

最早在 1711 年，倫敦的切爾西麵包屋便開始販賣切爾西麵包了。它可能是史上第一個人們為了能夠入手而心甘情願大排長龍的甜味點心。切爾西麵包或許不像可頌甜甜圈（cronut）或變態奶昔（freakshake）[1] 那麼摩登，但它卻有辦法存活數個世紀，從未被人們遺忘。雖然最近有來自斯堪地那維亞的肉桂捲競爭，但直到現在，切爾西麵包都是糕餅店中最常見的麵包。

切爾西麵包是以豐厚的發酵麵團製作，外型必須是正方形，麵團捲成漩渦狀並以小粒無籽葡萄乾點綴。享用時，一邊展開一邊撕下麵包的樂趣簡直令人上癮。烤模的尺寸很重要，這樣才能確保每個麵包彼此相互黏連，最後形成正方形。製作切爾西麵包的祕訣，在於將麵團盡你所能擀得越薄越好。

份量：24 個麵包
使用模具：兩個 39 × 27 cm（15½ × 10¾ inch）的烤模

麵包體
乾燥酵母　30 g（1 oz）
溫牛奶　600 ml（21 fl oz）
高筋白麵粉　1 kg（2 lb 4 oz）
原糖或白砂糖　120 g（4¼ oz）
奶油　140 g（5 oz）（室溫、切丁）
全蛋　2 顆（打散）
細粒海鹽　10 g（¼ oz）
麵粉　工作檯撒粉用

內餡
奶油　450 g（1 lb）（室溫）
原糖或白砂糖　285 g（10 oz）
肉桂粉　3 大匙
海鹽　一小撮
小粒無籽葡萄乾　350 g（12 oz）

糖漿
原糖或白砂糖　60 g（2¼ oz）
水　5 大匙
細砂糖　表面裝飾用

作法

1. 將酵母加入溫牛奶中，稍微輕輕攪拌一下使其活化。酵母會開始起泡形成泡沫層，代表可以拿來使用了。在一個大型調理盆或是桌上型攪拌機的調理盆中混合麵粉與糖，若使用桌上型攪拌機，請裝上鉤型攪拌棒。將奶油放在粉類上方，倒入一半的酵母混合液在奶油上開始攪拌，當牛奶與奶油完全被吸收後，加入剩下的酵母液與蛋液。攪打 5 分鐘後靜置數分鐘（此時麵團應非常濕黏）。加入鹽繼續攪打 10 分鐘，如有需要，將調理盆邊緣的麵團刮下與整體混合，持續攪打直到成為一個光滑有彈性卻不過濕的麵團。

2. 麵團加蓋靜置 1 小時直到膨發成 2 倍大。

3. 在麵團發酵期間製作內餡。將奶油與糖、肉桂粉、鹽一起打發直到成為乳霜狀。

4. 烤箱預熱至 200° C（400° F），烤模鋪上烘焙紙。

5. 工作檯撒上麵粉，將麵團擀成一個約 60 × 95 cm（24 × 37½ inch）大小、2 mm（1/16 inch）厚的長方形。將麵團朝著自己橫向擺放，在麵團上半部鋪上三分之一的內餡，接著將下半部的麵團朝上對折，覆蓋住內餡。用擀麵棍將麵團擀平。

6. 將剩下的內餡鋪上整個麵團表面，撒上小粒無籽葡萄乾，從長邊開始捲起成為長筒狀。將捲起的長條每 5 cm（2 inch）切成一片，然後將厚圓片的麵團漩渦面朝上，放在鋪了烘焙紙的烤模中，每一個麵團之間稍微留些距離。烤模放入預熱好的烤箱中烘烤 20 ～ 25 分鐘，直到麵包呈現金褐色。

7. 麵包在烘烤時製作糖漿。將糖與水一同在小的醬汁鍋中加熱，直到糖溶解。麵包出爐後立刻刷上糖漿並灑上白砂糖。切爾西麵包在製作當天享用最為美味，但隔天也可回烤數分鐘使其恢復蓬鬆柔軟。你也可以將烤好的麵包冷凍，要享用前先退冰，再放入烤箱中回烤數分鐘。

1.變態奶昔起源於澳洲坎培拉一家名為 Pâtissez 的咖啡店，概念是在大杯奶昔中加入巨量的裝飾性配料。因其充滿趣味、外型吸睛，迅速在社群媒體上竄紅，在 2015 至 2019 年間風靡歐美。

約克郡佐茶餐包
Yorkshire tea cakes

佐茶餐包是柔軟、有如布里歐許一樣的小圓麵包，表面閃著亮金褐色。整個英國幾乎都會在佐茶餐包中加入小粒無籽葡萄乾，除了西約克郡（West Yorkshire）外，本地的佐茶餐包是一單純的麵包卷。19世紀的食譜書分成兩派，一派會在食譜中加入小粒無籽葡萄乾、另一派則是樸實無華的餐包。有些當時的食譜書說，佐茶餐包和莎莉蘭麵包相同，只不過加了小粒無籽葡萄乾。更令人感到混亂的是，蘇格蘭的「佐茶餐包」其實是一種上方放了棉花糖、再以巧克力包覆的餅乾。

茶室的菜單上總是會註明「烤佐茶餐包片」（toasted tea cake）——它們幾乎不可能不經切片烤至金黃就直接上桌[1]。烘烤過的佐茶餐包外層酥脆，還有焦糖化的小粒無籽葡萄乾，內層則柔軟而富含口感。它們在剛出爐時或切片烘烤後最爲可口，隔天就會顯得厚重。你可以將烤箱盡你所能升到最高溫，然後把餐包放入數分鐘，使它們恢復蓬鬆柔軟。然後，自然是將它們切片烤至金黃酥脆囉！

份量：10 個佐茶餐包

乾燥酵母　15 g（½ oz）
溫全脂牛奶　300 ml（10½ fl oz）
高筋白麵粉　500 g（1 lb 2 oz）
原糖或白砂糖　60 g（2¼ oz）
奶油　30 g（1 oz）（室溫、切丁）
全蛋　1 顆
細粒海鹽　5 g（⅛ oz）
小粒無籽葡萄乾　60 ～ 100 g（2¼–3½ oz）
（選用，清洗後以廚房紙巾拍乾）
蛋黃 1 顆＋牛奶 1 大匙　蛋液用

作法

1. 將酵母加入溫牛奶中，稍微輕輕攪拌一下使其活化。酵母會開始起泡形成泡沫層，代表可以拿來使用了。在一個大型調理盆或是桌上型攪拌機的調理盆中混合麵粉與糖，若使用桌上型攪拌機，請裝上鉤型攪拌棒。將奶油放在粉類上方，倒入一半的酵母混合液在奶油上開始攪拌，當牛奶與奶油完全被吸收後，加入剩下的酵母液與蛋液。攪打 5 分鐘後靜置數分鐘（此時麵團應非常濕黏）。加入鹽和小粒無籽葡萄乾（若有使用），繼續攪打 10 分鐘，如有需要，將調理盆邊緣的麵團刮下與整體混合，持續攪打直到成爲一個光滑有彈性卻不過濕的麵團。
2. 麵團加蓋靜置 1 小時直到膨發成 2 倍大。
3. 在麵團發酵期間將烤盤鋪上烘焙紙。
4. 稍微揉捏一下麵團，然後將其切分爲 8 等份。取其中一份，輕輕在工作檯上壓平。將麵團的周邊往內拉伸（類似皮包的造型），然後像捏餃子一樣輕輕收攏壓緊，使麵團不會在後續發酵過程中繃裂。將麵團上下翻轉，收口朝下。麵團表面應該非常平滑，若非如此，將其壓平後，將以上的工序重做一次。將成型的麵團放在烤盤上，重複同樣的動作整形剩下的麵團。
5. 以薄棉布覆蓋擺好麵團的烤盤，然後以一個大塑膠袋包裹（我特地爲此保留了一個大塑膠袋）。靜置麵團 1 小時，或直到膨發成 2 倍大。靜置時間即將結束時，將烤箱預熱至 210°C（410°F）。
6. 將麵團刷上蛋液，放入預熱好的烤箱中層，烘烤 15 分鐘，直到呈現金褐色。你可以將烤好的麵包冷凍，要享用前先退冰，然後放入烤箱中回烤數分鐘，使其恢復蓬鬆柔軟。

* 要製作最棒的佐茶餐包，可以將它們切半，然後將鑄鐵平底鍋以中火加熱，鍋子變熱時熄火，將麵包放入鍋中，切面朝下。以蓋子或盤子蓋在上方加壓，將麵包烘烤至金黃。另一個方法的成果則較爲樸實：啟動烤吐司機，加熱至高溫，將餐包片放在吐司機上方，切面朝下。烘烤完後抹上奶油享用。

---

1. 英語中有多個類似「烘烤」的詞彙，如 bake、toast、grill 等，但每一個的精確字義皆不同。其中「toast」特別指的是將麵包切片後以高溫將切面烤至金黃酥脆，也是中文「吐司麵包」的原意。

莎莉蘭麵包
Sally Lunns

　　莎莉蘭麵包的名字是怎麼來的呢？所有膾炙人口的傳說都是從一位名為索蘭鞠·呂永（Solange Luyon）的女孩的故事變化而來。她是 18 世紀時逃亡至巴斯的胡格諾教徒（Huguenot）[1]，當時在一家糕餅店工作，會將麵包放在手提籃中沿街販賣。當糕餅店的烘焙師發現索蘭鞠能夠烤出輕柔、口感奢華的布里歐許麵包時，他便讓她開始製作，並命名為莎莉蘭麵包。首個為人所知的莎莉蘭麵包食譜也誕生於 18 世紀，出現在《雜誌月刊》（The Monthly Magazine）刊登的一首詩中。

　　在 1830 年出版的《廚師寶典》中，作者威廉·契奇納告訴我們，莎莉蘭麵包需要放在錫罐中烘烤。因此，這些麵包底部一圈顏色較淺，但頂端則呈現金黃褐色，和如今巴斯莎莉蘭餐館（Sally Lunn's Eating House）販售的莎莉蘭麵包相同。

　　在美國，名為「莎莉蘭麵包」的食譜出現於 19 世紀，但它們是一種豐厚的奶油麵包，是卡漢姆（Marie-Antoine Carême）[2] 在他的著作《巴黎皇家糕點師》（The Royal Parisian Pastrycook and Confectioner）中提供的「腐敗的法式糕點」，稱為「奶油點心」（Gâteau au Beurre）或「索利蘭」（Solilemne）。或許是因為人們曾經聽過巴斯的莎莉蘭麵包，並猜想兩者是相同的東西，「索利蘭」在美國逐漸演變為「莎莉蘭麵包」。

　　1937 年，一位婦女在如今巴斯莎莉蘭餐館所在地買下一幢房屋，整修時不僅發現一座古老的烤爐，還有一個莎莉蘭麵包食譜藏在牆板後面的儲物櫃中。

份量：10 個麵包

乾燥酵母　15 g（½ oz）
溫全脂牛奶　150 ml（5 fl oz）
高筋白麵粉　500 g（1 lb 2 oz）
原糖或白砂糖　60 g（2. oz）
肉豆蔻籽粉　¼ 小匙
奶油　50 g（1¾ oz）（室溫、切丁）
鮮奶油（乳脂肪含量 40% 以上）　150 ml（5 fl oz）
全蛋　2 顆
細粒海鹽　5 g（⅛ oz）
蛋黃 1 顆＋牛奶 1 大匙　蛋液用
奶油　模具上油用
麵粉　模具撒粉用

作法

1. 以奶油為 10 個直徑 8 ～ 10 cm（3¼-4 inch）的環形英式烤餅（crumpet）模上油，並撒上麵粉。

2. 將酵母加入溫牛奶中，稍微輕輕攪拌一下使其活化。酵母會開始起泡形成泡沫層，代表可以拿來使用了。在一個大型調理盆或是桌上型攪拌機的調理盆中混合麵粉、糖與肉豆蔻籽粉，若使用桌上型攪拌機，請裝上鉤型攪拌棒。混合均勻後將奶油放在上方，將一半的酵母混合液倒在奶油上開始攪拌，當牛奶與奶油完全被吸收後，倒入剩下的酵母液，接著加入鮮奶油與全蛋。攪打 5 分鐘，接著靜置數分鐘（此時麵團應非常濕黏）。加入鹽繼續攪打 10 分鐘，如有需要，將調理盆邊緣的麵團刮下與整體混合，持續攪打直到成為一個光滑有彈性卻不過濕的麵團。麵團加蓋靜置 1 小時直到膨發成 2 倍大。

3. 烤盤鋪上烘焙紙，放上環形英式烤餅模。稍微揉捏一下發酵好的麵團，分成 10 等份。取一份麵團在工作檯上輕輕壓平，將麵團的周邊往內拉伸（類似皮包的造型），然後像捏餃子一樣輕輕收攏壓緊，使麵團不會在後續發酵過程中繃裂。將麵團上下翻轉，收口朝下。麵團表面應該非常平滑，若非如此，將其壓平後，將以上的工序重做一次。將每個塑形好的麵團放入烤盤上的環形模中。

4. 以薄棉布覆蓋住烤盤，然後以一個大塑膠袋包裹（我特地為此保留了一個大塑膠袋）。靜置麵團 1 小時，或直到膨發成 2 倍大。靜置時間即將結束時，將烤箱預熱至 210°C（410°F）。

5. 將麵團刷上蛋液，放入預熱好的烤箱中層，烘烤 15 分鐘，直到呈現金褐色。莎莉蘭麵包在製作當天享用最為美味。在莎莉蘭餐館中，會將麵包切半，切面烤至金黃後才上桌。下方顏色較淺的那一半會放上鹹味配料，上方金黃那半則放上甜味配料。

---

1. 又譯雨格諾新教，是法國基督新教信仰喀爾文思想的一支教派，俗稱法國新教。16 世紀時於歐洲宗教改革運動中興起，長期遭受迫害。
2. 卡漢姆（1784-1833）是 19 世紀法國名廚，被稱為「廚中之王、王者之廚」，也是世界最早的國際明星主廚，曾為俄國沙皇及英國威爾斯親王（後來的喬治四世）服務。卡漢姆隨法國首席外交官塔列宏（Charles Maurice de Talleyrand-Périgord）出使維也納會議時，以高超炫目的糕點裝置藝術（pièce-montée）和法式料理風靡一時，從此改變歐洲各國權貴的餐桌風貌與品味。

18 世紀巴斯圓麵包
Bath buns, 18th century

最早的巴斯圓麵包食譜可以追溯至伊莉莎白·克莉蘭（Elizabeth Cleland）在 1755 年出版的《新簡廚藝》（*A New and Easy Method of Cookery*）一書。該書在距離巴斯超過 400 英里的蘇格蘭出版，這表示巴斯圓麵包當時一定已經相當知名。這個食譜，和 1756 年巴斯居民瑪莎·布萊德利及 1769 年伊莉莎白·拉弗德的食譜相同，奶油和麵粉的比例皆爲 1 比 2。這裡提供的食譜是 18 與 19 世紀版本的巴斯圓麵包，使用了比現代版本多得多的奶油，並且在最後以葛縷子糖作爲裝飾完工。

我發現在餐後享用的印度穆克瓦思潔口清新糖與葛縷子糖非常類似，大部分的穆克瓦思潔口清新糖使用茴香子製作，但它們看起來和過去葛縷子糖的外觀完全相同。將白色的穆克瓦思潔口清新糖從盒中混合多色的糖中挑出使用，彩色的那些可以留著裝飾第 29 頁的葛縷子蛋糕。

份量：8 個圓麵包

乾燥酵母　15 g（½ oz）
全脂牛奶　250 ml（9 fl oz）　另加額外份量塗抹麵團表面上色用
高筋白麵粉　450 g（1 lb）
原糖或白砂糖　30 g（1 oz）
奶油　225 g（8 oz）（室溫、切丁）
全蛋　1 顆（打散）
細粒海鹽　5 g（⅛ oz）
葛縷子糖或印度穆克瓦思潔口清新糖　1 大匙　另加額外份量裝飾用

作法

1. 將酵母加入溫牛奶中，稍微輕輕攪拌一下使其活化。酵母會開始起泡形成泡沫層，代表可以拿來使用了。在一個大型調理盆或是桌上型攪拌機的調理盆中混合麵粉與糖，若使用桌上型攪拌機，請裝上鉤型攪拌棒。混合均勻後將奶油放在上方，將一半的酵母混合液倒在奶油上開始攪拌，當牛奶與奶油完全被吸收後，倒入剩下的酵母液及全蛋，攪打 5 分鐘。將麵團靜置數分鐘（此時麵團應非常濕黏），加入鹽（若使用葛縷子糖，請和鹽一同加入。若使用穆克瓦思潔口清新糖，爲了保持外層糖霜，需在其後的步驟再加入），攪打 10 分鐘，如有需要，將調理盆邊緣的麵團刮下與整體混合，持續攪打直到成爲一個光滑有彈性卻不過濕的麵團。

2. 麵團加蓋靜置 1 小時直到膨發成 2 倍大。同時將烤盤鋪上烘焙紙。

3. 稍微揉捏一下發酵好的麵團，加入穆克瓦思潔口清新糖（若有使用）並分成八等份。取一份麵團在工作檯上輕輕壓平，將麵團的周邊往內拉伸（類似皮包的造型），然後像捏餃子一樣輕輕收攏壓緊，使麵團不會在後續發酵過程中繃裂。將麵團上下翻轉，收口朝下。麵團表面應該非常平滑，若非如此，將其壓平後，將以上的工序重做一次。將成型的麵團放在烤盤上，重複同樣的動作整形剩下的麵團。

4. 以薄棉布覆蓋住烤盤，然後以一個大塑膠袋包裹（我特地爲此保留了一個大塑膠袋）。靜置麵團 1 小時，或直到膨發成 2 倍大。靜置時間即將結束時，將烤箱預熱至 200° C（400° F）。

5. 將麵團刷上牛奶，撒上一些葛縷子糖或穆克瓦思潔口清新糖，烘烤 15 分鐘直至呈現淺金黃褐色。巴斯圓麵包在製作當天享用最爲美味，但隔天也可回烤數分鐘使其恢復蓬鬆柔軟。你也可以將烤好的麵包冷凍，要享用前先退冰，再放入烤箱中回烤數分鐘。

兩種巴斯圖麵包

20世紀巴斯圓麵包
Bath buns, 18th century

　　這個版本的巴斯圓麵包在 20 世紀早期時變得很受歡迎。當時的專業烘焙書籍提供了數個食譜，其中一個較另一個油脂更豐厚，因此也較爲昂貴，這樣一來不同社會階層的人們都有自己可以負擔得起的麵包。你可以在如今的巴斯找到這個現代版本，比起古老的食譜少用了許多奶油。

份量：8 個圓麵包

乾燥酵母　15 g（½ oz）
溫全脂牛奶　280 ml（9½ fl oz）
高筋白麵粉　500 g（1 lb 2 oz）
原糖或白砂糖　60 g（2¼ oz）
奶油　70 g（2½ oz）（室溫、切丁）
全蛋　1 顆
細粒海鹽　5 g（⅛ oz）
蛋黃 1 顆＋牛奶 1 大匙　蛋液用
小粒無籽葡糖乾 35 g（1¼ oz）　裝飾用
珍珠糖 55 g（2 oz）　裝飾用

作法

1. 將酵母加入溫牛奶中，稍微輕輕攪拌一下使其活化。酵母會開始起泡形成泡沫層，代表可以拿來使用了。在一個大型調理盆或是桌上型攪拌機的調理盆中混合麵粉與糖，若使用桌上型攪拌機，請裝上鉤型攪拌棒。混合均勻後將奶油放在上方，將一半的酵母混合液倒在奶油上開始攪拌，當牛奶與奶油完全被吸收後，倒入剩下的酵母液及全蛋。攪打 5 分鐘後，將麵團靜置數分鐘（此時麵團應非常濕黏），加入鹽，持續攪打 10 分鐘，如有需要，將調理盆邊緣的麵團刮下與整體混合，持續攪打直到成爲一個光滑有彈性卻不過濕的麵團。

2. 麵團加蓋靜置 1 小時直到膨發成 2 倍大。同時將烤盤鋪上烘焙紙。

3. 稍微揉捏一下發酵好的麵團，加入穆克瓦思潔口清新糖（若有使用）並分成八等份。取一份麵團在工作檯上輕輕壓平，將麵團的周邊往內拉伸（類似皮包的造型），然後像捏餃子一樣輕輕收攏壓緊，使麵團不會在後續發酵過程中繃裂。將麵團上下翻轉，收口朝下。麵團表面應該非常平滑，若非如此，將其壓平後，將以上的工序重做一次。將成型的麵團放在烤盤上，重複同樣的動作整形剩下的麵團。

4. 以薄棉布覆蓋住烤盤，然後以一個大塑膠袋包裹（我特地爲此保留了一個大塑膠袋）。靜置麵團 1 小時，或直到膨發成 2 倍大。靜置時間卽將結束時，將烤箱預熱至 210° C（410° F）。

5. 將麵團刷上蛋液，撒上小粒無籽葡萄乾及（或）珍珠糖，在烤箱中層烘烤 15 分鐘直至呈現金黃褐色。巴斯圓麵包在製作當天享用最爲美味，但隔天也可回烤數分鐘使其恢復蓬鬆柔軟。你也可以將烤好的麵包冷凍，要享用前先退冰，再放入烤箱中回烤數分鐘。

＊許多巴斯圓麵包內部包含糖粒，如果你想要的話，可在麵團中加入一些珍珠糖，再將麵團包在其外塑形。

巴斯城

20 世紀比利時圓麵包
Belgian buns, 20th century

對一個比利時人（比如我）來說，比利時圓麵包的名稱非常有意思，因爲你完全不會在比利時見到它們。我第一次在牛津的一家糕餅店見到這些麵包時，還得向店員詢問比利時圓麵包是什麼，以及英國人爲什麼認爲這是比利時的。我當然沒有得到答案，因爲這些麵包已經銷售了超過一世紀，且沒有一個人記得它們是從哪來的。比利時圓麵包的 19 世紀版本更接近岩石蛋糕，你可以在本書第 114 頁找到它的食譜。

在比利時，我們確實有一個類似的糕點，但是是以千層酥皮製作。而且，雖然它有少量糖霜，卻少了酒香糖漬櫻桃。我覺得比利時小圓麵包看起來很賞心悅目，每當看到他們兩個兩個排成一列放在糕餅店的櫥窗中時，我總是會微笑。

比利時圓麵包並沒有嚴謹的食譜，每家糕餅店都以他們的基本圓麵包麵團爲基礎製作，我也是一樣。

份量：6 個圓麵包

麵包體
乾酵母　7 g（⅛ oz）
溫全脂牛奶　120 ml（3¾ fl oz）
高筋白麵粉　275 g（9¾ oz）
原糖或白砂糖　30 g（1 oz）
奶油　60 g（2¼ oz）（室溫、切丁）
全蛋　1 顆
海鹽　一小撮
麵粉　工作檯撒粉用

內餡
檸檬酪（lemon curd）[1]　3 大匙
小粒無籽葡萄　120 ～ 150 g（4¼-5½ oz）（在水或白蘭地中浸漬 1 小時後瀝乾）

糖霜
糖粉　200 g（7 oz）
水　3 大匙

裝飾
酒香糖漬櫻桃　3 顆（切半）

作法

1. 將酵母加入溫牛奶中，稍微輕輕攪拌一下使其活化。酵母會開始起泡形成泡沫層，代表可以拿來使用了。在一個大型調理盆或是桌上型攪拌機的調理盆中混合麵粉與糖，若使用桌上型攪拌機，請裝上鉤型攪拌棒。混合均勻後將奶油放在上方，將一半的酵母混合液倒在奶油上開始攪拌，當牛奶與奶油完全被吸收後，倒入剩下的酵母液及全蛋。攪打 5 分鐘後，將麵團靜置數分鐘（此時麵團應非常濕黏），加入鹽，持續攪打 10 分鐘，如有需要，將調理盆邊緣的麵團刮下與整體混合，持續攪打直到成爲一個光滑有彈性卻不過濕的麵團。

2. 麵團加蓋靜置 1 小時直到膨發成 2 倍大。同時將烤盤鋪上烘焙紙。

3. 在撒了麵粉的工作檯上，將麵團塑型成一個長方體，然後擀成 25 × 35 cm（10 × 14 inch）大。將檸檬酪塗在麵團上並灑上小粒無籽葡萄乾。將麵團如瑞士卷般從短邊捲起。

4. 將麵團以鋸齒刀切成六等份，然後放在烤盤上，螺旋面朝上。

5. 以薄棉布覆蓋住烤盤，然後以一個大塑膠袋包裹（我特地爲此保留了一個大塑膠袋）。靜置麵團 1 小時，或直到膨發成 2 倍大。靜置時間即將結束時，將烤箱預熱至 200° C（400° F）。

6. 將麵包在烤箱中層烘烤 15 分鐘直至呈現淺金黃褐色。在它們靜置冷卻時將糖粉與水混合製作糖霜。

7. 在冷卻的麵包上淋上一層糖霜，並加上半個酒香糖漬櫻桃裝飾。

8. 你可以在淋糖霜前將麵包冷凍，要享用前先退冰，再放入烤箱中回烤數分鐘使其恢復蓬鬆柔軟，最後再加上糖漿。

---

1. 檸檬酪常見的譯名還有檸檬凝乳，是以檸檬汁、蛋、砂糖與檸檬皮屑混合後加熱凝結，最後加入奶油而成的奶餡。質地濃稠，可用來做檸檬塔內餡，是英式烘焙中常見的元素之一。

19 世紀比利時圓麵包
Belgian buns, 19th century

這些比利時圓麵包來自喬治·里德（George Read）於 1854 年出版的《餅乾與薑餅烘焙師參考全書》一書。不若現代版本的比利時麵包，它們更接近岩石蛋糕。

份量：12 個圓麵包

去皮杏仁　80 g（2¾ oz）
奶油　85 g（3 oz）
中筋麵粉　225 g（8 oz）
泡打粉　1 小匙
糖粉　125 g（4½ oz）
丁香粉　¼ 小匙
薑粉　¼ 小匙
肉豆蔻籽粉　½ 小匙
全蛋　1 顆
小粒無籽葡萄乾　75 g（2½ oz）
糖漬柑橘皮　40 g（1½ oz）
現刨檸檬皮屑　½ 顆份
蛋黃 1 顆＋牛奶 1 大匙　蛋液用

作法

1. 將烤箱預熱至 160°C（320°F），烤盤上鋪上烘焙紙。
2. 將杏仁以利刃切半後再度切半，保留一些杏仁之後裝飾麵包頂端用。
3. 將奶油以手指揉入麵粉、泡打粉、糖與香料中，直到形成麵包粉般的顆粒。加入全蛋，揉捏至成麵團成型。將杏仁、小粒無籽葡萄乾、糖漬柑橘皮與檸檬皮屑混拌入麵團中。
4. 將麵團分成 12 等份，每一份揉成一個圓球，放在烤盤上並稍稍向下壓。麵團刷上蛋液並在中央擺上些許杏仁。
5. 放入烤箱烘烤 40 分鐘直到麵包呈現金黃色。

康瓦爾番紅花圓麵包
Cornish saffron buns

番紅花蛋糕與麵包曾在英國各地出現，但唯有在康瓦爾才留存下來。在許多康瓦爾的礦脈中採集到的錫礦，有時會用來交換外國商人的番紅花香料。不過，雖然番紅花香料進口與交易已持續了數個世紀，康瓦爾郡和英國的某些地區皆曾經、甚至持續種植番紅花。這可以從薩弗倫威爾登的薩福克鎮（Suffolk）命名中找到線索，這裡種植番紅花的歷史最早可以追溯至 17 世紀。在過去 10 年中，英國也有幾座小規模農場生產番紅花香料。

衛理教會信徒（Methodists）會在聖週五享用塗了凝脂奶油的番紅花麵包，英國其他地區則多半在聖週五享用熱十字麵包。衛理教會信徒的偏好，讓番紅花麵包持續存在於這個位於大不列顛島西南端的美麗半島上。

份量：8 個圓麵包

乾燥番紅花蕊　½ 小匙
溫全脂牛奶　325 ml（11 fl oz）
乾燥酵母　15 g（½ oz）
高筋白麵粉　500 g（1 lb 2 oz）
原糖或白砂糖　60 g（2¼ oz）
奶油　20 g（¾ oz）（室溫、切丁）
豬油或奶油　30 g（1 oz）
細粒海鹽　5 g（⅛ oz）
葛縷子　5 g（⅛ oz）
糖漬柑橘皮　50 g（1¾ oz）（切碎）
小粒無籽葡萄乾　60 ～ 100 g（2¼-3½ oz）
蛋黃 1 顆＋牛奶 1 大匙　蛋液用

作法

1. 使用研磨缽與杵將乾燥番紅花蕊壓碎，將其與一半的溫牛奶混合。

2. 將酵母加入溫牛奶中，稍微輕輕攪拌一下使其活化。酵母會開始起泡形成泡沫層，代表可以拿來使用了。在一個大型調理盆或是桌上型攪拌機的調理盆中混合麵粉與糖，若使用桌上型攪拌機，請裝上鉤型攪拌棒。混合均勻後將奶油與豬油放在上方，將一半的酵母混合液倒在奶油上開始攪拌，當牛奶與奶油完全被吸收後，倒入剩下的酵母液及番紅花牛奶。攪打 5 分鐘後，將麵團靜置數分鐘（此時麵團應非常濕黏）。

3. 加入鹽，接著加入葛縷子、糖漬柑橘皮與小粒無籽葡萄乾，持續攪打 10 分鐘，如有需要，將調理盆邊緣的麵團刮下與整體混合，持續攪打直到成為一個光滑有彈性卻不過濕的麵團（在此時加入小粒無籽葡萄乾是為了讓它們與麵團充分黏合。如果在發酵後才加入，葡萄乾會無法緊黏麵團）。

4. 麵團加蓋靜置 1 小時直到膨發成 2 倍大。同時將烤盤鋪上烘焙紙。

5. 稍微揉捏一下發酵好的麵團並分成八等份。取一份麵團在工作檯上輕輕壓平，將麵團的周邊往內拉伸（類似皮包的造型），然後像捏餃子一樣輕輕收攏壓緊，使麵團不會在後續發酵過程中繃裂。將麵團上下翻轉，收口朝下。麵團表面應該非常平滑，若非如此，將其壓平後，將以上的工序重做一次。將成型的麵團放在烤盤上，重複同樣的動作整形剩下的麵團。

6. 以薄棉布覆蓋住烤盤，然後以一個大塑膠袋包裹（我特地為此保留了一個大塑膠袋）。靜置麵團 1 小時，或直到膨發成 2 倍大。靜置時間即將結束時，將烤箱預熱至 210° C（410° F）。

7. 將麵團刷上蛋液，在烤箱中烘烤 15 分鐘直至呈現金黃褐色。番紅花圓麵包在製作當天享用最為美味，但隔天也可回烤數分鐘使其恢復蓬鬆柔軟。你也可以將烤好的麵包冷凍，要享用前先退冰，再放入烤箱中回烤數分鐘。

糖霜手指麵包
Iced fingers

　　糖霜手指麵包或糖霜麵包（Iced bun）是以加了蛋、牛奶與奶油或豬油的豐厚發酵甜麵團製作而成。依每家糕餅店不同，形狀可以是四方形、圓形或是長條手指型，糖霜則是雪白或粉紅色。糖霜手指麵包通常以無添加內餡的型態出售，但有時也會在中間填入果醬或打發鮮奶油。它們必須非常輕柔蓬鬆且烤至淺金黃色。如果你在鄉間糕餅店中看到糖霜手指麵包，它們通常尺寸很大且會是你經過門口第一個注意到的商品。1900 年前後，糖霜手指麵包多半有個閃亮亮的名字——「皇后麵包」。人們如今認為它們平凡無奇、不複雜，但這其實是糖霜手指麵包的強項。

　　烘烤這些麵包的時候，它們應該要在膨發時互相連在一起，吃的時候才能撕開麵包、享受相連處的美妙柔軟部分。手指麵包要在烤好後數小時內享用，才不會失去原有的輕柔，變得如一般麵包般厚重。如果你沒有要趁新鮮享用手指麵包，可以在淋上糖霜前將它們冷凍起來。

份量：14 個手指麵包

麵包體

乾燥酵母　15 g（½ oz）
溫全脂牛奶　250 ml（9 fl oz）
中筋麵粉　500 g（1 lb 2 oz）
泡打粉　½ 小匙
原糖　60 g（2¼ oz）
奶油　100 g（3½ oz）（室溫、切丁）
全蛋　2 顆
細粒海鹽　5 g（⅛ oz）

糖霜

糖粉　200 g（7 oz）
檸檬汁　2 小匙
水　5 小匙

內餡（選用）

鮮奶油（乳脂肪含量 40% 以上）　400 ml（14 fl oz）
白砂糖　1 大匙
草莓或覆盆子果醬

作法

1. 將酵母加入溫牛奶中，稍微輕輕攪拌一下使其活化。酵母會開始起泡形成泡沫層，代表可以拿來使用了。在一個大型調理盆或是桌上型攪拌機的調理盆中混合麵粉、泡打粉與糖，若使用桌上型攪拌機，請裝上鉤型攪拌棒。混合均勻後將奶油放在上方，將一半的酵母混合液倒在奶油上開始攪拌，當牛奶與奶油完全被吸收後，倒入剩下的酵母液及全蛋。攪打 5 分鐘後，將麵團靜置數分鐘（此時麵團應非常濕黏）。加入鹽，持續攪打 10 分鐘，如有需要，將調理盆邊緣的麵團刮下與整體混合，持續攪打直到成為一個光滑有彈性卻不過濕的麵團。

2. 麵團加蓋靜置 1 小時直到膨發成 2 倍大。同時將烤盤鋪上烘焙紙。

3. 將發酵好的麵團分成 14 等份。取一份麵團在工作檯上輕輕壓平，將麵團的周邊往內拉伸（類似皮包的造型），然後像捏餃子一樣輕輕收攏壓緊，使麵團不會在後續發酵過程中繃裂。將麵團上下翻轉，收口朝下。麵團表面應該非常平滑，若非如此，將其壓平後，將以上的工序重做一次。重複同樣的動作整形剩下的麵團，將成型的麵團在烤盤上整齊排列兩排。

4. 以薄棉布覆蓋住烤盤，然後以一個大塑膠袋包裹（我特地為此保留了一個大塑膠袋）。靜置麵團 1 小時，或直到膨發成 2 倍大。靜置時間即將結束時，將烤箱預熱至 210° C（410° F）。

5. 將麵團在烤箱中烘烤 8 ～ 10 分鐘直至呈現淺金黃褐色，取出後靜置至完全冷卻。將糖粉與檸檬汁、水混合製成糖霜。將糖霜填入擠花袋中，並在每一個手指麵包上擠出一條直線，接著使用抹刀或湯匙背抹平，糖霜成形後再填入內餡。

* 糖霜手指麵包也可以夾餡。將鮮奶油與糖混合後打發（也可以加入香草），填入擠花袋。在糖霜旁將麵包沿對角線切開，但不要切到底，接著填入打發鮮奶油，再淋上果醬後立刻上桌。

惠特比檸檬麵包
Whitby lemon buns

惠特比（Whitby）的伊莉莎白・柏森家族企業（E. Botham & Sons）從 1860 年代便開始製作惠特比麵包及薑餅。這間公司是由伊莉莎白・柏森創立，歷史從她在當地市場裡販賣糕餅維生開始。她的糕餅讓她變得極為出名，不只開了一間店，還開了一家茶室。這個企業至今都由同一個家族管理，你也仍舊能在伊莉莎白創立的茶室中享受下午茶。

惠特比檸檬麵包是由和糖霜手指麵包同樣的麵團製作而成，但加了大粒黑葡萄乾與小粒無籽葡萄乾、檸檬皮屑與一層檸檬糖霜。英國瑪莎百貨（Marks & Spencer）額外添加了檸檬凝乳當作內餡，這點相當不錯。

惠特比檸檬麵包通常呈現四方形，它們放在一個足夠小的烤模中烘烤，如此一來麵包在烤箱裡膨發的時候會彼此相連，不過有時候也會看到長條手指型的。柏森糕餅店會加上厚厚一層柔軟的檸檬糖霜，本食譜中的糖霜會硬化，如果你想要如柏森糕餅店般柔軟的版本，可以多加 1 小匙水。

份量：12 個麵包

使用模具：一個 39 × 27 cm（15½ × 10¾ inch）的烤模

麵包體

乾燥酵母　15 g（½ oz）

溫全脂牛奶　250 ml（9 fl oz）

中筋麵粉　500 g（1 lb 2 oz）

泡打粉　½ 小匙

原糖或白砂糖　60 g（2¼ oz）

奶油　100 g（3½ oz）（室溫、切丁）

全蛋　2 顆

細粒海鹽　5 g（⅛ oz）

現刨檸檬皮屑　½ 顆份

大粒黑葡萄乾或小粒無籽葡萄乾　150 g（5½ oz）

糖霜

糖粉　200 g（7 oz）

檸檬汁　35 ml（1 fl oz）

作法

1. 將酵母加入溫牛奶中，稍微輕輕攪拌一下使其活化。酵母會開始起泡形成泡沫層，代表可以拿來使用了。在一個大型調理盆或是桌上型攪拌機的調理盆中混合麵粉、泡打粉與糖，若使用桌上型攪拌機，請裝上鉤型攪拌棒。混合均勻後將奶油放在上方，將一半的酵母混合液倒在奶油上開始攪拌，當牛奶與奶油完全被吸收後，倒入剩下的酵母液及全蛋。攪打 5 分鐘後，將麵團靜置數分鐘（此時麵團應非常濕黏）。加入鹽，持續攪打 10 分鐘，如有需要，將調理盆邊緣的麵團刮下與整體混合，持續攪打直到成為一個光滑有彈性卻不過濕的麵團。

2. 麵團加蓋靜置 1 小時直到膨發成 2 倍大。同時將烤盤鋪上烘焙紙。

3. 將發酵好的麵團分成 12 等份。取一份麵團在工作檯上輕輕壓平，將麵團的周邊往內拉伸（類似皮包的造型），然後像捏餃子一樣輕輕收攏壓緊，使麵團不會在後續發酵過程中繃裂。將麵團上下翻轉，收口朝下。麵團表面應該非常平滑，若非如此，將其壓平後，將以上的工序重做一次。重複同樣的動作整形剩下的麵團，將成型的麵團在烤模中整齊排成數排。

4. 以薄棉布覆蓋住烤盤，然後以一個大塑膠袋包裹（我特地為此保留了一個大塑膠袋）。靜置麵團 1 小時，或直到膨發成 2 倍大。靜置時間即將結束時，將烤箱預熱至 210° C（410° F）。

5. 將麵團在烤箱中烘烤 8 ～ 10 分鐘直至呈現淺金黃褐色，取出後靜置至完全冷卻。將糖粉與檸檬汁、水混合製成糖霜。將糖霜填入擠花袋中，擠在每一個麵包上，接著使用抹刀或湯匙背抹平。我以金盞花瓣裝飾我的檸檬麵包。你可以在上糖霜前將麵包冷凍，要享用前先退冰，再放入烤箱中回烤數分鐘使其恢復蓬鬆柔軟，最後再加上糖霜。

熱十字麵包
Hot cross buns

烤麵包時將十字造型放在頂端、或是壓入麵包中的傳統，與多神教和基督教信仰皆有關。根據 8 世紀的聖本篤修會（St. Benedict）修士聖伯達（Bede the Venerable）的說法，薩克遜人[1] 會在春天來臨之時製作麵包，表示對春天女神伊絲特拉（Eostre）的尊敬，而伊絲特拉正是復活節（Easter）名稱的起源。

麵包上的十字形象徵著世界在寒冬後的重生以及四次月相盈虧，同時也代表著四季更迭與生命輪轉，這些都帶著強烈的多神教色彩。基督徒則在麵包十字形中看到了基督的十字架。和其他在基督教興起前的異教傳統相同，十字形的意義被置換爲基督教意象，即耶穌基督在復活節重生。根據伊莉莎白‧大衛的說法，直到英國都鐸王朝時期，帶有十字紋飾的麵包才與基督教慶典固定相關。

在 16 世紀伊莉莎白一世的統治時期，倫敦市場監督官（Clerk of Markets）[2] 下令除了在葬禮與耶誕節、聖週五之外，皆禁止販賣香料糕點，添加了香料的麵包從此與這些慶典緊密相連。17 世紀早期的《窮羅賓年鑑》（Poor Robin's Almanack）[3] 中記載了最早有關熱十字麵包的紀錄：

「聖週五將在本月到來，老婦人們帶著便宜的熱十字麵包東奔西跑。」
（'Good Friday comes this Month, the old woman runs, With one or two a Penny hot cross Bunns.'）

在克倫威爾統治時期[4]，一項於 1647 年發布的國會法案禁止製作特殊慶典食物，並使其在接下來近 20 年中，都是可依法懲罰的罪行。1660 年查理二世復辟後，人們被允許重回慶典活動，也能再次製作相關的麵包、蛋糕與薑餅。

一個世紀後，圍繞著熱十字麵包的傳統開始染上迷信而非宗教色彩，人們相信在聖週五烤出來的熱十字麵包持續到年終都不會壞，有時候出海的人們也會帶著這些麵包，因爲他們相信熱十字麵包有預防海難的威力。

在倫敦東區（East End of London）有一家叫做「寡婦之子」（The Widow's Son）的酒館，以在 1820 年代居住在該地的一位寡婦命名。傳說中，寡婦爲身爲海員、應該要在聖週五返家的兒子製作熱十字麵包。兒子必定是在海上身亡了，因此並未回家，但寡婦拒絕放棄希望，仍然每年持續爲他烤一個熱十字麵包，然後和過去數年烤的麵包一起保存起來。在寡婦過世後，人們在她小屋中發現了一個懸吊在天花板上、裝滿熱十字麵包的網袋。酒館從 1848 年開始便建於寡婦小屋原址，每年聖週五會舉辦寡婦的熱十字麵包慶典，皇家海軍成員也會參加，其中一位成員會將一個新的熱十字麵包放在懸吊在酒館裡的網中。記住，聖週五烤出來的熱十字麵包絕對不會壞！

根據費德烈‧范因在他於 1898 年出版的《糕點店櫃檯與櫥窗商品》一書中熱十字麵包的食譜可以發現，額外在麵包上加一個十字是 20 世紀才出現的做法。這本書有一個糕點打孔器的插圖，這顯示 1900 年左右，熱十字麵包上的十字紋路還是直接壓在麵包上製作，而非如今日一般額外加上一層麵糊。費德烈‧范因的食譜中加了香料，但還沒有包含過去 100 年中大家熟悉、會和熱十字麵包聯想在一起的果乾。

如今的糕點店販賣各式各樣的熱十字麵包，從加入巧克力豆的巧克力口味到蔓越莓與香蕉口味等，多半全年皆有，甚至還有熱十字甜甜圈！要說自己偏好原始版本其實很困難，因爲熱十字麵包隨著時代演進，原始版本究竟如何很難釐清。但我會說自己喜歡傳統版本——香料圓麵包麵團中點綴著小粒無籽葡萄乾與糖漬柑橘皮，加上十字型的原味麵皮與頂端刷過蛋液、金黃閃耀的外表——正如同我童年在英國各地旅遊時的記憶一般。

---

1. 5 至 6 世紀時定居於不列顛的日耳曼人。

2. 市場監察官負責控制市場交易貨物的重量、度量衡與價格。

3.「年鑑」（almanack）是 17、18 世紀英美非常風行、印量巨大的工具書，是一種包含節氣、諺語、短詩，甚至笑話的年曆，類似台灣的農民曆。

4. 即 1653 至 1659 年奧立佛‧克倫威爾（Oliver Cromwell, 1599-1658）擔任英格蘭護國公，統治由英格蘭、蘇格蘭與愛爾蘭組成的共和國時期，又稱「護國公時期」（The Protectorate）。

份量：12 個麵包

使用模具：一個 39 × 27 cm（15½ × 10¾ inch）的烤模
（如果你不想讓所有麵包相互黏連的話，可以使用大一點的模具或分兩次烘烤）

麵包體

乾燥酵母　15 g（½ oz）

溫全脂牛奶　300 ml（10½ fl oz）

高筋白麵粉　500 g（1 lb 2 oz）

原糖或白砂糖　60 g（2¼ oz）

肉桂粉　1 小匙

肉豆蔻皮粉　½ 小匙

肉豆蔻籽粉　¼ 小匙

多香果粉（allspice）[1]　⅛ 小匙

薑粉　⅛ 小匙

芫荽籽粉　⅛ 小匙

奶油　70 g（2½ oz）（室溫、切丁）

全蛋　1 顆

細粒海鹽　5 g（⅛ oz）

小粒無籽葡萄乾　150 g（5½ oz）

糖漬柑橘皮　50 g（1¾ oz）

蛋黃 2 顆＋牛奶 2 大匙　蛋液用

十字形紋飾

水　160 ml（5¼ fl oz）

中筋麵粉　75 g（2½ oz）

作法

1. 將酵母加入溫牛奶中，稍微輕輕攪拌一下使其活化。酵母會開始起泡形成泡沫層，代表可以拿來使用了。在一個大型調理盆或是桌上型攪拌機的調理盆中混合麵粉、糖與香料，若使用桌上型攪拌機，請裝上鉤型攪拌棒。混合均勻後將奶油放在上方，將一半的酵母混合液倒在奶油上開始攪拌，當牛奶與奶油完全被吸收後，倒入剩下的酵母液及全蛋。攪打 5 分鐘後，將麵團靜置數分鐘（此時麵團應非常濕黏）。加入鹽、小粒無籽葡萄乾與糖漬柑橘皮，持續攪打 10 分鐘，如有需要，將調理盆邊緣的麵團刮下與整體混合，持續攪打直到成為一個光滑有彈性卻不過濕的麵團。

2. 麵團加蓋靜置 1 小時直到膨發成 2 倍大。同時將烤盤鋪上烘焙紙。將製作十字形紋飾所需的水與麵粉混合成一個有點黏稠的麵糊，填入裝了小號擠花嘴的擠花袋中。如果需要可以用保鮮膜或布加蓋。

3. 將發酵好的麵團分成 12 等份。取一份麵團在工作檯上輕輕壓平，將麵團的周邊往內拉伸（類似皮包的造型），然後像捏餃子一樣輕輕收攏壓緊，使麵團不會在後續發酵過程中繃裂。將麵團上下翻轉，收口朝下。麵團表面應該非常平滑，若非如此，將其壓平後，將以上的工序重做一次。重複同樣的動作整形剩下的麵團，將成型的麵團在烤模中整齊排成數排。

4. 以薄棉布覆蓋住烤盤，然後以一個大塑膠袋包裹（我特地為此保留了一個大塑膠袋）。靜置麵團 1 小時，或直到膨發成 2 倍大。靜置時間即將結束時，將烤箱預熱至 210° C（410° F）。

5. 小心地在每個麵團上用麵糊擠出十字形紋飾，然後仔細地在麵團上刷上大量蛋液，將麵團在烤箱中烘烤 20 ～ 30 分鐘直至呈現金黃褐色。

6. 熱十字麵包在製作當天享用最為美味，但隔天也可回烤數分鐘使其恢復蓬鬆柔軟。你也可以將烤好的麵包冷凍，要享用前先退冰，再放入烤箱中回烤數分鐘。

* 若將熱十字麵包切半、再烘烤得金黃酥脆，並塗上大量以傳統方式製作的小農奶油，品嘗起來更是出類拔萃。吃剩的麵包可以用來製作圓麵包奶油布丁（Bun and butter pudding），食譜可以在我的著作《驕傲與布丁》中找到。

----

1. 多香果又名眾香子、牙買加胡椒，是原產於美洲熱帶地區的植物。未成熟的果實與葉子乾燥後可做為香料，由於果實具有丁香、胡椒、肉桂、肉豆蔻等多種香料的味道，因此被稱為多香果。

德文郡對切圓麵包
Devonshire splits

這些小圓麵包在康沃爾郡及德文郡皆曾出現過,食譜也幾乎相同,但康沃爾郡的對切圓麵包比較大。抹了糖漿(或糖蜜)的康沃爾對切圓麵包也以「雷鳴閃電」之名(thunder and lightning)為人所知。在 1932 年出版的《英格蘭好物》(Good Things in England)中,作者佛羅倫斯・懷特(Florence White)建議以塗了奶油的紙張摩擦烤好的對切圓麵包,使它們變得閃亮,然後再用茶巾包裹保溫。這些對切圓麵包在剛出爐時立刻上桌享用最佳,冷卻後它們會不再蓬鬆,但當然還是可以作為一般的白麵包食用。名稱中的「對切」顯示這些麵包需要被對切打開填餡。

份量:16 個對切圓麵包

乾酵母　15 g(½ oz)
溫全脂牛奶　300 ml(10½ fl oz)
高筋麵粉　500 g(1 lb 2 oz)
原糖或白砂糖　30 g(1 oz)
奶油　30 g(1 oz)(室溫、切丁)
細粒海鹽　5 g(⅛ oz)

作法

1. 將酵母加入溫牛奶中,稍微輕輕攪拌一下使其活化。酵母會開始起泡形成泡沫層,代表可以拿來使用了。在一個大型調理盆或是桌上型攪拌機的調理盆中混合麵粉與糖,若使用桌上型攪拌機,請裝上鉤型攪拌棒。混合均勻後將奶油放在上方,將一半的酵母混合液倒在奶油上開始攪拌,當牛奶與奶油完全被吸收後,倒入剩下的酵母液。攪打 5 分鐘後,將麵團靜置數分鐘(此時麵團應非常濕黏)。加入鹽,持續攪打 10 分鐘,如有需要,將調理盆邊緣的麵團刮下與整體混合,持續攪打直到成為一個光滑有彈性卻不過濕的麵團。

2. 麵團加蓋靜置 1 小時直到膨發成 2 倍大。

3. 同時將烤盤鋪上烘焙紙。

4. 稍微揉捏一下發酵好的麵團並分成 16 等份。取一份麵團在工作檯上輕輕壓平,將麵團的周邊往內拉伸(類似皮包的造型),然後像捏餃子一樣輕輕收攏壓緊,使麵團不會在後續發酵過程中繃裂。將麵團上下翻轉,收口朝下。麵團表面應該非常平滑,若非如此,將其壓平後,將以上的工序重做一次。將成型的麵團放在烤盤上,重複同樣的動作整形剩下的麵團。

5. 以薄棉布覆蓋住烤盤,然後以一個大塑膠袋包裹(我特地為此保留了一個大塑膠袋)。靜置麵團 1 小時,或直到膨發成 2 倍大。靜置時間即將結束時,將烤箱預熱至 210° C(410° F)。

6. 將麵團在烤箱中烘烤 10 ~ 15 分鐘直至呈現淺金黃色。在它們從烤箱出爐後立刻享用,從中間對切打開後填入凝脂奶油或打發鮮奶油與果醬,撒上糖粉。

* 這些麵包在剛出爐時享用最為美味,冷卻或靜置數小時後則會變成完美的午餐餐包,但比較不適合作為下午茶點心,因為冷卻後會變得較為厚重。你也可以將烤好的麵包冷凍,要享用前先退冰,再放入烤箱中回烤數分鐘。

布萊頓岩石蛋糕
Brighton rock cakes

　　一般而言，這些小圓麵包通常以「岩石蛋糕」或「岩石麵包」（Rock buns）的名稱出現在古老食譜書中，但在 1854 年，兩個布萊頓岩石蛋糕食譜同時出現在喬治・里德的《餅乾與薑餅烘焙師參考全書》中。里德提供了一個布萊頓岩石蛋糕的食譜，另一個則名為「布萊頓皇家行宮麵包」（Brighton pavillions）[1]。後者的作法和布萊頓岩石蛋糕相同，但頂端加上了小粒無籽葡萄乾及「和青豆一樣大的」粗糖裝飾，里德如此說明。

　　布萊頓岩石蛋糕現在仍舊可在布萊頓沿海小鎮中的皇家行宮花園咖啡（Pavilion Gardens Café）中買到。皇家行宮中的露天售貨亭自 1940 年開始便持續販售布萊頓岩石蛋糕。若參考里德 1854 年的食譜，這段歷史或許更長。岩石蛋糕在整個大不列顛和北愛爾蘭都很受歡迎，也經常出現在文學作品中。在《哈利波特：神祕的魔法石》（Harry Potter and the Philosopher's Stone）中，海格請哈利及榮恩吃岩石蛋糕；阿嘉莎・克莉絲蒂也在不止一本小說中提過。

　　這裡的布萊頓岩石蛋糕食譜添加了義大利糖漬香檬，但大部分的岩石蛋糕僅含有小粒無籽葡萄乾，所以你也可以直接將糖漬檸檬去除。

份量：6 個岩石蛋糕

中筋麵粉　225 g（8 oz）
原糖或白砂糖　100 g（3½ oz）
泡打粉　1 小匙
英式綜合香料　¼ 大匙
海鹽　一小撮
冰涼奶油　75 g（2½ oz）（切丁）
全蛋　1 顆
全脂牛奶　3 大匙
小粒無籽葡萄乾　50 g（1¾ oz）
義大利糖漬香檬　30 g（1 oz）（選用）
酒香糖漬櫻桃 3 顆（切半）　裝飾用（選用）
珍珠糖　裝飾用（選用）

作法

1. 將烤箱預熱至 200°C（400°F）並在一個烤盤上鋪上烘焙紙。
2. 在一個大型調理盆中混合麵粉、糖、泡打粉、綜合香料與鹽。加入奶油，用指尖將其揉入混合粉類中，直到形成麵包粉般的質地。攪拌入全蛋，接著加入足量的牛奶，將所有材料聚合成形為一個麵團，但不過於濕黏。若麵團太乾無法成形，再加入一小匙牛奶。
3. 將小粒無籽葡萄乾和糖漬香檬混拌入麵團中。以兩根叉子塑形出六個岩石蛋糕——這樣有助於形成凹凸不平的崎嶇岩石外觀。將成形的麵團放在烤盤上，以酒香糖漬櫻桃和珍珠糖裝飾（如使用）。放入預熱好的烤箱中層烘烤 15 分鐘，直到外表呈現淺金黃色。

---

1. 布萊頓皇家行宮原為一座農舍，後英王喬治四世（George IV）委託知名建築師約翰・納許（John Nash）重新設計，改建成外觀具強烈印度蒙兀兒王朝風格、內部裝潢與擺飾充滿中國情調的豪華宮殿，是布萊頓最具特色的旅遊景點之一。

胖頑童蛋糕
Fat rascals

歷史文獻以「泥煤蛋糕」（Turf cakes）[1] 描述胖頑童蛋糕，傳統上源自約克郡。這些蛋糕是放在一個加蓋的烤盤中，置於泥煤火堆的灰燼下烘烤，成品則是一個類似扁平岩石蛋糕的糕餅。一位瑞士移民於 1919 年創立如今在約克郡極為知名的貝蒂茶室（Bettys tearoom），該茶室宣稱他們製作胖頑童蛋糕已經有超過 30 年的歷史。貝蒂茶室製作三種胖頑童蛋糕，並擁有其商標權，其他茶室因而被禁止提供自己版本的胖頑童蛋糕。

不過，胖頑童蛋糕其實擁有超過 30 年以上的歷史。在 1860 年 11 月 17 日發行的《里茲情報誌》（Leeds Intelligencer）中，一位記者寫到，當他拜訪約克郡時曾在當地一家糕餅店看到胖頑童蛋糕。1889 年 10 月 10 日的《康沃爾電訊報》（The Cornish Telegraph）也曾刊載一個胖頑童蛋糕的食譜，這顯示胖頑童蛋糕在當時一定已經是個出名的糕點。我自己收藏了一本成書約在 1907 年的小小手寫食譜書，其中就有胖頑童蛋糕食譜。而 1912 年 8 月 2 日的《約克郡晚報》（Yorishire Evening Post）則宣稱，胖頑童蛋糕是惠特比的哥特蘭鎮（Goathland）中每位主婦都引以為傲的糕點。

在這些古老食譜與來源中唯一缺少的、大概也是貝蒂茶室發明的，則是每個蛋糕上由兩顆酒香糖漬櫻桃和去皮杏仁排出的小臉。1889 年《康沃爾電訊報》上刊載的食譜僅告訴讀者，烘烤前要在蛋糕上撒上白砂糖。

份量：6 個胖頑童蛋糕

中筋麵粉　225 g（8 oz）
原糖或白砂糖　100 g（3½ oz）
泡打粉　1 小匙
英式綜合香料　¼ 大匙
海鹽　一小撮
冰涼奶油　75 g（2½ oz）（切丁）
全蛋　1 顆
牛奶　3 大匙
小粒無籽葡萄乾　50 g（1¾ oz）
蛋黃 1 顆＋牛奶 1 大匙　蛋液用

作法

1. 將烤箱預熱至200°C（400°F）並在一個烤盤上鋪上烘焙紙。
2. 在一個大型調理盆中混合麵粉、糖、泡打粉、綜合香料與鹽。加入奶油，用指尖將其揉入混合粉類中，直到形成麵包粉般的質地。攪拌入全蛋，接著加入足量的牛奶，將所有材料聚合成形為一個麵團，但不過於濕黏。若麵團太乾無法成形，再加入一小匙牛奶。
3. 將小粒無籽葡萄乾混拌入麵團中。將麵團壓平，塑形出六個扁圓片。將它們放在烤盤上，刷上蛋液並依自己的喜好裝飾。放入預熱好的烤箱中層烘烤烘烤 15 分鐘，直到外表呈現金黃色。

1.「Turf」在英語中意為「草皮」，但在愛爾蘭指的是植物、苔蘚死亡後累積沉澱形成的泥煤（peat）。「Turf cake」是英國約克郡的傳統糕餅之一，可追溯至 15 世紀。由於當時經常在一天廚事結束後，以煎烤盤架在由燃燒泥煤生起的火堆（turf fire）上烘烤這種糕餅，因此得名。

巴黎圓麵包
Paris buns

巴黎圓麵包類似司康與岩石蛋糕，曾經一度在北愛爾蘭的貝爾法斯特（Belfast）與蘇格蘭的西海岸非常受歡迎，但今日已很難找到。我曾在羅伯特‧威爾斯於 1891 年出版的一本食譜書《現代糕餅師》（*The Modern Flour Confectioner*）中找到一個食譜。至於它們為何被命名為巴黎圓麵包的理由則不清楚。

威爾斯並未在麵包表面裝飾，但人們記憶中的巴黎圓麵包在過去 50 年中，上面不是有小粒珍珠糖或小粒無籽葡萄乾裝飾，就是兩者皆有。我偏好在麵包上做裝飾，這樣看起來有趣許多。

前文提過和我交談的北愛爾蘭女士們，還記得她們童年時的巴黎圓麵包，這大概也是北愛爾蘭歌手范‧莫里生（Van Morrison）在他 1982 年的歌曲〈窗戶清潔〉（Cleaning WIndows）[1] 中提到「我們為了店裡的檸檬汁和巴黎圓麵包前往」之故。

份量：4 個大型圓麵包

中筋麵粉　250 g（9 oz）
原糖或白砂糖　55 g（2 oz）
泡打粉　1 小匙
海鹽　一小撮
冰涼奶油　60 g（2¼ oz）（切丁）
蛋黃　1 顆
白脫牛奶　95 ml（3 fl oz）
小粒無籽葡萄乾　50 g（1¾ oz）
蛋黃 1 顆＋牛奶 1 大匙　蛋液用
珍珠糖　裝飾用
小粒無籽葡萄乾　裝飾用

作法

1. 將烤箱預熱至 190°C（375°F）並在一個烤盤上鋪上烘焙紙。
2. 在一個大型調理盆中混合麵粉、糖、泡打粉與鹽。加入奶油，用指尖將其揉入混合粉類中，直到形成麵包粉般的質地。加入蛋黃，揉捏成一個麵團。
3. 加入一半的白脫牛奶，並使用一個木匙或刮刀將其攪拌入麵團中，接著加入剩下的白脫牛奶和小粒無籽葡萄乾。
4. 將麵團分成四份，不要揉捏，大致塑形成球狀。別試圖將它們滾成光滑的圓球，只需用兩手或兩根叉子輕輕將麵團聚攏，讓它們外表呈現粗糙不平的模樣，這樣烘烤出來才有良好的效果。將麵團放在烤盤上。
5. 麵團刷上蛋液，撒上珍珠糖以及（或）小粒無籽葡萄乾，放入烤箱烘烤 15 ～ 20 分鐘，直到它們淺淺地上色。
6. 這些麵包還微溫時品嘗起來風味最佳。最好在烘烤當天享用。

---

1. 范‧莫里生是北愛爾蘭知名的創作型歌手與多項樂器專業演奏家，灌錄唱片歷史超過 60 年，曾贏得兩座葛萊美獎。早年還是兼職音樂人時，他曾是窗戶清潔工人，〈窗戶清潔〉記錄了當時的生活經驗與所思所想。

班柏利蛋糕
Banbury cakes

班柏利蛋糕和埃克爾斯蛋糕（參見右頁）非常相似，但歷史悠久得多。埃克爾斯蛋糕是圓形的，但班柏利蛋糕則爲橢圓。雖名爲蛋糕，但班柏利蛋糕不是蛋糕或小圓麵包，而是一種甜味餡餅。

我在《企鵝食品指南》（*The Penguin Companion to Food*）中，發現當地檔案記錄一位貝蒂・懷特（Bette White）女士曾在牛津郡（Oxfordshire）班柏利鎮的帕森街（Parsons Street）12 號販售班伯利蛋糕。19 世紀早期則有麗茲與洛蒂・布朗（Lizze and Lottie Brown）兩位姐妹製作與販賣班柏利蛋糕。佛羅倫斯・懷特在她 1932 年出版的《英格蘭好物》中寫到，E.W. 布朗（E.W. Brown）位於帕森街 12 號的「正統蛋糕店」（Original Cake Shop）有最好的班柏利蛋糕，這裡正是 300 年前販售這些蛋糕的同一地點。過去街頭小販將班柏利蛋糕放在蓋著白色布巾的藤籃販售，對班柏利鎮來說，這代表製作這些特殊的籃子是另一項農村產業。最後做成蛋糕店形狀的紙盒取代了藤籃，班柏利蛋糕也藉著郵務馬車（postal coach）[1] 之便運送到全國各地。

我曾於 2013 年至班柏利旅遊，希望能找到班柏利蛋糕，但在帕森街 12 號什麼都沒有，甚至連一塊班柏利蛋糕都沒在當地找到。蛋糕店的最後一位經營者魏爾福・布朗（Wilfrid Brown）將家族糕餅店賣給一家工務店，後者在 1968 年拆除了整棟建築。這讓我有點傷心，像是爲佚失一件自己從未擁有的物品哀嘆。一個擁有當地特色糕點的城鎮非常美好，例如貝克維爾（Bakewell）[2]，但班柏利很不幸地喪失了自己的烘焙傳統。我不禁想知道，如果是在今日，拆除這家糕餅店是否能獲批准？

幸好現今還有一位碩果僅存的班柏利蛋糕製作者——菲力浦・布朗（Philip Brown），他是 19 世紀早期在班柏利製作班柏利蛋糕的麗茲與洛蒂・布朗的遠親，雖然沒有實體店面，但在班柏利鎮內與周邊皆有配送自己的班柏利蛋糕。他同時也是「正統蛋糕店」經營者 E. W. 布朗的後代。我曾在一張 1900 年左右的明信片上發現這家蛋糕店的身影。

約翰・柯克蘭在他 1907 年出版的《現代烘焙、甜點糖果與外燴業者》書中提到，班柏利蛋糕在數個地方皆有販賣，但是班柏利鎮當地賣的是品質最好的。班柏利蛋糕經常使用香料果乾內餡（mincemeat filling）[3]，但柯克蘭提供了一個有趣得多的班柏利香料果乾餡（Banbury meat filling）——加了小粒無籽葡萄乾與蛋糕屑。我會將剩下的自家製蛋糕放在袋中冷凍後蒐集蛋糕屑，如果你並沒有多餘的自家製蛋糕，可以使用第 44 頁的瑪德拉蛋糕食譜製作。

---

1. 郵務馬車是英國郵政曾在 1784 年至 19 世紀中期使用的一種運送郵件的方式，馬車專爲運送與收發郵件行駛，有郵務專員隨行。19 世紀中鐵路列車出現後，郵務馬車便迅速消失。
2. 貝克維爾位於英格蘭中部的德比郡，以貝克維爾布丁（Bakewell pudding）及其變化版貝克維爾塔（Bakewell tart）出名，參見第 232 頁。
3. 參見第 220 頁。香料果乾餡原文中的「mincemeat」由「minced meat」（絞肉）演變而來，「mince」意爲切碎、剁碎，而「meat」則是可食用部位的泛稱，不完全限於動物，如中文也有「果肉」的說法。15 至 17 世紀的英語食譜中常以肉類和水果混合後發酵作爲餡餅內餡，其中也加了醋和酒，18 世紀時則改爲添加蒸餾酒，如白蘭地。在肉類料理中添加丁香、豆蔻、肉桂等香料則是文藝復興時期常見的烹飪手法。其後砂糖使用普及，「mincemeat」便逐漸加入甜味。19 世紀晚期，不含肉的「蘋果餡」（apple mincemeat）被視爲一種健康衛生的餡料選項；到了 20 世紀中期，大部分的「mincemeat」皆已不含肉，但仍可能含有動物脂肪如板油、奶油等。

埃克爾斯蛋糕
Eccles cakes

埃克爾斯蛋糕的名稱來自位於西北英格蘭的埃克爾斯市鎮。在那個區域，人們並不僅將埃克爾斯蛋糕當作甜點，而會搭配一塊蘭卡夏起司享用。喬立蛋糕（Chorley cakes）和埃克爾斯蛋糕類似，不過它們是用酥脆派皮（shortcrust pastry）而非如班柏利蛋糕和埃克爾斯蛋糕一般的千層酥皮（puff pastry）製作。

伊莉莎白・拉弗德是最早提供埃克爾斯蛋糕食譜的人之一，不過，在她 1769 年的著作《經驗豐富的英格蘭管家》中，這個糕點還不叫「埃克爾斯蛋糕」，且內餡中也還含有少量肉類，如同過去的香料果乾餡餅（mince pies，見第 220 頁）一般。

1793 年，詹姆斯・博區（James Birch）開始在他位於今日埃克爾斯鎮教堂街（Church Street）的店中製作並販售埃克爾斯蛋糕。他很有可能使用了伊莉莎白・拉弗德的食譜，但去掉肉類。數年之後，他在對街開了一家更大的糕餅店，一位過去的員工則在原址成立自己的店鋪，並使用巨大的店招宣稱該店──「布萊德伯恩」（Bradburns）才是唯一的埃克爾斯蛋糕店元祖。位於同一條街上的兩家蛋糕店當然從此結下世仇。

這些蛋糕，或是其中一種版本，很有可能有段時間在埃克爾斯的聖瑪麗（St Mary）與市鎮教堂祝聖日慶典中被當作「教堂祝聖蛋糕」（Wakes Cakes）製作。1877 年，在埃克爾斯地方政府委員會的要求之下，內政大臣下令禁止慶祝教堂祝聖日，因為它早已成為一個喧鬧放縱的活動，和過去村鎮居民聚集在一起、將燈心草束灑在教堂地上的燈草節傳統變得毫無關聯。

我曾在一張年代大約是 1900 年左右的明信片上找到另一家埃克爾斯蛋糕店（見下圖），這家店同樣宣稱自己是唯一一家販售埃克爾斯蛋糕的店家，但卻是布萊德伯恩蛋糕店存活到最後。布萊德伯恩直到大約 1953 年皆為人所知，但 1960 年代該店所在的建築物被拆毀，同一時期班柏利蛋糕店也被拆除。究竟為什麼這些店都沒有受到保護或被留存呢？和班柏利蛋糕一樣，雖然不在埃克爾斯當地，但有一家以上的公司根據家族食譜製作埃克爾斯蛋糕。

布萊德伯恩與其他埃克爾斯蛋糕店如今已被遺忘，但博區蛋糕店卻仍留在埃克爾斯鎮的一塊紀念牌匾上。上方的文字寫著，博區的埃克爾斯蛋糕曾出口遠至西印度群島與澳洲。

班柏利蛋糕
Banbury cakes

你當然可以用傳統方法製作千層酥皮，但快速法每回都會成功且只需一半的心力。只要確定你的奶油切成夠小的丁狀且處於冷凍狀態，並在摺疊時盡你所能將麵團維持冰涼。

份量：10 個蛋糕

快速千層酥皮

奶油　240 g（8½ oz）（切成邊長小於 1cm [½ inch] 的丁狀）

中筋麵粉　240 g（8½ oz）

海鹽　½ 小匙

冰水　130 ml（4 fl oz）

麵粉　工作檯與麵團撒粉用

蛋黃 1 顆＋牛奶 1 大匙　蛋液用

細砂糖　點綴用

內餡

蛋糕屑　60 g（2¼ oz）（製作其他糕點的剩餘碎屑，若為冷凍狀態須先退冰）

小粒無籽葡萄乾　60 g（2¼ oz）

糖漬柑橘皮　50 g（1¾ oz）

肉豆蔻籽粉　¼ 小匙

丁香粉　¼ 小匙

肉豆蔻皮粉　¼ 小匙

肉桂粉　¼ 小匙

蘋果泥　100 g（3½ oz）

作法

1. 將奶油丁放入冷凍庫冷凍 30 分鐘。將麵粉與鹽放入食物調理機的調理盆中，若冰箱內有空間，將調理盆放入冰箱中靜置。

2. 從冷凍庫與冰箱中分別取出奶油丁與調理盆。將奶油加入麵粉中稍微翻動幾下，使奶油裹上麵粉避免沾黏。

3. 以瞬間高速功能將麵粉與奶油混合物攪打二次，每次 1 秒。加入一半的冰水，再用瞬間高速功能攪打三次，最後加入剩下的冰水以瞬間高速功能攪打六次。

4. 工作檯撒上麵粉，將麵團從盆中取出。以雙手將麵團壓平但不要揉捏——保留麵團中的奶油顆粒，不要和麵粉融合。

5. 在麵團上撒上麵粉，用擀麵棍輕輕拍平成為一個方形，將麵團如信封般摺成三折，以擀麵棍輕輕拍平，將麵團旋轉 90 度後再摺成三折。以保鮮膜包覆麵團，放入冰箱內靜置至少 30 分鐘。奶油會在麵團上會形成如大理石般交錯的紋路，這便是這個工序的目的。重複摺疊與冷藏靜置的步驟三次。

6. 將烤箱預熱至200°C（400°F）並在一個烤盤上鋪上烘焙紙。

7. 製作內餡：將蛋糕屑以刮刀或湯匙背壓過細網目的篩子過篩。將蛋糕屑、小粒無籽葡萄乾、糖漬柑橘皮與香料在調理盆中混合，加入蘋果泥攪拌，直到所有材料混合均勻。

8. 冷藏麵團取出後擀成 2 mm（¹/16 inch）厚，以直徑 9 cm（3½ inch）的圓形切模切出 10 個圓片，刷上蛋液。在每一個圓片上放上一大匙內餡，將圓片外緣往內折，兩邊於餡料上方交會，如同康瓦爾餡餅（見第 218 頁）[1] 一般。將麵團以手指壓緊封口，然後將其上下翻轉，封口處朝下，麵團表面應看起來光滑無暇。

9. 將麵團放在烤盤上，用小刀在上方劃出三道切口。表面刷上蛋液、撒上細砂糖。

10. 放入預熱好的烤箱烘烤 20 ～ 25 分鐘，直到呈現金黃色。可在溫熱時或冷卻後享用——因為內餡較為濕潤，班柏利蛋糕可以保存數天。

1.餡餅（pasty）是英國特色糕點，全英皆可見但以康瓦爾郡最為出名。作法類似本食譜中的班柏利蛋糕，是在圓形酥皮上放上生的餡料（通常是肉類與蔬菜），對折成半圓形、再將邊緣往內折後封口烘烤。康瓦爾餡餅在 2011 年獲得歐盟地理標示保護制度（Protected Geographical Indication）認證。

埃克爾斯蛋糕
Eccles cakes

傳統上埃克爾斯蛋糕寬約 10 cm（4 inch）。我提供了一個小的版本，是傳統尺寸的一半，但你可以隨自己喜好做成大的。

份量：10 個小蛋糕或 5 個大蛋糕

快速千層酥皮

奶油　240 g（8½ oz）（切成邊長小於 1cm [½ inch] 的丁狀）

中筋麵粉　240 g（8½ oz）

海鹽　½ 小匙

冰水　130 ml（4 fl oz）

麵粉　工作檯與麵團撒粉用

蛋黃 1 顆＋牛奶 1 大匙　蛋液用

粗粒砂糖或原糖　點綴用

內餡

香料葡萄乾餡　200 g（7 oz）（見第 221 頁）

作法

1. 將奶油丁放入冷凍庫冷凍 30 分鐘。將麵粉與鹽放入食物調理機的調理盆中，若冰箱內有空間，將調理盆放入冰箱中靜置。

2. 從冷凍庫與冰箱中分別取出奶油丁與調理盆。將奶油加入麵粉中稍微翻動幾下，使奶油裹上麵粉避免沾黏。

3. 以瞬間高速功能將麵粉與奶油混合物攪打二次，每次 1 秒。加入一半的冰水，再用瞬間高速功能攪打三次，最後加入剩下的冰水以瞬間高速功能攪打六次。

4. 工作檯撒上麵粉，將麵團從盆中取出。以雙手將麵團推平但不要揉捏——保留麵團中的奶油顆粒，不要和麵粉融合。

5. 在麵團上撒上麵粉，用擀麵棍輕輕拍平成為一個方形，將麵團如信封般摺成三折，以擀麵棍輕輕拍平，將麵團旋轉 90 度後再摺成三折。以保鮮膜包覆麵團，放入冰箱內靜置至少 30 分鐘。奶油會在麵團上會形成如大理石般交錯的紋路，這便是這個工序的目的。重複摺疊與冷藏靜置的步驟三次。

6. 將烤箱預熱至200°C（400°F）並在一個烤盤上鋪上烘焙紙。

7. 冷藏麵團取出後擀成 2 mm（1/16 inch）厚，若製作小尺寸的埃克爾斯蛋糕，以直徑 9 cm（3½ inch）的圓形切模切出 10 個圓片；若製作大尺寸的，以直徑 18 cm（7 inch）的圓形切模切出五個圓片。刷上蛋液並在每一個小圓片上放上一小匙內餡，或在大圓片放上二小匙內餡。將圓片外緣往內折，兩邊於餡料上方交會，如同皮包一般。將麵團以手指壓緊封口，然後將其上下翻轉，封口處朝下，麵團表面應看起來光滑無暇。

8. 將麵團放在烤盤上，用小刀在上方劃出三道切口。表面刷上蛋液、撒上糖。

9. 放入預熱好的烤箱中層烘烤 20 ～ 25 分鐘，直到呈現金黃色。

10. 可當成甜味蛋糕或加上起司享用。傳統上採用蘭卡夏起司，但搭配藍紋起司也極為美味。

懷特島多拿滋
Isle of Wight doughnuts

在人們廣泛使用烤箱前，油炸餡餅（fritters）是製作甜點的另一個典型。

懷特島多拿滋的首次記載與食譜出現在伊萊莎·阿克頓於 1845 年出版的《私宅現代烹飪》一書中。她解釋，「當大量製作這些多拿滋時，如同懷特島上某些季節時的作法，會將它們放在非常乾淨的稻草上瀝油」。雖然這些多拿滋首次出現在新聞報紙上，是在 33 年後、1878 年 5 月的《樸茨茅斯晚報》（Portsmouth Evening News）上，但這顯示它們的確曾在懷特島上非常受歡迎。它們出現在《樸茨茅斯晚報》上一家位於樸茨茅斯（接近但其實不在懷特島上）的甜點店廣告中，宣傳該店售有「懷特島炸麵包」（The Isle of Wight Dough Nut）。

羅莎·芮恩（Rosa Raine）在她 1861 年出版的《女王之島：懷特島之章》（The Queen's Isle: Chapters on the Isle of Wight）中提及，自己的童年記憶中就有這些多拿滋，因此懷特島多拿滋一定在更久之前就存在了。芮恩寫道，它們是該島的特產，自己兒童時期就曾拿到過這些麵包。她告訴我們，當地人稱它們為「鳥巢」，從中撕開就可看到內裡填了應該是葡萄乾的「一小團梅子」。

伊萊莎·阿克頓在她的麵團中使用豬油，也用豬油油炸，雖然我也喜歡豬油，且可以使用自家製豬油或有機品牌，但我了解不是每個人都中意如此做。你可以隨自己喜好使用奶油製作麵團並以食用油來油炸。

份量：16 個多拿滋

乾燥酵母　15 g（½ oz）
溫全脂牛奶　300 ml（10½ fl oz）
高筋白麵粉　500 g（1 lb 2 oz）
黑糖　50 g（1¾ oz）
肉桂粉　½ 小匙
丁香粉　¼ 小匙
肉豆蔻皮粉　¼ 小匙
豬油或奶油　30 g（1 oz）（室溫、切丁）
細粒海鹽　5 g（⅛ oz）
小粒無籽葡萄乾　約 2 把
豬油、牛油（beef tallow）[1] 或食用油　油炸用
糖粉　表面裝飾用

作法

1. 將酵母加入溫牛奶中，稍微輕輕攪拌一下使其活化。酵母會開始起泡形成泡沫層，代表可以拿來使用了。在一個大型調理盆或是桌上型攪拌機的調理盆中混合麵粉、糖與香料，若使用桌上型攪拌機，請裝上鉤型攪拌棒。混合均勻後將豬油或奶油放在上方，將一半的酵母混合液倒在奶油上開始攪拌，當牛奶與豬油或奶油完全被吸收後，倒入剩下的酵母液。攪打 5 分鐘後，將麵團靜置數分鐘（此時麵團應非常濕黏）。加入鹽，持續攪打 10 分鐘，如有需要，將調理盆邊緣的麵團刮下與整體混合，持續攪打直到成為一個光滑有彈性卻不過濕的麵團。

2. 麵團加蓋，放在溫暖的地方發酵 1 小時，或者膨發至 2 倍大。此時將一個烤盤鋪上烘焙紙。

3. 稍微揉捏一下發酵好的麵團並分成 16 等份。取一份麵團在工作檯上輕輕壓平，在中央放上數顆小粒無籽葡萄乾，然後將麵團的周邊往內拉伸（類似皮包的造型），然後像捏餃子一樣輕輕收攏壓緊，使麵團不會在後續發酵過程中繃裂。將麵團上下翻轉，收口朝下。麵團表面應該非常平滑，若非如此，將其壓平後，將以上的工序重做一次。將成型的麵團放在烤盤上，靜置 30 分鐘發酵。

4. 在油炸鍋或耐火深燉鍋中加熱豬油、牛油或食用油至 180 ～ 190° C（350 ～ 375° F），以漏勺小心地將多拿滋麵團浸入熱油中，分批油炸至呈現金黃褐色。油炸新一批多拿滋時，將前一批從油中撈起，放在廚房紙巾上瀝除餘油。撒上糖粉後盛盤上桌。

1.此處的「牛油」指的是牛的脂肪而非奶油的港澳名稱。

亞伯丁炸麻花
Aberdeen crulla

許多來源宣稱，亞伯丁炸麻花原文中的「crulla」來自荷蘭文的「krulla」或「krullers」，但我還未能在自己的荷蘭烹飪古籍中任何一處找到類似的麻花捲糕點。

美國與加拿大皆有名爲「Crullers」的炸麻花卷，這解釋了麻花卷名稱的由來，因爲許多荷蘭字彙皆曾經過調整，在與荷蘭人使用這些詞彙不同的脈絡下使用[1]。一位「cruller」指的應是將物品捲起來的人，而不是捲成麻花狀的糕點。在瑞典南部與丹麥，會在耶誕節時製作油炸酥「Klenäter」——指小而昂貴、精細打造的物品。「Klenäter」與前面提及的「Crullers」以及發表在我《驕傲與布丁》書中的「澤西奇蹟」（Jersey Wonders）[2] 非常相似。

我能找到最早的亞伯丁炸麻花食譜會作出和上面三種油炸點心幾乎完全相同的糕點，這個食譜出現在 1829 年道爾根夫人（Mrs Dalgairns）的《烹飪實作》（Practice of Cookery）書中，食譜指示讀者先做出一個長橢圓形，然後從中分成三或四股長條，接著交錯將每一股長條擺在另外一股上往中間編織。一世紀後，蘇格蘭烹飪食譜作家佛羅倫斯·瑪麗安·麥克奈爾將這個食譜逐字抄錄放在自己的《蘇格蘭廚房》一書中。

美加炸麻花捲 Crullers 和北歐油炸酥 Klenäter 今日尚存，亞伯丁炸麻花卻已完全消逝無蹤。

份量：12 ～ 14 個炸麻花

奶油　100 g（3½ oz）（室溫）
原糖或白砂糖　100 g（3½ oz）
全蛋　2 顆（略打散）
高筋白麵粉　300 g（10½ oz）
麵粉　工作檯灑粉用
豬油、牛油或食用油　油炸用
糖粉或細砂糖　點綴用

作法

1. 將奶油和糖一同攪打至呈現乳霜狀，一邊攪打一邊緩緩加入打散的全蛋。

2. 一點一點加入麵粉，當麵團逐漸呈現球形時，將其移轉至稍稍撒了粉的工作檯上，揉捏 10 分鐘。以保鮮膜包覆住麵團，放入冰箱靜置冷卻 30 分鐘。

3. 從麵團中切出一個 42 g（1½ oz）的小塊，揉成球狀然後以擀麵棍擀平成一個長約 12 cm（4½ inch）、厚度約 4 mm（3/16 inch）的橢圓形。

4. 用一把銳利的刀子將麵團從長邊切出三條等長的長條，頂端相連，將長條以格紋方式編起，最後底部接合。

5. 在一個托盤內鋪上廚房紙巾，於油炸鍋或耐火深燉鍋中融化豬油、牛油或食用油，確保油量足夠淹沒麻花麵團，然後加熱至 190° C（375° F）。小心地將一個麻花麵團浸入熱油中炸 4 分鐘直到呈現褐色但側邊仍閃著金黃。你可以同時炸數個麻花，但要確保不讓它們相互沾黏。如使用油炸籃，也別讓它們黏住籃框。以漏勺或料理夾小心地將麻花撈起，放在廚房紙巾上瀝除餘油。

6. 在炸麻花上撒上糖粉或細砂糖後立刻盛盤上桌。

---

1. 17 世紀初期，荷蘭東印度公司與探險者「發現」並探索了現今美國與加拿大的大西洋沿岸地區，其後建立殖民地，開始陸續有荷蘭移民前往定居，其中新阿姆斯特丹（Nieuw Amsterdam）就是今日紐約市的雛形。荷蘭移民也將許多荷蘭文化習俗與飲食帶往北美。
2. 澤西奇蹟是一種麻花卷形狀的油炸麵包，和甜甜圈、多拿滋不同的是外表沒有撒上砂糖，中間也未填餡。

美味炸麻花
Yum-yums

　　這個命名得極爲中肯的糕點是一種來自蘇格蘭的小點，但在英國各地皆可見。如同亞伯丁炸麻花（見 141 頁），大部分的來源皆指稱美味炸麻花是由荷蘭人帶至蘇格蘭，而荷蘭人會在耶誕節時享用像這樣的油炸麵包。但這並非事實，因爲編成麻花形的油炸點心根本不是荷蘭傳統。我相信像這種油炸紐結球一開始就像亞伯丁炸麻花，然後逐漸演變成今日的樣貌。我所能找到最早的紀錄是在 1978 年《亞伯丁報章期刊》（*Aberdeen Press and Journal*）上的一篇文章，其敍述方式就像美味炸麻花當時早已是經典蘇格蘭點心一般。

　　美味炸麻花是以多層次發酵麵團製成，然後扭轉並油炸，接著批覆上一層薄薄的糖霜。記得油溫要夠熱，否則它們將會吸飽了油而變得過於油膩。最好一次只炸 1 或 2 根，好讓炸油盡量保持高溫，才會有最好的成果。

份量：18 根扭結麻花與 36 根長條麻花

乾燥酵母　5 g（⅛ oz）

溫水　80 ml（2½ fl oz）

溫牛奶　50 ml（1½ fl oz）

高筋白麵粉　240 g（8½ oz）

砂糖　1 大匙

鹽　½ 小匙

奶油　240 g（8½ oz）（切成邊長 1cm [½ inch] 的丁狀，冷凍狀態）

全蛋　1 顆（攪打均勻）

麵粉　工作檯撒粉用

豬油、牛油或食用油　油炸用

糖霜

糖粉　130 g（4½ oz）

水　45 ml（1½ fl oz）

作法

1. 將酵母加入溫牛奶中，稍微輕輕攪拌一下使其活化。酵母會開始起泡形成泡沫層，代表可以拿來使用了。

2. 在食物調理機的調理盆中混合麵粉、糖與鹽，加入奶油，以瞬間高速功能攪打二次，每次 1 秒，讓奶油裹上麵粉。加入一半的酵母液，以瞬間高速功能攪打六次。

3. 工作檯撒上大量麵粉，將麵團從盆中取出。將麵團外部沾上麵粉然後以雙手壓平但不要揉捏——保留麵團中的奶油顆粒，不要和麵粉融合。將麵團放在一個調理盆中，然後放入冰箱靜置數小時，最好隔夜，因爲若麵團休息時間較長，炸麻花會上色較快。

4. 將工作檯與麵團撒上大量麵粉，並使用擀麵棍將麵團輕輕拍成一個長方形，接著擀成 30 × 40 cm（12 × 16 inch）。將麵團如信封般摺成三折，以擀麵棍輕輕拍平，將麵團旋轉 90 度後再摺成三折。以保鮮膜包覆麵團，放入冰箱內靜置至少 30 分鐘。奶油會在麵團上會形成如大理石般交錯的紋路，這便是這個工序的目的。重複摺疊與冷藏靜置的步驟三次，然後將麵團再次擀平成爲一個 30 × 40 cm（12 × 16 inch）的長方形。

5. 將麵團切出多個 5 × 15 cm（2 × 6 inch）的長方形，然後在中間劃出一道割痕，兩端留下約 1.5 cm（⅝ inch）的長度不切。扭轉每一個長條成紐結麻花然後放在鋪了烘焙紙的托盤上。若製作長條形麻花，將適才切出的每一個長方形麵團切半。將紐結麻花與長條麻花加蓋靜置 30 分鐘。

6. 此時將糖粉與水混合製作糖霜。

7. 在一個托盤鋪上廚房紙巾，於油炸鍋或耐火深燉鍋中融化豬油、牛油或食用油，確保油量足夠淹沒麻花麵團，然後加熱至 190° C（375° F）。小心地將麻花麵團分批浸入熱油中油炸 1 分半～2 分鐘直到呈現金黃褐色，中間不斷翻面。以漏勺或料理夾小心地將麻花撈起，放在廚房紙巾上瀝除餘油，再移放至烤架上，然後趁熱全體刷上糖霜。冷卻後再盛盤上桌。放在密封保鮮盒中保存。

博塔拉克採礦引擎機房，西康瓦爾（Botallack mine engine houses, West Cornwall）

文納特溜道，德比郡峰區（Winnats Pass, Peak District, Derbyshire）

1.如蕎麥、小米、卡姆麥（Kamut）、杜蘭小麥、紅色與白色硬質小麥、斯佩爾特小麥等外殼堅硬或小麥蛋白含量高的穀物。
2.山謬・詹森是英國史上最有名的文人之一，他花了九年時間獨立編纂的《詹森字典》包羅萬象，有許多詼諧的詞彙定義。《詹森字典》不
  僅使他聲名卓著、贏得「博士」頭銜，也是在 1928 年《牛津英語辭典》（*Oxford English Dictionary*）出版前最具權威的英語字典。

燕麥餅與烤盤煎餅
Oatcakes & griddle cakes

燕麥與大麥在歷史上皆是北方的主要作物，因爲夏季較溼冷、冬季也長，小麥在此地難以生長。當南方在早春時節將野餐布取出時，蘇格蘭高地上的群山幽谷還蓋著一層白雪織成的毯子。不列顚中部與南部會在 7 月收成，蘇格蘭北部則要到 9 月底。在某些氣候更多變的地區，爲了確保有收穫，甚至會同時播種不同作物。如果這些作物皆順利生長，此地的糕餅會以多穀物混合製作，但如果氣候太濕，只有硬質穀物[1]能夠存活。當穀物價格昂貴時，過去也會將青豆與豆類加入烘焙。

較爲嚴峻的天候，也是北英格蘭、威爾斯、北愛爾蘭和蘇格蘭烹飪中，經常見到以燕麥與大麥等抵禦力較強的穀物製作薄餅（flatcakes）及扁麵包（flatbreads）之故，如同在斯堪地那維亞半島一般。燕麥與大麥中能夠形成麵筋的麩質含量不高，這使得它們不適宜用來製作大型麵包。這是區域性與氣候影響烹飪發展的一個絕佳案例。

「在英格蘭餵馬吃的穀物，在蘇格蘭卻能支持人們維生。」（'A grain, which in England is generally given to horses, but in Scotland supports the people.'）
「燕麥」，《詹森字典》（*A Dictionary of the English Language*）[2]，山謬・詹森（Samuel Johnson），1755

最早的燕麥餅、烤盤煎餅與扁麵包是以煎烤盤（griddle）或烘焙石板（bakestone）烘烤而成。煎烤盤與烘焙石板是一種厚實的鑄鐵圓盤，懸掛或放在壁爐、專門搭起的小火堆，或是晚近的爐台上，過去經常是生火處一定會有的物件。今日你可改用厚底鑄鐵平底鍋達到類似的效果，但當然也能使用烤箱。過去沒有烤箱時，以及在膨脹劑出現、大家著迷於蓬發的麵包之前，這是人們會在家製作的典型糕餅。

根據地域變化，有許多不同種類的燕麥餅。蘇格蘭全境都會烤班諾克麵包（Bannocks），這是現代司康的前身。過去是做成小小的扁平燕麥餅，或是一個大尺寸燕麥餅再切成四片三角形，稱爲「四份餅」（farls）。如今在蘇格蘭，小麥班諾克麵包指的是以煎烤盤製作的司康，會擺在烤箱烘烤的司康旁邊一起販售，而後者則是與英國西南部聯想在一起的糕點。

蘇格蘭燕麥餅是無加糖、像餅乾一樣的圓形或四份餅形狀的薄脆燕麥餅。我曾在蘇格蘭天空島（Isle of Skye）的一家糕餅店看到兩種燕麥餅：精緻版本及使用去殼全穀燕麥粒、而非一般以燕麥粉或傳統燕麥片製成的版本。該店另外還有兩種燕麥餅，一種使用烘烤過、顏色像蜂蜜一樣的燕麥，另一種則使用未經事先烘烤的燕麥，顏色很淺，宛如烘焙時間不足一般。

在威爾斯、坎布里亞郡（Cumbria）與蘇格蘭，曾有一種如今已被大部分人遺忘的古老燕麥餅，人們將這種「薄脆餅」（Clapcake）擀得盡其所能地薄或是以雙手壓扁。這些又薄又脆的餅在烘焙過後，多半會放在爐上或是火爐前的烤架上烘乾，使它們易於保存。這種燕麥餅和斯堪地那維亞的脆餅（crispbread）很接近，這倒也不令人意外，因爲北歐和英國北部地區氣候類似，而燕麥能在這些地方存活但小麥不行。

在斯塔福德郡，「燕麥餅」指的是使用燕麥、水或牛奶及酵母製作的大型圓煎餅——這是酸種麵包（sourdough）的前身。這種燕麥餅在過去曾是陶瓷工人的基本食物，製瓷工廠在當地很具代表性。這種麵團有著如濃稠鬆餅麵糊般的質地，人們將其倒在或以勺子倒入燒熱的煎烤盤上或鑄鐵平底鍋中。附近德比郡的燕麥餅比斯塔福德郡的要厚上 3 倍，主要是當地礦工在食用。

蘭卡夏郡與約克郡燕麥餅則是橢圓形而非圓形。麵糊更稠且不含小麥粉，只有燕麥。人們像威爾斯燕麥餅一樣將其晾乾，但是是掛在一根棒上，因而形狀類似墨西哥塔可餅。如今已再也找不到這種燕麥餅了。

燕麥會緩慢釋放能量，所以能維持飽足感較長時間。在那些需要飲食能長期維持體力的地區，長得最好的作物竟然也剛好可以提供所需的養分，實在令人驚奇。儘管如此，蘇格蘭仍在 17 與 18 世紀經歷嚴重飢荒，許多蘇格蘭家庭因此被強迫驅離，不過也有人是自行決定移民至氣候較溫和宜人的地區，例如澳洲與加拿大。另外一些人則留在離家較近的蘇格蘭低地區或是英格蘭南部，即司康被引入的地區。

斯塔福德郡燕麥餅
Staffordshire oatcakes

這些燕麥餅是斯托克城（Stoke-on-Trent）與附近區域陶瓷工人們的傳統早餐。和蘇格蘭如同餅乾般的燕麥餅不同，斯塔福德郡燕麥餅像鬆餅一樣鬆軟，在北英格蘭每個地區的厚度都不同。它們要趁熱享用，夾上培根或其他鹹味內餡，或者在爐火前烘乾，使其變得和脆餅一樣硬脆。有時人們甚至會將其烤得金黃酥脆。

陶瓷工廠的工人們會在清晨於燕麥餅小店購買燕麥餅。說是小店，其實也就是透過一間房舍的窗戶製作與販售燕麥餅而已。最後一間燕麥餅小店在 2012 年閉店，此傳統也連帶著哀傷地消逝了。在峰區與德比郡的某些咖啡店、民宿與酒館，你仍然可在早餐時享用燕麥餅，當地店鋪與糕點店也能單買，一片只要數便士。

如今通常會在斯塔福德郡燕麥餅中加入少量的麵粉，但根據佛羅倫斯‧懷特 1932 年的《英格蘭好物》書中說法，過去可不是如此。加入麵粉會讓燕麥餅質地變得有韌性，使得填餡之後難以撕開。

需要有人幫忙選擇合適的燕麥或燕麥片種類嗎？你可以在本書第 16 頁中讀到關於燕麥的一切。

份量：10 ～ 12 片燕麥餅

燕麥粉　225 g（8 oz）
全麥麵粉或斯佩爾特小麥全穀粉　100 g（3½ oz）
中筋麵粉　100 g（3½ oz）
砂糖　1 小匙
海鹽　½ 小匙
乾燥酵母　7 g（⅛ oz）
溫全脂牛奶　450 ml（16 fl oz）
溫水　500 ml（17 fl oz）
奶油、豬油或食用油　煎餅用

作法

1. 將燕麥粉、麵粉、糖與鹽在大型調理盆中混合均勻。將酵母加入溫牛奶中，稍微輕輕攪拌一下使其活化。酵母會開始起泡形成泡沫層，代表可以拿來使用了。

2. 將酵母液和溫水一起加入混合的粉類中，攪拌均勻。以保鮮膜或濕茶巾蓋住調理盆，讓麵糊靜置 1 小時。

3. 在鑄鐵平底鍋或厚底平底鍋中以奶油、豬油或食用油煎製燕麥餅（如果你有老式的平底圓盤也可以使用它）。最簡單的方法是將一湯勺的麵糊倒在鍋子中央，然後用大湯匙或刮刀將其向外延展。

4. 我喜歡一次製作一批燕麥餅再冷凍起來。在預計上桌的前 1 至 2 小時將其退冰，然後就可以輕易地用熱平底鍋將它們復熱。上桌時附上鹹味佐料如培根、香腸、蛋或炒蘑菇、任何你喜歡的甜調味料，或是簡單的砂糖。這些燕麥餅很容易填飽肚子所以你只需要根據自己的胃口吃 1 片或 2 片。

薄脆餅
Clapcake

北英格蘭坎布里亞郡的薄脆餅、薄麵餅（clapbread）或燕麥餅（havercake）以及蘇格蘭的扁司康（Clap scones），都和總令人聯想到北歐地區的脆餅很相似。西莉雅·范恩（Celia Fiennes）在 1698 年的日記中告訴我們，在坎布里亞地區是如何製作薄脆餅的：

他們將麵粉與水混合，在手中將極爲柔軟的麵糊揉成一顆球。另外有一塊圓板及一個空心、厚度往外緣逐漸增高的物品，體積極小，一般人只會認爲是一塊變形的板子，這是用來將燕麥餅攤薄。他們一邊用板子拍打（clap）、一邊將足量的麵糊往邊緣推，直到像紙一樣薄；接著持續拍打並讓其在板上四處移動。接著使用一塊和拍板同樣大小的鐵板將餅鏟起，放在炭火上烘烤……

烘烤之後，薄脆餅會在生火處前一個看起來像是迷你長凳的木架上烘乾，這種木架被稱作「燕麥餅少女」（haver-cake maiden）。西莉雅也描寫了人們將薄脆餅浸到牛奶中、和肉類一起食用，或是簡單抹上奶油。除非住在能夠定期舉辦市集貿易的集鎮，否則這是此地唯一食用的麵包。

小說家伊莉莎白·嘉斯蔻（Elizabeth Gaskell）在 1863 年描寫烘乾薄脆餅的場景：「掛著薄麵餅的巨大架子懸在頭上。比起約克郡那種有點酸的發酵麵包，貝兒·羅伯森（Bell Roboson）更喜歡這種燕麥餅，而這是她之所以不受歡迎的另一個原因。」歷史學家彼得·布萊爾（Peter Brears）找到一個 1940 年代關於薄脆餅的參考文獻，在亨利·貝德佛博士（Dr Henry Bedford）當時的紀錄中，湖區郡縣還在製作薄脆餅。

時至今日，薄脆餅已經不幸地消失在人們的記憶中。這實在令人遺憾，因爲這是一種適用於各種不同場合的燕麥餅，早餐或午餐時搭配起司、果醬或甚至巧克力抹醬都很棒；和起司拼盤與沾醬一起食用也很完美。我通常會一次製作一批薄脆餅，它們可以在厚牛皮紙袋保存最長一個月——如果放在密封盒中，它們會變得像硬紙板一樣。若放在烤箱中加熱數分鐘，薄脆餅口感就能恢復新鮮。雖然並非傳統作法，但若像北歐一般在麵團中加入一些種籽，如葛縷子，也會是不錯的變化。我會在麵糊中加入一些一般麵粉，因爲這樣製作麵糊比較簡易，但你當然也可以全部使用燕麥粉。

份量：4 張直徑 20 cm（8 inch）或 1 ～ 2 大張的薄脆餅

豬油　20 g（¾ oz）
沸水　220 ml（7½ fl oz）
燕麥粉　170 g（5¾ oz）
中筋麵粉或極細燕麥粉　60 g（2¼ oz）
泡打粉　一小撮
細粒海鹽　½ 小匙
燕麥粉　撒粉用

作法

1. 將烤箱預熱至 230° C（450° F）。
2. 在沸水中融化豬油，加入燕麥粉、麵粉、泡打粉與鹽，以木匙混合均勻，形成一個光滑的麵團。麵團足夠降溫時，以手揉麵。如果麵團太濕（這和你的粉類新舊程度有關），加入一點點麵粉直到麵團不再黏手。
3. 將麵團分成四等份，若你是製作一張大的薄脆餅，維持整團不分割。在一張撒了大量燕麥粉的烘焙紙上，將麵團擀成 1 ～ 2 mm（1/16 inch）厚。若你有北歐製作脆餅的顆粒浮雕擀麵棍（knobbly rolling pin），使用它來擀平麵團。
4. 以這張烘焙紙將薄脆餅麵團滑入烤盤中，在預熱好的烤箱中層烘烤 15 分鐘，然後將薄脆餅上下翻面續烤 5 分鐘。取出後將薄脆餅在烤架上靜置放涼。它們可以在厚牛皮紙袋中保存很長時間。

班諾克麵包
Bannocks

班諾克麵包來自大不列顛北部：北英格蘭、北愛爾蘭與蘇格蘭。它們是以煎烤盤烤製，扁平、宛如司康一般的小圓麵包或快速麵包，使用大麥、燕麥，有時還加了一些裸麥——任何當地生長與收穫的穀物。在碳酸氫鈉（小蘇打）發明之前，人們會在製作班諾克麵包時，加上一些上次剩下的麵團製成酸種班諾克麵包。

以裸麥和大麥製作的班諾克麵包過去被稱爲「褐喬治」（Brown George）。如果當時沒有燕麥、大麥或裸麥，有時也會使用青豆粉（pea flour）。以往會將青豆曬乾，若收成不佳，也經常將其作爲其他種類麥粉的替代品。青豆被區隔開來種在田地邊緣，或是與其他作物輪種，因爲青豆有改善土質、增加未來作物產量的功效。

在佛羅倫斯·瑪麗安·麥克奈爾 1929 年的《蘇格蘭廚房》書中，她提到班奈克麵包必須烤成小圓型，但如今它們經常被烤成大的圓餅並切成四片三角形，稱爲「四份餅」（farls）。你可以自行選擇要做班諾克麵包還是四份餅。記得趁熱享用，它們放涼了會變得硬而無味。

份量：4 個班諾克麵包

大麥粉或燕麥粉、鷹嘴豆粉或青豆粉　225 g（8 oz）
中筋麵粉　55 g（2 oz）
細粒海鹽　¼ 小匙
碳酸氫鈉（小蘇打）　1 小匙
白脫牛奶　450 ml（16 fl oz）
燕麥粉或中筋麵粉　工作檯撒粉用

作法

1. 將大麥粉或燕麥粉、中筋麵粉與鹽放在調理盆中混合均勻。

2. 將小蘇打粉加入白脫牛奶中，以打蛋器攪拌均勻直到起泡，倒入混合粉類的調理盆中攪拌均勻。

3. 輕拍麵團形成球狀，然後將其放在撒了粉的工作檯上。如果麵團太濕（這和你的粉類新舊程度及廚房環境有關），加入一點點麵粉。將麵團拍平至成爲一個 1.5 cm（⅝ inch）厚的圓型麵團，然後切成四片三角形，或是將其整型爲四個圓餅。

4. 將一個煎烤盤、鑄鐵或輕型鑄鐵平底鍋放在爐上加熱。以一小撮麵粉或一點點麵團測試鍋子的熱度。若麵粉立刻燒焦表示過熱，如過了數分鐘後開始轉爲棕色，這就是最佳溫度。將班諾克麵包放在鍋上，兩面各烘烤數分鐘，直到呈現淡棕色。趁熱享用。

* 使用大麥粉或燕麥粉時，若將 100 g（3½ oz）的蔓越莓乾或藍莓乾、或是一小匙的葛縷子混拌入麵團中會很不錯。

蘇格蘭燕麥餅
Scottish oatcakes

這些類似餅乾的燕麥餅也可以視爲一種脆餅，因爲在傳統上，它們被當成一種可以久放又容易製作的麵包替代品。在烤箱發明之前，人們是在煎烤盤——一塊懸掛或放在火上的圓形扁平鐵板上烘烤它們。

蘇格蘭燕麥餅通常爲圓形，但有時會做成大的圓片再切成四等份，稱爲四份餅。1929 年撰寫了《蘇格蘭廚房》的佛羅倫斯‧瑪麗安‧麥克奈爾，會使用中型即食燕麥片（medium oatmeal）製作。她來自奧克尼島（Isle of Orkney），如今奧克尼燕麥餅會做成四份餅的形狀。奧克尼島上的糕餅店也製作一種加了部分大麥粉或畢爾大麥粉（beremeal）[1] 的燕麥餅。

你可以在蘇格蘭找到各式各樣的燕麥餅，有使用燕麥粉製作的精緻版本、部分使用燕麥粉製作，顆粒較粗的版本，也有使用鋼切燕麥製作，口感更豐富的版本。根據燕麥選擇、使用水量及烘焙時間的不同，燕麥餅質地可以非常酥鬆易碎，也能很堅硬，有時甚至富有嚼勁。人們偶爾會先將燕麥及燕麥粉烘烤過，以製作顏色較深的燕麥餅。傳統使用豬油，但目前已被植物油取代。我發現當使用奶油時，做出來的成品會非常濃厚馥郁，簡直就像消化餅乾一樣。

如今燕麥餅通常會和起司盤一起上桌，我認爲它們是蘇格蘭肉餡羊肚（haggis）[2] 的最佳拍檔——將肉餡羊肚像抹醬一樣塗在燕麥餅上，然後用一杯蘇格蘭威士忌（wee dram）沖下肚去。無論是哪一種燕麥餅，我自己都很喜歡，而且我的食物櫃裡總是存貨滿滿。它們是我在又長又繁忙的日子裡最喜歡帶在身上充飢的食物。只要有燕麥餅，就能飽餐一頓。

份量：約 20 個燕麥餅

燕麥片　150 g（5½ oz）（見第 16 頁）
燕麥粉　150 g（5½ oz）
海鹽　½ 小匙
植物油或融化豬油、奶油　80 ml（2½ fl oz）
熱水　50 ml（1½ fl oz）
燕麥粉　工作檯撒粉用

作法

1. 將烤箱預熱至 190°C（375°F）並將兩個烤盤鋪上烘焙紙。

2. 混合燕麥、燕麥粉與鹽，然後加入植物油或融化豬油、奶油混合。倒入熱水後混合均勻。將麵團靜置 10 分鐘，使燕麥膨脹軟化。

3. 將麵團揉勻。有些燕麥比較乾，若麵團質地還是太多顆粒，再加入一點熱水並再次靜置。

4. 在撒了燕麥粉的工作檯上將麵團擀開，直到成爲 5 mm（¼ inch）厚，以一個直徑 6 ～ 7 cm（2½-2¾ inch）的圓形切模切出多片燕麥餅。將燕麥餅放至烤盤上並烘烤 10 ～ 15 分鐘。

---

1. 畢爾大麥（bere）是一種六稜的古老大麥品種，生長於蘇格蘭高地及奧克尼、昔得蘭（Shetland）等海島上，加工成畢爾大麥粉之後可作麵包、麵餅、班諾克麵包等，也是今日某些蘇格蘭威士忌的釀造原料之一。
2. 肉餡羊肚被稱爲蘇格蘭國菜，是將羊肉與羊內臟剁碎後加上燕麥、洋蔥、羊油、調味料、高湯等後塞入羊胃中水煮而成。一般搭配蕪菁甘藍泥與馬鈴薯泥（neeps and tatties）及一杯蘇格蘭威士忌享用。

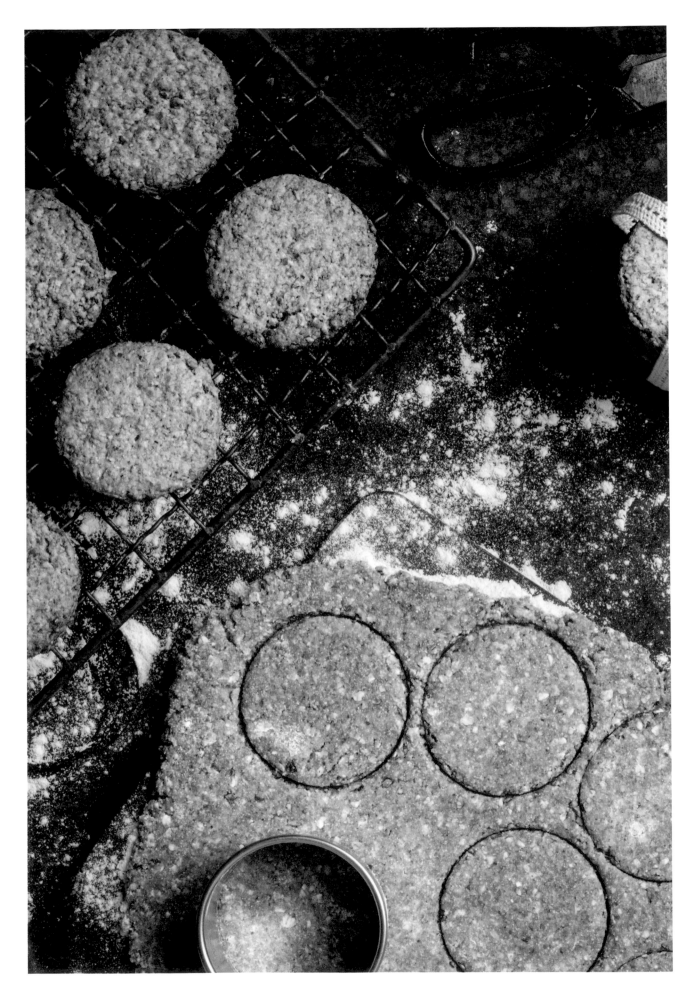

蘇格蘭馬鈴薯司康
Tattie scones

　　蘇格蘭馬鈴薯司康、馬鈴薯四份餅（potato farl）、馬鈴薯司康（potato scone）或是愛爾蘭馬鈴薯煎餅（boxty），指的是一種用馬鈴薯、麵粉，有時還加入白脫牛奶製成的厚實煎餅。它是北愛爾蘭傳統早餐阿爾斯特煎盤（Ulster fry）[1] 的一部分，一起盛盤上桌的還有培根、蛋、香腸或血腸（black pudding）、番茄，可能還有蘑菇與焗豆。在蘇格蘭，糕餅店中會販賣馬鈴薯司康，也是在早餐時食用。當我在蘇格蘭時，最愛的組合則是一片馬鈴薯司康、一片肉餡羊肚，加上一個煎蛋，再搭配一杯粗茶（builder's tea）[2]，這是在高地開始一天的完美方法。

　　和蘇格蘭馬鈴薯司康完全相同的馬鈴薯扁麵包（potato flatbreads）也是冰島與挪威的飲食文化之一，冰島語稱爲「馬鈴薯扁麵包」（Kartöfluflatbrauð）、挪威語則叫做「軟麵包」（Mjukbrød），在當地和發酵的鱒魚一起食用。

　　雖然馬鈴薯司康是早餐的上佳之選，但我也喜歡和沙拉一起搭配食用，或是用來抹淨盤子上印度咖哩五顏六色的醬汁。

份量：1 個司康分切爲四片四份餅

粉質馬鈴　225 g（8 oz）
　　（如梅莉絲吹笛手［Maris Piper］[3] 品種）
奶油　25 g（1 oz）
中筋麵粉　80 g（2¾ oz）
細粒海鹽　½ 小匙
泡打粉　⅛ 小匙
麵粉　撒粉用
奶油　煎鍋上油用

作法

1. 馬鈴薯以水煮熟，然後將水倒出並搖晃鍋子使馬鈴薯瀝乾。加入奶油、麵粉、鹽和泡打粉並揉成一個麵團。

2. 在一個直徑約 20 cm（8 inch）的鑄鐵平底鍋上撒上麵粉，將麵團放入鍋中推開至邊緣處，成爲一個扁圓形。將麵團小心地以翻面的方式從鍋中移出，然後切成四片相同大小的三角形——這樣能更容易煎熟四份餅。

3. 將鑄鐵平底鍋加熱並以奶油潤鍋。在四份餅的兩面皆撒上麵粉，然後分次煎熟。一次一塊或是一口氣四塊全下，每一面煎 3 分鐘。你可以使用多餘麵團測試煎鍋的熱度，若鍋子過熱，四份餅會燒焦而無法慢慢煎熟。

1. 阿爾斯特煎盤是北愛爾蘭最受歡迎的一道菜餚，被視爲早餐的終極之選，但可在全天食用。早餐吃經過煎炸的熱食（fry）在維多利亞時代之前並不普遍，二戰後，熱騰騰且豐盛的英式早餐大爲流行並成爲傳統。阿爾斯特煎盤則是在 1960 年代英國掀起國內旅遊熱潮時誕生。

2. 「Builder's tea」直譯爲建築工人茶，指的是直接在馬克杯中沖泡茶葉或茶包（茶葉多半較爲廉價），味濃色深、加糖（有時再加一些牛奶），容易調製且能快速補充能量。這是過去勞動階級的飲茶法，和上層階級以骨瓷茶具沖泡搭配整套下午茶儀式不同，現已普及於大眾日常。

3. 「梅莉絲吹笛手」馬鈴薯是英國種植最廣泛也最常見的馬鈴薯品種，黃皮白肉、質地鬆軟，適合焗烤、煎炸。

洞洞煎餅與鬆餅
Crumpets and Pikelets

　　傳統上以平底圓煎鍋或爐灶上的扁平烤盤煎製的洞洞煎餅（crumpet）與洞洞鬆餅（pikelet）[1] 可以使用同樣的麵糊製作，後者會多加一點水。不過，兩者的製作法也有點不同，製作洞洞鬆餅就像是煎厚鬆餅一樣，但洞洞煎餅則是將麵糊放在環形模中煎製，所以成品高一點且如枕頭般蓬鬆。兩者經常都是事先製作再分片或分堆販賣，如此消費者便能在家加熱。英國人喜歡用烤麵包機將大小正好的洞洞煎餅烤得金黃，或者使用烤叉插著直接在火上烘烤。

　　這兩種煎餅的特徵是表面煎成淺色、有許多孔洞，和底部充分煎烤的褐色外表形成對比。我自己喜歡將它們用煎鍋重新煎過或是烤得金黃，我知道那聽來有點奇怪，但是當我前往倫敦工作時，我總是會在瑪莎百貨買一包洞洞煎餅或鬆餅，一邊期待隔天的速簡早餐。這也表示你可以自己輕鬆製作並冷凍這些煎餅，然後只要放在暖爐上退冰幾分鐘、或是前一晚放在冰箱裡，接著就能使用了！

　　這兩種煎餅甜鹹享用都很合適，譬如，想像一下使用金黃糖漿，將那些淺色表面上的孔洞變成填滿糖漿的小池塘；或是加上蛋與培根，以餅上的小孔完美承接那濃稠流動的蛋黃。

份量：18 ～ 20 片洞洞煎餅

高筋白麵粉　200 g（7 oz）
裸麥粉　25 g（1 oz）
白脫牛奶　175 ml（5½ fl oz）
水　150 ml（5 fl oz）
乾燥酵母　3 g（⅛ oz）
細粒海鹽　5 g（⅛ oz）
泡打粉　½ 小匙
橄欖油　鍋具與模具上油用

作法

1. 混合麵粉、白脫牛奶與水並以打蛋器攪拌至沒有顆粒。加入酵母，混合均勻後加蓋靜置 1 小時。你也可以在前一晚製作好麵糊，加蓋後放在冰箱中靜置隔夜，然後在煎製當日加入鹽和泡打粉。

2. 準備要煎餅時，在麵糊中加入鹽與泡打粉。加熱平底圓煎鍋或鑄鐵平底鍋，以廚房紙巾將橄欖油塗抹在鍋子上潤鍋。用半小匙麵糊測試鍋子的熱度，若麵糊立刻上色即表示過熱。

3. 以橄欖油為直徑 8 cm（3¼ inch）的洞洞煎餅模上油，在模具中加入 2 大匙麵糊使其散開，煎烤 6 ～ 8 分鐘。那些讓洞洞煎餅獨具特色的孔洞，應在此時緩慢出現在表面上。看著那些小洞漸次浮現實在令人著迷！

4. 當煎餅表面逐漸開始乾燥時，可將煎餅和模具一同翻面，持續再煎 1 分鐘，盡可能讓表面顏色越淺越好。如果太快翻面，麵糊會從模具中潑出。如果你第一批製作的洞洞煎餅大失敗的話別意外——你會逐漸掌握翻面的最佳時機。

5. 煎餅完成後可以立即上桌享用，或是放涼後冷凍，再以熱鍋或烤吐司機復熱。以很多奶油將表面煎烤得金黃酥脆的洞洞煎餅非常傳統。金黃糖漿是經典搭配，但加上壓碎的覆盆子與鮮奶油也能成為完美點心，並讓你輕鬆達成「一日五蔬果」（five a day）[2] 的目標。視配料而定，早餐一人 1 至 2 片洞洞煎餅份量就已足夠。

份量：18 ～ 20 片洞洞鬆餅

高筋白麵粉　200 g（7 oz）
裸麥粉　25 g（1 oz）
白脫牛奶　175 ml（5½ fl oz）
水　250 ml（9 fl oz）
乾燥酵母　3 g（⅛ oz）
細粒海鹽　5 g（⅛ oz）
泡打粉　½ 小匙
橄欖油　鍋具與模具上油用

作法

1. 混合麵粉、白脫牛奶與水並以打蛋器攪拌至沒有顆粒，且麵糊質地類似優格。加入酵母，混合均勻後加蓋靜置 1 小時。你也可以在前一晚製作好麵糊，加蓋後放在冰箱中靜置隔夜使其發酵，然後在煎製當日加入鹽和泡打粉。

2. 準備要煎餅時，在麵糊中加入鹽與泡打粉。加熱平底圓煎鍋或鑄鐵平底鍋，以廚房紙巾將橄欖油塗抹在鍋子上潤鍋。用半小匙麵糊測試鍋子的熱度，若麵糊立刻上色即表示過熱。

3. 將 2 大匙麵糊以湯匙舀入熱鍋中，然後使用湯匙背以畫圓的方式讓麵糊平均攤開。每一個英式鬆餅直徑應為 10 cm（4 inch）寬。那些讓洞洞鬆餅獨具特色的孔洞，應在此時緩慢出現在表面上。以鍋鏟確認鬆餅是否已經充分煎烤，然後將其翻面，只將表面煎數秒，盡可能使其顏色越淺越好。

4. 鬆餅完成後可以立即上桌享用，或是放涼後冷凍，再以熱鍋或烤吐司機復熱。金黃糖漿是經典搭配，但加上壓碎的覆盆子與鮮奶油也能成為完美點心，並讓你輕鬆達成「一日五蔬果」的目標。視配料而定，早餐一人 2 至 4 片鬆餅份量就已足夠。

1.除了作者解釋的兩者不同之外，英國北部某些區域也稱「crumpet」為「pikelet」，加重了混淆性。另外也有洞洞鬆餅是「窮人的洞洞煎餅」（poor man's crumpet）的說法，因窮人買不起洞洞煎餅的圓模，直接將麵糊倒在鍋上製作，使得成品較薄、形狀也更加自由。「Pikelet」據稱源自威爾斯方言「bara pyglyd」，意為又黑又黏的「pitchy bread」（柏油麵包），簡稱為「pyglyd」，最後變為「pikelet」。

2.根據世界衛生組織 WTO 的建議，每人應每天至少攝取 400 g 的蔬果。許多已開發國家如美國、英國、德國、法國等據此推定健康飲食計畫，建議每人每天攝取至少 5 份的蔬菜與水果。

洞洞煎餅（第 158 頁）與洞洞鬆餅（第 159 頁）

英式瑪芬
English muffins

英式瑪芬是以煎烤盤烘烤的酵母麵包，上下兩面煎烤至金黃褐色，側邊則維持優雅的淺色，很適合從中撕開。在漢娜・葛拉斯於 1747 年出版的《簡易烹飪藝術》（*The Art of Cookery Made Plain and Easy*）書中強調應將瑪芬從中撕開而非以刀切開。她在這個史上最早的英式瑪芬食譜之一中寫到，若用刀而非用手將瑪芬剖半，它會變得和鉛一樣厚實沉重，而這千眞萬確。手撕瑪芬更爲蓬鬆柔軟，但若它和水煮蛋或煎蛋一起盛盤上桌，手撕就沒有那麼容易。因此我會視配料決定自己要用手撕或以刀切開瑪芬那幾乎未經烘烤的淺色肚皮。

建議一次烘焙大量瑪芬然後將其冷凍，之後便能輕鬆製作早餐。將它們從冷凍庫中取出、退冰 10 分鐘，接著只要放入鍋中加熱，你會感到一切都非常值得。或者你也可以將它們切半（抱歉了漢娜）減少掉屑，然後放入烤吐司機中。它們在外層烘烤得金黃酥脆、內裡如靠墊般柔軟並塗上奶油或果醬時美味無比。

英式瑪芬是出名的班乃迪克蛋不可分割的一部分。班尼迪克蛋（Eggs Benedict）包含兩半英式瑪芬基底、一顆水波蛋、培根或火腿，以及荷蘭醬。不過簡單的煎蛋或炒蛋也很棒——表面烤得酥脆的瑪芬能讓任何一頓早餐搖身變爲饗宴。這對飲食和鼻子來說都是種享受，因爲整間屋子都會因此充滿新鮮烘烤食物的誘人香氣。

份量：10 個英式瑪芬

乾燥酵母　11 g（¼ oz）
全脂溫牛奶　300 ml（10½ fl oz）
高筋白麵粉　600 g（1 lb 5 oz）
原糖或白砂糖　30 g（1 oz）
豬油或奶油　30 g（1 oz）（室溫）
全蛋　2 顆（打散）
細粒海鹽　10 g（¼ oz）
杜蘭小麥粉或義式粗粒玉米粉（polenta）　烤盤與瑪芬撒粉用
麵粉　工作檯撒粉用

作法

1. 將酵母加入溫牛奶中，稍微輕輕攪拌一下使其活化。酵母會開始起泡形成泡沫層，代表可以拿來使用了。在一個大型調理盆或是桌上型攪拌機的調理盆中混合麵粉與糖，若使用桌上型攪拌機，請裝上鉤型攪拌棒。將豬油或奶油放在粉類上方，倒入一半的酵母混合液在奶油上開始攪拌，牛奶與豬油或奶油完全被吸收後，加入剩下的酵母液與蛋液。攪打 5 分鐘後靜置數分鐘（此時麵團應非常濕黏）。加入鹽繼續攪打 10 分鐘，如有需要，將調理盆邊緣的麵團刮下與整體混合，持續攪打直到成爲一個光滑有彈性卻不過濕的麵團。

2. 麵團加蓋靜置 1 小時直到膨發成 2 倍大。同時將兩個烤盤鋪上烘焙紙並撒上一些杜蘭小麥粉或粗粒玉米粉。

3. 輕輕將麵團在撒了麵粉的工作檯上擀開，直到成爲 3 cm（1¼ inch）厚，以一個直徑 8 cm（3¼ inch）的圓形切模切出 10 個瑪芬。將瑪芬放在烤盤上，中間留下足夠的空隙，使它們有延展的空間。在瑪芬上再撒上一些杜蘭小麥粉或粗粒玉米粉。

4. 以薄棉布覆蓋住烤盤，然後以一個大塑膠袋包裹（我特地爲此保留了一個大塑膠袋）。靜置麵團 30 分鐘至 1 小時。靜置時間卽將結束時，將烤箱預熱至 170° C（340° F）。

5. 將煎烤盤或鑄鐵平底鍋以小火升溫以免過熱，你可以用多餘的麵團測試鍋子的熱度。將瑪芬兩面各煎烤 5 ～ 6 分鐘，或是直到呈現金黃褐色。此時瑪芬內部還未完全烤熟，所以將它們放入烤箱 5 分鐘持續烘烤。取出後在烤架上靜置放涼，或加上大量奶油立刻大口享用。你也可以將它們放入袋中後冷凍，過後再品嘗。

威爾斯蛋糕
Welsh cakes

這些煎烤小蛋糕來自威爾斯，但在整個英國都很普遍。它們在威爾斯有幾種名稱：「picau ar y maen」「pice bach」與「cacen gri」。「Maen」意為烘焙石板，指的是以煎烤盤烤威爾斯蛋糕的作法。威爾斯蛋糕過去偶爾也被稱為「烘焙石板」（Bakestones），1935 年 4 月 15 日的《約克郡晚報》便報導：「前幾天我提供了一個威爾斯烘焙石板蛋糕食譜……」

份量：8 ～ 10 片威爾斯蛋糕

冰涼奶油　25 g（1 oz）
豬油（或更多奶油）　25 g（1 oz）
中筋麵粉　150 g（5½ oz）
白砂糖　25 g（1 oz）
碳酸氫鈉（小蘇打）　½ 小匙
泡打粉　½ 小匙
海鹽　一小撮
金黃糖漿　1 大匙
全蛋　1 顆
牛奶　1 大匙
小粒無子葡萄乾　35 g（1¼ oz）
麵粉　工作檯撒粉用
細砂糖　點綴用

作法

1. 將奶油與豬油（若使用）揉入麵粉、糖、小蘇打、泡打粉與鹽中。加入金黃糖漿、蛋與牛奶，使用一個木匙或刮刀混合所有材料。若麵團過乾，可再加入一點牛奶，麵團質地應類似司康。

2. 最後揉入小粒無籽葡萄乾，並將麵團在撒了麵粉的工作檯上擀至厚度約 1.5 cm（⅝ inch）。以一個直徑 6 ～ 7 cm（2½-2¾ inch）的圓形切模切出圓片，將剩下的麵團重新擀平並持續切出圓片，直到把所有麵團用完。

3. 將鑄鐵平底鍋放在爐台上加熱，以一小撮麵粉或一點麵團測試鍋子的熱度。如果立刻燒焦的話即表示過熱；若數分鐘後才變為棕色，這就是剛剛好的溫度。

4. 將蛋糕兩面各煎烤 2 ～ 3 分鐘，直到呈現金黃褐色。趁熱撒上大量細砂糖。

完美的下午茶
The perfect afternoon tea

下午茶儀式究竟是何時開始的無法確定。最受歡迎的故事告訴我們，它是貝德福德公爵夫人（Duchess of Bedford）在 1840 年左右，爲了打發漫長下午的煎熬之感而發明。由於 19 世紀的人們需要等到晚上 8 點才用晚餐，可以想像他們會在下午吃點點心。據說公爵夫人會令人在下午將一個放了茶、麵包與奶油的托盤送進自己的房間。很快地，她開始邀請朋友一起參加。到了 1880 年，這個儀式演變爲一種社交活動，且沒多久下午茶相關禮儀也誕生了。

下午茶規則

下午茶是有規則可循的：茶壺裡必須一直有新鮮的水，且人們認爲散茶是最好的。茶葉罐（tea caddy），卽一種有著華麗裝飾的木頭茶盒，必須始終放在最靠近東道主的位置。東道主持有茶盒的鑰匙，顯示由他或她當家作主。托盤上必須盛有一個茶壺、濾茶器與茶托、裝有散糖的糖罐、牛奶壺、放著檸檬片的小碟、檸檬叉，以及一罐熱水，好讓客人能夠調整茶的濃淡。桌上放著茶杯與茶碟、叉子與茶匙、小蛋糕盤以及餐巾，最好是棉製的。接著有三明治、熱熱的司康與小塔和蛋糕，另外還有裝著最好的果醬與濃郁奶油、或是凝脂奶油的碗，每個碗搭配一支湯匙。

關於鮮奶油

德文郡與康瓦爾郡在「鮮奶油先還是果醬先」的爭執上已纏鬥數十年。我認爲重點不在哪一種方式才正確，而在於每個人喜歡用什麼方式品嘗自己的司康。我喜歡將司康一點一點剝成小塊，然後在上面放上一大塊凝脂奶油，然後加上一點果醬，最好是自製覆盆子或草莓果醬。司康不應過甜，這樣才能慷慨地抹上鮮奶油與果醬，而不必擔心因爲吃了一個司康就引發高血糖暈眩。對我來說，司康其實是能盡量享用凝脂奶油的藉口之一。你可以在我的《驕傲與布丁》書中找到自製凝脂奶油的食譜，不過什麼都比不上特萊維騰（Trewithen）或羅達（Rodda）這兩個品牌的凝脂奶油。

品茶步驟

根據下午茶禮儀，須從那小巧玲瓏、夾著小黃瓜與奶油、蛋沙拉、鮭魚，還可能有火腿的三角形三明治開始。接著是司康，這樣它們既不會完全冷掉、也不至於過熱而讓奶油融化。絕對不能使用刀子切開司康，如果它們經過正確烘焙的話，中間會有裂縫，如此便能將其一分爲二。小蛋糕則留待最後。此時應已有飽腹感，你也可以要求將小蛋糕打包帶回家。

茶桌上的主人或一家之主、或設宴做席的東道主負責倒茶，傳統上稱爲「爲母」（being-mother），因爲倒茶通常是家中母親的工作。根據傳統，應該先將牛奶放入杯中，這是由於過去茶杯是由極薄的瓷製成，可能會因爲茶的熱度而破裂。如今你也可以反過來先倒茶——如果沒人看到的話。用手優雅地將茶杯握住，不要翹起小指，茶碟永遠不可離開桌子。將茶匙留在杯中則是最粗魯無禮的行爲。

茶的重要性

英國是飲茶人的國度。茶在 17 世紀中由查理二世的葡萄牙夫人「布拉甘薩的凱薩琳」（Catherine of Bragança）傳至英格蘭。在所有其他物品之中，她的嫁妝包含了一盒茶葉。

在過去，茶是只有社會富裕層才能享用的奢侈品，它甚至曾經重要到被放在政治日程的優先事項中。1784 年英國議會通過減稅法案降低茶葉稅，讓任何想飲用的人皆負擔得起，終於使得茶成爲日常生活的一部分。在維多利亞時代，加了糖的茶讓工人能持續在工廠與田地間勞動，茶從此成爲英國最普遍的飲料。

英國人喜愛完全沉浸在下午茶時光中，特殊場合或節日會前往時髦的旅館與茶室。在過去 10 年中，已經成爲我們第二個家的英國民宿女主人告訴我，英國人喜歡規畫一天休假，在古樸別緻的民宿度過一晚，早晨醒來享用全套英式早餐，跳過午餐、接著在鄉間散步後，前往享用一頓講究的下午茶。

司康
Scones

我們經常很快地假設司康源自英國西南部，在此地它們是「奶油茶」（Cream tea）整體的一部分，但其實司康是典型的蘇格蘭餐點。司康是班諾克麵包及其他如蘇打麵包與烤盤煎餅等快速麵包的近親。最早司康是在火堆上的煎烤盤上烘烤，如今雖通常以烤箱烘焙，但我在蘇格蘭天空島的一家糕餅店中，仍然找到了以煎烤盤烘烤的司康。

佛羅倫斯‧瑪麗安‧麥克奈爾在她 1929 年的《蘇格蘭廚房》書中解釋，「司康」和「班諾克麵包」的名稱使用起來沒那麼嚴謹，班諾克麵包就是大的圓形司康，可以進一步切成四份成為四份餅或是切分成更多塊。若把這個麵團切成一個個小圓形，就成為司康。她宣稱司康之名來自蓋爾語（Gaelic）中的「sgonn」，翻譯過來就是「不成形的一團」。

麥克奈爾提供了許多不同的司康與班諾克麵包食譜，不過從她稱為「古法」的食譜與緊接著後面稱為「新法」的食譜中，可以很清楚地發現，在 19 世紀早期泡打粉發明之前，司康就已經存在了。泡打粉讓司康更輕盈，更接近如今我們熟知的樣貌。從茶室刊登在報紙上的廣告可以發現，司康在愛德華時代變得越來越受歡迎。

在英國西南部，將柔短的白色小圓麵包切半再填上奶油與果醬的「對切圓麵包」（Split，見第 126 頁）是另外一種受歡迎的茶點。不知何故，對切圓麵包逐漸失寵，司康取而代之成為康瓦爾郡與德文郡「奶油茶」的代表。很可能是 18 世紀時，蘇格蘭高地居民為尋找更佳的居住與工作環境南移時，將司康帶至英國的其他角落。

份量：16 個小司康或 10 個大司康

中筋麵粉　430 g（15¼ oz）
泡打粉　2 大匙
原糖或白砂糖　40 g（1½ oz）
細粒海鹽　一小撮
奶油　150 g（5½ oz）（室溫、切丁）
全蛋　2 顆（打散）
檸檬汁　1 小匙
全脂牛奶　90 ml（3 fl oz）
麵粉　工作檯撒粉用
蛋黃 1 顆＋牛奶 1 大匙　蛋液用

作法

1. 將烤箱預熱至 220° C（425° F）並將兩個烤盤鋪上烘焙紙。
2. 將麵粉、泡打粉、糖與鹽放入調理盆中，以指尖將奶油與其他食材揉合，直到形成麵包粉大小般的顆粒。加入蛋和檸檬汁，再一點一點加入牛奶，以刮刀混合直到形成一個柔軟且有點黏的麵團。
3. 將麵團放在撒了大量麵粉的工作檯上，輕輕揉捏直到全部麵粉融入、麵團不再黏手但仍然柔軟。這個工序大約需花費 1 分鐘。將麵團以手壓平，直到成為約 2 cm（¾ inch）厚。使用一張烘焙紙將麵團表面抹平，讓司康麵團最後平整完工。
4. 以一個直徑 5 cm（2 inch）的圓形切模切出小司康，或以直徑 7 cm（2¾ inch）的圓形切模切出大司康。將切模直接垂直往下壓，不要旋轉，因為這會影響司康膨發的程度。將剩餘的麵團輕輕拍合，繼續切出更多司康，直到將麵團用盡。
5. 將司康放在烤盤上，刷上蛋液，放在烤箱中層烘烤 10 ～ 15 分鐘，直到司康皆順利膨發且呈現金黃色。
6. 將司康移至烤架上稍稍放涼，蓋上茶巾使它們保持溫熱與柔軟。和濃厚鮮奶油或凝脂奶油及你最愛的果醬一同上桌。司康需在製作好的當天品嘗，或是再以烤箱復熱。它們也能冷凍，退冰後再放入烤箱中回烤數分鐘，使其恢復蓬鬆柔軟。

東薩塞克斯郡萊爾鎮（Rye, East Sussex）

葡萄乾司康
Sultana scones

份量：16 個小司康或 10 個大司康

中筋麵粉　430 g（15¼ oz）

泡打粉　2 大匙

原糖或白砂糖　40 g（1½ oz）

細粒海鹽　一小撮

奶油　150 g（5½ oz）（室溫、切丁）

全蛋　2 顆（打散）

檸檬汁　1 小匙

全脂牛奶　90 ml（3 fl oz）

桑塔納葡萄乾或小粒無籽葡萄乾　70 ～ 100 g（2½-3½ oz）

麵粉　工作檯撒粉用

蛋黃 1 顆＋牛奶 1 大匙　蛋液用

作法

1. 將烤箱預熱至 220°C（425°F）並將兩個烤盤鋪上烘焙紙。

2. 將麵粉、泡打粉、糖與鹽放入調理盆中，以指尖將奶油與其他食材揉合，直到形成麵包粉大小般的顆粒。加入蛋和檸檬汁，再一點一點加入牛奶，以刮刀混合直到形成一個柔軟且有點黏的麵團。

3. 將麵團放在撒了大量麵粉的工作檯上，輕輕將桑塔納葡萄乾或小粒無籽葡萄乾揉入，一邊將麵團聚合，直到全部麵粉融入、麵團不再黏手但仍然柔軟。這個工序大約需花費 1 分鐘。

4. 將麵團以手壓平，直到成為約 2 cm（¾ inch）厚。使用一張烘焙紙將麵團表面抹平，讓司康麵團最後平整完工。

5. 以一個直徑 5 cm（2 inch）的圓形切模切出小司康，或以直徑 7 cm（2¾ inch）的圓形切模切出大司康。將切模直接垂直往下壓，不要旋轉，因為這會影響司康膨發的程度。將剩餘的麵團輕輕拍合，繼續切出更多司康，直到將麵團用盡。

6. 將司康放在烤盤上，刷上蛋液，放在烤箱中層烘烤 10 ～ 15 分鐘，直到司康皆順利膨發且呈現金黃色。

起司司康
Cheese scones

份量：16 個小司康或 10 個大司康

中筋麵粉　430 g（15¼ oz）
泡打粉　2 大匙
原糖或白砂糖　40 g（1½ oz）
細粒海鹽　一小撮
奶油　150 g（5½ oz）（室溫、切丁）
全蛋　2 顆（打散）
檸檬汁　1 小匙
全脂牛奶　90 ml（3 fl oz）
切達起司（cheddar cheese）、紅萊斯特起司（Red Leicester cheese）或類似種類　200 g（7 oz）（磨粉或細粒）
麵粉　工作檯撒粉用
蛋黃 1 顆＋牛奶 1 大匙　蛋液用

作法

1. 將烤箱預熱至 220°C（425°F）並將兩個烤盤鋪上烘焙紙。

2. 將麵粉、泡打粉、糖與鹽放入調理盆中，以指尖將奶油與其他食材揉合，直到形成麵包粉大小般的顆粒。加入蛋和檸檬汁，再一點一點加入牛奶，以刮刀混合直到形成一個柔軟且有點黏的麵團。加入三分之二的起司並混合均勻。

3. 將麵團放在撒了大量麵粉的工作檯上，輕輕揉捏直到全部麵粉融入、麵團不再黏手但仍然柔軟。這個工序大約需花費 1 分鐘。將麵團以手壓平，直到成為約 2 cm（¾ inch）厚。使用一張烘焙紙將麵團表面抹平，讓司康麵團最後平整完工。

4. 以一個直徑 5 cm（2 inch）的圓形切模切出小司康，或以直徑 7 cm（2¾ inch）的圓形切模切出大司康。將切模直接垂直往下壓，不要旋轉，因為這會影響司康膨發的程度。將剩餘的麵團輕輕拍合，繼續切出更多司康，直到將麵團用盡。

5. 將司康放在烤盤上，刷上蛋液，將剩下的起司覆蓋在司康上。放在烤箱中層烘烤 10 ～ 15 分鐘，直到司康皆順利膨發且呈現金黃色。

6. 將司康移至烤架上稍稍放涼，蓋上茶巾使它們保持溫熱與柔軟。可直接享用或抹上奶油。司康需在製作好的當天品嘗，或是再以烤箱復熱。它們也能冷凍，退冰後再放入烤箱中回烤數分鐘，使其恢復蓬鬆柔軟。

* 使用如英國斯蒂爾頓（Stilton）或法國昂貝爾（Fourme d'Ambert）等藍紋起司製作這種司康也會非常美味，只需改成將所有起司一次全部加入麵團中即可。

日常麵包
The daily bread

最早的麵包是用稱爲「手工石磨」的人力碾磨石、以勞力密集方式碾磨穀物後製成。即使只是碾磨少量穀物都非常沉悶費時，且製作出來的麵包非常粗糙、扎實，會對牙口造成傷害。中世紀發明使用獸力、水力或風力運轉，在兩塊大石間碾磨穀物的磨坊，人們可在此購買麵粉，也可以小額費用或部分收成交換，將自家穀物帶去磨坊磨成粉。這些磨坊通常由修道院或封建領主維護。1086 年的《末日審判書》（*Domesday Book*）[1] 記載了英格蘭約有 6,000 家磨坊。

麵包是一般民衆數世紀以來的主食。作爲生活的象徵，麵包是鄉村、特別是多神教與宗教信仰活動的中心。多神教徒會製作加了十字形紋路的麵包獻給春天女神伊絲特拉，基督徒則將麵包視爲耶穌基督的身體。做成麥捆形的豐收節麵包（見第 13 頁）是一種至今仍存在的大型儀式麵包。傳統上是由收成季的第一粒穀物烘焙而成，以慶祝豐收節。

過去人們食用的麵包會依據社會地位與宗教信仰有所不同。南方的麵包是以經常在同時收割的小麥、裸麥與大麥等綜合穀物製成，燕麥則僅是種來作爲動物飼料；但在氣候較爲潮濕的北方，燕麥卻是唯一能生長、且人們賴以維生的作物。

麵包中的階級差異

傑瓦斯・馬坎（Gervase Markham）在他於 1615 年出版的巨著《英格蘭主婦》（*The English Huswife*）中列出了三種麵包。白麵包（Manchet bread）是富人食用的麵包，使用最細緻的過篩全麥麵粉，外觀幾乎是白色的，並以啤酒酵液（ale barm）發酵。齊特麵包（Cheat bread）[2] 則咸認是中等品質的麵包，以過篩後的粗粒小麥製作，並以酸種麵團發酵。它的顏色較白麵包深，但還不是棕色，且仍然是有錢人食用的麵包。馬坎列出的第三種麵包，則是僕人吃的棕麵包（brown bread，即全穀麵包），由大麥、麥芽、裸麥或小麥與青豆製作，並以酸種麵團發酵。這是最粗糙的一種麵包，且直到 19 世紀末，都是勞動階級食用的麵包。馬坎並未在本書中列出第四種麵包，但在另外一本著作裡提供了食譜。這種麵包稱爲「馬麵包」（horse-bread），是一種扎實的深色麵包，以豆子和一部分的燕麥粉、大麥粉與（或）麩皮製作。即使是在承平年代，貧苦人家仍舊得以難以下嚥但營養的麵包餬口，但在富有人家，這是做給動物吃的麵包。

在 19 世紀，麵包加上抹在其上的果醬或糖漿仍然是最重要的熱量來源。伊萊莎・阿克頓在她 1845 年的《私宅現代烹飪》書中宣稱，麵包「是廣大英格蘭民衆最重要的生活必需品」，且「對一個貧窮勤勉的人來說，將全部所得花在自己與家人的麵包上」並不奇怪。勞動階級還在一邊憧憬著白麵包的同時食用棕麵包，白麵包被認爲是高級產品。由於白麵包是以較昂貴的小麥麵粉製作，許多劣質麵粉便加了能漂白與延長有效期限的添加物，白堊土、硫酸鋁鉀、骨粉與其他有害程度更高的添加物在當時也並不罕見。1875 年的食品與藥物銷售法（Sale of Food and Drugs Act）禁止了這類添加物與摻假成分，但許多窮人在年紀輕輕便過世之前，早已不得不吃了許多年的摻假麵包以及給製作給動物食用的飼料麵包。

麵包烘焙

中世紀的麵包烤爐是以石頭和黏土製成的蜂箱烤爐（beehive oven），得名自有如老式蜂箱的半球形外觀。自 16 至 19 世紀末，德文郡以礫石控溫的黏土蜂箱烤爐或石窯知名，烤爐能以砌磚圍住或放在壁爐中，開口朝前。威爾斯與康瓦爾郡皆有這種烤爐，也有證據顯示新移民甚至將其輸出至美國。到了 18 世紀末，人們開始使用內建在開放式壁爐中並附帶烤爐、以煤炭生火加熱的鑄鐵爐灶，但即使是 19 世紀當代的食譜作家，也表示他們更喜愛使用磚爐烘焙。

這些蜂箱磚爐（beehive brick oven）過去是以稱爲「柴把」的細樹枝生火，接著放入較粗的圓木，往後的幾年則是以煤炭生火。當木頭燒成灰燼時，會清理烤箱，內部的熱力則足以用來烘焙。若妥當添加燃料，這種烤箱可以維持至少九小時的熱力。我朋友朱莉亞的蜂箱磚爐若在前一日的傍晚 5 點生火，直到隔日早上 9 點都還能維持在 100° C 左右，正好用來烹製早餐。

過去只有富貴人家才在家中擁有烤爐或有單獨的烘焙坊。勞動階級的人們仰賴村中的公共烤爐與當地烘焙師，或是領主或修道院的烤爐。18 世紀晚期，新建產業聚落中的住宅也納入了公共烤爐的設計。人們會付費帶著自己的麵團或甚至是一塊肉、派，或是蛋糕與布丁前往烘焙，若在農村，則以部分穀物代替報酬。這件事

通常是在上教堂的途中完成，禮拜儀式結束後就能取回烘焙食品。

使用一個眞正的烤箱，在過去與現在都並非唯一能烤出好麵包的方法。「荷蘭鍋」（Dutch oven）就是一種烤麵包的原始方法：將麵團放在於火上加熱的厚實鑄鐵鍋或鑄鐵平底鍋裡，加蓋後接著以燃煤餘燼覆蓋。伊莉莎白·阿克頓在《私宅現代烹飪》中就經常推薦這種方法。在使用現代烤箱烤麵包前，許多人也一直將他們的麵包放在鑄鐵鍋中烘焙。封口的鍋子將水蒸氣鎖在內部，宛如帶有蒸氣功能的專業烤箱。麵團表面維持較低溫，烘焙速度較爲緩慢，能產生更脆、更有滋味的表皮與美麗的氣泡，顏色也更深、更均勻。麵包表皮上色的過程稱爲梅納反應（Maillard reaction）。

以磚造烤爐烘焙麵包直到 19 世紀晚期都很普遍。20世紀伊始，人們開始使用瓦斯烤爐與電動攪拌機，烘焙師也因此成爲甜點與餅乾業者——這兩者在過去是不同的職業。糕餅店首次出現店面，配合城市中最初的購物街道。人們想要多種選項，糕餅師也提供了多種選擇，大量甜點蛋糕和逐漸擴充的麵包及小圓麵包系列一起販售。

「自切片麵包以來最棒的東西。」
（'The best thing since sliced bread.'）3

新式發麵法

碳酸氫鈉（小蘇打）在 1840 年代於廚房中出現。和需要時間與溫暖才能產生作用的酵母發酵及酸種麵團不同，小蘇打能快速作用，這也是爲什麼使用小蘇打製作的麵包稱爲「快速麵包」（quick breads）。小蘇打經常用於以裸麥、燕麥及大麥等低蛋白與麩質含量的粉類製作的烘焙產品，但現今也經常和小麥麵粉一起使用。這樣的麵包需要在出爐後立即品嘗，因爲其冷卻並靜置數小時後，會變得有如一團黏土般沉重，蘇打麵包（soda bread）就是如此。在英國其餘地區的民衆變得著迷於大型白麵包的同時，仰賴如燕麥或大麥等較堅硬且低蛋白含量穀物的北部區域，蘇打麵包與其他快速麵包或烤盤煎餅文化，始終是當地的傳統。

工業化麵包

傳統上在大不列顚種植的小麥是一種柔軟、低蛋白或低麩質含量的小麥，適合製作大型、充滿空氣感的麵包，因此很早就開始進口來自加拿大與美國的硬質小麥，但這讓麵包變得非常昂貴。二戰後英國人厭倦了戰時吃的棕麵包，渴望柔軟的白麵包，爲了符合此需求，位於喬利伍德（Chorleywood）的英國烘焙產業研究機構中的烘焙師在 1961 年研發了一種能利用英國軟質小麥在短時間內製作像樣麵包的方法。加入固體油脂、額外的酵母與若干化學製品（主要是乳化劑和抗氧化劑），接著高速攪拌麵團，就能做出代表性的英式麵包：像磚塊一樣的長方形、有如海綿，且預先切出工整方形切片。這讓麵包價格變得便宜，也變得具有英國風格。今日「喬利伍德麵包製法」（Chorleywood method）爲全球工業麵包業者所用，這也意謂著許多小型手工麵包坊的末日，它們必須爲較高品質的工藝麵包索取更高昂的價格。

目前英國正在經歷麵包的文藝復興，人們在家烘焙麵包、烘焙坊供應高品質的吐司麵包（tin loaf）與布魯姆麵包（bloomer）4，還有如今令人聯想到法國的棕色裸麥酸種麵包。每一種麵包都有屬於自己的位置。屬於勞動階級的扎實棕麵包現在因其營養價值而受到重視，柔軟如海綿、預先切片、味道適中的工業化麵包，則因其能堆疊且能夾住內餡的特性，適合用來搭配培根、香腸、明蝦或洋芋片三明治（crisp sarnies）5。

許多人過去認爲，能夠購買便宜、預先切成整齊方形切片、保存期限還很長的麵包，是一種巨大進步，「自切片麵包以來最棒的東西」因而被用來指稱不得了的發展或進步。

---

1. 《末日審判書》是諾曼第公爵威廉在征服英格蘭期間，由威廉一世（William I, 1028-1087，卽知名的「征服者威廉」）下令大規模清查英格蘭各地人口與財產以便徵稅的紀錄。以「末日審判」命名，是爲了強調本書的決定性與權威性。
2. 若付錢買了白麵包，卻拿到次一等的齊特麵包，便表示被騙了——據說「cheat」這個詞彙後來衍伸爲「受騙」「上當」之意便是由此而來。
3. 過去麵包都是整條未切出售，要吃的時候才切片。1928 年美國發明家 Otto Rohwedder 發明切麵包機後，從此就能將整齊切片的麵包包裝出售，對許多人來說是一大福音，衍生以此形容「史上最棒」「好得不得了」的人事物，見文末作者說明。
4. 「Tin loaf」指的是在長條烤模中烤出的模製麵包，台灣多半模糊地稱爲吐司或吐司麵包，但其實英語中的「toast」（吐司）特指切片後再經高溫烤得酥脆上色（to toast）的麵包片（見第 178 頁），因此卽使不經模具烘烤、形狀非規則四方長條型的麵包也能做出吐司。本書中將可用來製作吐司片的模製麵包譯爲「吐司麵包」，吐司片本身則譯爲「吐司」。布魯姆麵包是基本的脆皮長型白麵包，兩端呈圓弧形，頂端有數條平行割紋。原文中的「bloomer」是形容麵包烘烤後割紋展開有如花開（bloom）的模樣。
5. 中間夾了酥脆的洋芋片的三明治，在英國廣受歡迎，也有洋芋片三明治專賣店。

農家麵包
Cottage loaf

　　今日最普遍的麵包形式就是布魯姆麵包與模製麵包（吐司麵包），兩者可以使用同樣的麵團，但模製麵包是放在長型麵包模中製作（見右頁）。另一種形式的麵包則是農家麵包，是將兩球麵團上下堆疊起來，在頂端較小的麵團上以一根如大拇指般粗的棒子穿孔，和下方較大的麵團相連。根據歷史學家的說法，這種麵包流行起來的原因，是因為麵包師傅能藉著製作較高的麵包節省烤爐空間。當時人們還沒有能更輕鬆烘焙麵包的長型模具。

　　農家麵包是一種在麵包模具發明後便不再受歡迎的老式麵包，另一方面也是由於人們偏好可以製作整齊、甚至切片做成三明治的麵包。英國慢食協會報導，農家麵包直到二戰為止，都是最受歡迎的麵包。在維多利亞與愛德華時代的烘焙坊照片中，你可以看到在店家櫥窗內堆得高高的農家麵包。

　　維多利亞時代的食譜總是要求在製作主麵團之前，先製作一個以啤酒酵母、水和麵粉發酵的「海綿」（sponge）麵團[1]。這是由於啤酒酵母較我們如今所知的商業酵母菌發酵力弱，需要靜置較長時間才能妥善作用。

份量：1 個大型麵包

乾燥酵母　18 g（½ oz）
溫水　490 ml（17 fl oz）
高筋白麵粉　750 g（1 lb 10 oz）
豬油、奶油或橄欖油　30 g（1 oz）
細粒海鹽　15 g（½ oz）
麵粉　麵團撒粉用

作法

1. 依照經典白吐司麵包（見右頁）的準備法製作直到第一次發酵完畢。

2. 以麵團由外向內拉伸的方式稍稍揉捏麵團，這會讓麵團發酵時往上伸展而非變寬。

3. 留下三分之一的麵團放在旁邊，將剩下的麵團整形為球狀，並放在鋪了烘焙紙的烤盤上。現在將較小的麵團同樣整形為球狀，放在大麵團的上方。

4. 將麵團輕輕撒滿麵粉，以一根如拇指般粗細的棒子從上方麵團穿孔推入，直穿過兩個麵團，直到感覺觸到烤盤底部。

5. 以薄棉布覆蓋擺好麵團的烤盤，然後以一個大塑膠袋包裹（我特地為此保留了一個大塑膠袋）。靜置麵團 1 小時，或直到膨發成 2 倍大。靜置時間即將結束時，將烤箱預熱至 230° C（450° F）。

6. 將上方麵團留置原樣，或以利刃劃出八道割紋（這需要一點練習）。若想烤出漂亮的脆皮，可在烘烤時以耐熱皿盛一碗水放在烤箱中製造蒸氣。

7. 將麵包放在烤箱下半部，烘焙 15 分鐘，接著將溫度調降至 190° C（375° F）再持續烘焙 20 ～ 25 分鐘，直到麵包呈現漂亮的金黃褐色。當敲擊麵包底部發出空心聲響時，便表示麵包烤好了。將麵包在烤架上靜置放涼。當麵包還是溫熱時，烘烤作用都還在持續中。

1.此種作法又稱「中種法」。

經典白吐司麵包
Classic white tin loaf

做出最棒的吐司麵包一直是我的使命，所以我會在麵團中加入油脂。「好管家評測室」（Good Housekeeping Institute）[1] 曾針對「能做出最好吐司的麵包」進行研究，結果顯示某超市麵包拔得頭籌，而此麵包中含有油脂。這讓麵包能良好上色，且不會在高溫烤酥的同時乾掉，因而能得到一片外表酥脆、內裡柔軟度絕妙的吐司麵包。

根據伊莉莎白·大衛的說法，吐司麵包是英國人的發明，這讓烘焙坊能一次烘烤許多麵包，且吐司麵包給人的第一印象也比直接用煤炭或木柴窯燒的麵包外觀更乾淨。

份量：1 個大型麵包
使用模具：一個容量 1 kg（2 lb 4 oz）的長條麵包模

乾燥酵母　12 g（¼ oz）
溫水　330 ml（11¼ fl oz）
高筋白麵粉　500 g（1 lb 2 oz）
奶油　20 g（¾ oz）（切成骰子狀）
細粒海鹽　10 g（¼ oz）
奶油　模具上油用

作法

1. 將酵母加入溫水中，稍微輕輕攪拌一下使其活化。酵母會開始起泡形成泡沫層，代表可以拿來使用了。桌上型攪拌機的調理盆中加入麵粉，裝上鉤型攪拌棒。將奶油放在麵粉上方，倒入一半的酵母混合液在奶油上開始攪拌。一點一點加入剩下的酵母混合液。若你的麵粉非常新鮮，或許不需加入全部液體，但若麵粉已放置一陣子，那絕對需要全部加入。

2. 麵團攪打 5 分鐘後靜置數分鐘，加入鹽繼續攪打 10 分鐘，將麵團從調理盆中移出，以手揉貼數分鐘（你當然可以全程以手揉捏）。將麵團放回調理盆中，加蓋靜置，直到膨發成 2 倍大。依室內溫暖程度不同，大約需要 1 ～ 2 小時。

3. 以將麵團向外拉伸再重新壓回的方式大略揉捏麵團，這讓麵筋在後續發酵與烘烤過程中能向上延展。將麵團捲成香腸狀並把四角往下收合。長條麵包模上油後放入麵團，以一個大塑膠袋包住模具（我特地為此保留了一個大塑膠袋）。讓麵團靜置發酵 1 小時，發酵時間即將結束時，將烤箱預熱至 230° C（450° F）。

4. 將上方麵團留置原樣，或以利刃在頂端劃出數道割紋（這需要一點練習）。若想烤出漂亮的脆皮，可在烘烤時以耐熱皿盛一碗水放在烤箱中製造蒸氣。

5. 將麵包模放入烤箱中層，並將溫度降至 220° C（425° F）。烘焙 25 ～ 30 分鐘，直到麵包呈現漂亮的金黃褐色。將麵包從模具中取出，再烤 5 分鐘。當敲擊麵包底部發出空心聲響時，便表示麵包烤好了。將麵包在烤架上靜置放涼。當麵包還是溫熱時，烘烤作用都還在持續中。

6. 你也可以不用模具烘烤，製作布魯姆麵包：將麵團整形成橢圓形，並在烘烤前於頂端斜斜劃出數道割紋。

---

1. 《好管家》（Good Housekeeping）是 1885 年於美國發刊的家事雜誌，內容包括烹飪、流行時尚、商品與家務祕訣等。1900 年成立的好管家評測室則組成專家團隊，針對消費品做嚴謹評測。在消費者權益保護範疇上，較美國食品藥物管制局（FDA）與聯邦貿易委員會（FTC）皆早，評測結果公信度極高，也影響消費者購物選擇。

農家麵包（第 174 頁）

經典白吐司麵包（第 175 頁）

茶與吐司
Tea and toast

英國人熱愛吐司。在英國家庭中，一天中的任何時刻都能品嘗吐司。抹上奶油或果醬、配上一杯熱騰騰的茶，以及在廚房桌邊的談話，吐司就是正規的早餐。你也可以早上從吐司機中快速拎出吐司片，然後用牙齒緊緊夾住、一邊繫鞋帶一邊匆忙衝出門。吐司也能做成一個有三道菜的正餐：首先是塗上奶油的吐司，接著是上面放了蛋、焗豆、烤番茄、炒蘑菇的吐司，喜歡馬麥醬（Marmite）[1] 的人會塗上它、千禧世代則會放上酪梨；最後，抹上柑橘果醬或果醬，吐司也能成為甜點。

最早將麵包烤得金黃酥脆的方式，是用吐司叉幫忙。將麵包片插在吐司叉上，再在火前旋轉，直到充分烘烤。烤過的麵包也非常可能是一種英國發明，1748 年，北歐訪客彼得‧康姆（Pehr Kalm）[2] 在日記中寫下一個關於烤麵包片如何在英國變得受歡迎的理論：

「由於多天的英格蘭房間很冷，且奶油因低溫而硬化，無法抹在麵包上，或許因此啟發了烘烤麵包、然後趁熱抹上奶油的想法。」

另一位來訪英格蘭的葛羅斯萊先生（M. Grosley）[3] 則在 1772 年出版的《倫敦之旅》（A Tour to London）中寫出以下關於大量吐司的觀察：

「倫敦人從早上到下午 3、4 點鐘都吃奶油與茶，吐司則是這類場合中的要角。將麵包切片，要切得很薄，以彰顯切麵包者的優異及刀子的鋒利程度。」

如今吐司片通常是在吐司機中烘烤，但也可以使用兩片線框夾住，在如 Esse 與 Aga 品牌[4] 的傳統英式爐台上烘烤。眞的沒有別種烘烤法可以比得上它——外表酥脆、內裡軟綿，尤其若烤爐仍是以燃煤加熱的話。那間在巨石陣（Stonehenge）附近、我們喜愛投宿的民宿，就是使用這樣的烤爐。

更豐厚濃郁的版本，則是在炸鍋中以大量奶油或豬油油炸或煎的煎炸吐司。這是特別保留給英式煎早餐（fry-ups）的版本，只有在不需理會額外熱量與脂肪的特殊場合才會出現。不過，在我童年與父母遊歷英國時，從未在早餐盤中缺席的煎炸吐司，如今卻有衰減趨勢。英式煎早餐變得更具有健康意識，有時甚至是有機的；吐司不再浸在油中，培根與香腸則來自快樂豬（happy pigs）[5]。

1937 年的《晚報》（Evening Telegraph）刊登了一條宣傳吐司的廣告：

「吃吐司增加活力。」

吐司確實能帶來能量也提供撫慰。若給一個受苦的靈魂端上一盤吐司與喝不完的含糖奶茶，也能有效消解傷心和其他麻煩。英國人相信，在茶裡多加一匙糖有舒緩神經的效果。

我的英國朋友全都不止一次說過，茶能恢復精力——沒有一杯茶不能解決的事。在英國做完手術，醫院最先提供的就是茶和吐司。歐洲其他地方給孩子們一塊餅乾吃的時候，英國小朋友則是得到一片吐司。許多孩子下午放學回家時，會以吐司和果醬當做點心。若說英國人生來便一隻手拿著吐司、另一隻手拿著一杯茶一點都不誇張。對英國人來說，吐司就是他們身分認同的一部分。

1.馬麥醬是一種以酵母製成、深色鹹味的柔軟抹醬品牌名稱，在英國很受歡迎。

2.彼得‧康姆（1716-1779）是芬蘭探險家、植物學家、自然主義者與農村經濟學者。

3.即啟蒙時代的法國文人、地方史學家、遊記作者與社會觀察家皮耶讓‧葛羅斯萊（Pierre-Jean Grosley, 1718-1785），《倫敦之旅》的法文原版 Londres 於 1770 年出版。

4.兩者都是廚房加熱設備與爐灶系統的品牌，Esse 說明請見第 21 頁。Aga 是由曾獲諾貝爾獎的瑞典物理學家古斯塔夫‧達倫（Gustaf Dalén, 1869-1937）為減輕妻子烹飪勞苦而發明的爐灶設備，同一熱源能同時加熱兩個煎烤盤與兩個烤爐。1957 年後 Aga 生產全數移至英國。

5.指飼養過程注重動物福利的豬隻。

蘇打麵包
Soda bread

　　傳統上蘇打麵包是於蘇格蘭和愛爾蘭製作。這是一種未發酵、不使用傳統酵母而以碳酸氫鈉（小蘇打）膨脹的麵包，起源自四份餅和班諾克麵包等形態的快速麵包，且如同其他烤盤煎餅和快速麵包一般使用煎烤盤烘烤。蘇打麵包過去會做成淺碟型、再切成四等份成為四份餅，但現今多半烤成整塊麵包。

　　伊萊莎・阿克頓在她 1857 年那本出色的《英國麵包書》（*The English Bread Book*）中，解釋了未發酵麵包與其他製作麵包的簡單方法對住在偏遠北地的民眾來說是多麼寶貴，她也講述了蘇格蘭天空島的島民是如何依賴從格拉斯哥（Glasgow）購買、以蒸汽船運來的物資，當嚴酷天候妨礙船隻出海時，便經常物資短缺。白脫牛奶與小蘇打是當地居民製作蘇打麵包、司康與班諾克麵包的常備品，由於農舍中缺乏烤爐，便使用煎烤盤烘烤。阿克頓也建議，加入極少量的糖便能改善麵包口味，而確實一茶匙的黑糖就能使小蘇打的味道變得不那麼明顯。

　　蘇打麵包需要盡可能地在出爐時新鮮享用，若稍微留置便會變得有些結實。

份量：1 個麵包

中筋全穀粉或斯佩爾特小麥全穀粉　400 g（14 oz）
燕麥粉　100 g（3½ oz）
碳酸氫鈉（小蘇打）　1 小匙
黑糖　1 小匙
海鹽　1 小匙
奶油　25 g（1 oz）
白脫牛奶　400 ml（14 fl oz）
　或優格　200 ml（7 fl oz）與牛奶　200 ml（7 fl oz）
麵粉或燕麥粉　撒粉用

作法

1. 將烤箱預熱至 200°C（400°F）並在一個烤盤或烤模上鋪上烘焙紙。

2. 將麵粉、小蘇打、黑糖與鹽在一個調理盆中混合均勻，以手指揉入奶油，接著在粉類中央挖出一個凹洞。

3. 將白脫牛奶或優格與牛奶倒入洞中，以木匙拌入粉類等乾性食材（一旦加入白脫牛奶或優格，就會開始與小蘇打產生作用，因此你必須從此刻開始迅速動作，盡快將麵包放入烤箱，否則它將會變得沉重）。當液體融合後，將麵團取出，放在經充分撒粉的工作檯上，以手將其整型成一顆圓球並稍稍壓平。

4. 將麵團移至烤盤或烤模中，在麵團上方撒上大量麵粉或燕麥粉，並以刀子在表面切出深深的十字割紋，一直往下切，但不要切到底。

5. 烘焙 35 ～ 40 分鐘，直到敲擊麵包底部時發出空心聲響。靜置放涼數分鐘，但趁著內部還有餘熱時品嘗。一定要搭配大量的奶油！

* 你也可以在麵團中加入 200 ml（7 fl oz）的烈性黑啤酒（stout beer）與 200 ml（7 fl oz）的白脫牛奶取代牛奶與優格來做變化。

軟白圓麵包
Soft white baps

其他國家的人經常嘲弄英國人沒有飲食文化。但不列顛群島的人們根據出身地不同，爲一個普通的柔軟白麵包卷取了超過七種名稱。

西約克郡的「佐茶餐包」是單純的白麵包，但在英國其他地區，佐茶餐包中加了小粒無籽葡萄乾。這種單純的白麵包在其他區域被稱作「圓麵包」（Cob）、「小圓麵包」（Bap）、「早餐麵包」（Morning roll）、「軟麵包」（Soft roll）、「奶油維也納」（Buttery Vienna）、「烤箱底」（Oven Bottom）[1]、「考文垂麵包」（Coventry batch）[2]、「麵包蛋糕」（breadcake）、「小麵包」（Scuffler）[3]與「瑪芬」（Muffin），而「瑪芬」在其他地區的意涵也完全不同。我來自蘭卡夏郡的朋友喬則強烈堅持，白麵包應該是叫做「穀倉蛋糕」（Barn cake）而非任何別的名字。

我自己則是一直以「小圓麵包」（Bap）來稱呼這種特定的麵包，它們通常形狀偏長，兩端麵團捲起之處經常有明顯的漩渦狀。這是我小時候和湯一起上桌的那種麵包卷。

這些軟白圓麵包是最適合用來製作熱培根奶油三明治（bacon butty）——在圓麵包中間夾上煎過的培根、有時還有蛋。炸魚柳三明治也很美味，因爲軟白圓麵包能好好包住魚柳，搭配以細香蔥、龍蒿（tarragon）或酸黃瓜與酸豆調味的美乃滋非常可口。酥脆的炸魚柳與柔軟的麵包形成很棒的對比。

份量：12 個軟白圓麵包

乾燥酵母　15 g（½ oz）
溫水　300 ml（10½ fl oz）
高筋白麵粉　500 g（1 lb 2 oz）
原糖或白砂糖　25 g（1 oz）
軟化奶油或豬油　75 g（2½ oz）（切成大塊）
細粒海鹽　5 g（⅛ oz）
麵粉　麵團撒粉用

作法

1. 將酵母加入溫水中，稍微輕輕攪拌一下使其活化。酵母會開始起泡形成泡沫層，代表可以拿來使用了。在一個大型調理盆或是桌上型攪拌機的調理盆中混合麵粉與糖，若使用桌上型攪拌機，請裝上鉤型攪拌棒。將奶油或豬油放在粉類上方，倒入一半的酵母混合液開始攪拌，當水與奶油完全被吸收後，加入剩下的酵母液。攪打麵團 5 分鐘，然後靜置數分鐘（此時麵團應非常濕黏）。加入鹽，持續攪打 10 分鐘，如有需要，將調理盆邊緣的麵團刮下與整體混合，持續攪打直到成爲一個光滑有彈性、不過乾也不過濕的麵團。

2. 麵團加蓋靜置 1 小時直到膨發成 2 倍大。

3. 稍微揉捏一下發酵好的麵團並分成 12 等份。取一份麵團在工作檯上輕輕壓平，將麵團的周邊往內拉伸（類似皮包的造型），然後像捏餃子一樣輕輕收攏壓緊，使麵團不會在後續發酵過程中繃裂。將麵團上下翻轉，收口朝下。麵團表面應該非常平滑，若非如此，將其壓平後，將以上的工序重做一次。將成型的麵團放在烤盤上，重複同樣的動作整形剩下的麵團。

4. 以薄棉布覆蓋住麵團，然後以一個大塑膠袋包裹（我特地爲此保留了一個大塑膠袋）。靜置麵團 1 小時，或直到膨發成 2 倍大。靜置時間即將結束時，將烤箱預熱至 210°C（410°F）。

5. 稍微在圓麵包上撒上麵粉並輕輕壓平。在烤箱中烘烤 8 ～ 10 分鐘直至稍微上色，它們的顏色應該非常淺。將軟白圓麵包在烤架上靜置放涼。

6. 軟白圓麵包隔天可回烤數分鐘使其恢復蓬鬆柔軟。你也可以將其冷凍，退冰後再放入熱烤箱中數分鐘，就能恢復有如剛新鮮出爐的狀態。

---

1. 約克郡稱呼這種柔軟白麵包的名稱之一，命名源自在烤箱底部以低溫烘烤之故。
2. 「Batch」在現代英語中表示相似的「一群（人、物）」或在同一時間處理的「一批」事物，而「Coventry batch」指的就是一批同時烘烤的小圓麵包。但據說「batch」源自古英文中的「baecce」，即「烘焙物」之意。
3. 「Scuffler」是約克郡方言中的小圓麵包或麵包卷，可以泛稱各種麵包，也專指在此地很受歡迎的一種白色鬆軟麵包，多半烤成扁圓形再切成三角形。

扁圓白麵包
Stottie cakes

扁圓白麵包（Stottie cake 或 Stotty）是一種大圓形的扎實白麵包，傳統上直徑約 30 cm（12 inch），上下兩面皆會烘烤。這是一種勞動階級的基本麵包，特別是在新堡（Newcastle）。我朋友艾瑪也是這麼說的，她在 1980 年代搬至新堡前從未看過這種麵包。

扁圓白麵包的紀錄首次出現在 1949 年 12 月 9 日的《每日鏡報》（*Daily Mirror*）上。該文提到這種麵包並無食譜，且「只需簡單地將一塊麵團擀開至大約 1 英吋厚，用叉子在上方各處戳出孔洞，放在熱烤爐的底部烘焙即可」。今日有些麵包師會以他們的拇指在麵團上壓出一個淺淺的凹洞，其他人則還是維持在烘焙之前以叉子在麵包上戳洞的方法。

在蘇格蘭語及泰恩賽德語（Geordie）中，「to stot」指的是「反彈」之意。泰恩賽德語是住在英格蘭東北部泰恩賽德區（Tyneside）的人們所說的方言。某些來源指出，過去會以將這種麵包丟至地上反彈的方式測試，這解釋了原名的由來，但也可能代表此麵包非常結實，丟在地上會彈起來。其他人則解釋，過去會使用扁圓白麵包測試烤箱溫度，不過若它唯一的作用只是用來測試烤箱，為什麼會大量烘焙這種麵包到能拿來販賣？

扁圓白麵包的特徵也和那些扁平、扎實、以剩餘的麵團製作後放在烤箱底部烘烤的「烤箱底麵包」相同，但烤箱底麵包並未如扁圓白麵包般上下兩面皆經烘烤。在測試扁圓白麵包的過程中，我相信它是一種烤盤煎餅或扁麵包，以產於英格蘭的軟質小麥和啤酒酵母製成，放在高溫表面烘烤，創造出一種結實、如麵團般的麵包，邊緣因幾乎未烘烤而呈現淺色。就像蘇格蘭班諾克麵包或是英式瑪芬一樣，它可能是放在鑄鐵平底鍋或煎烤盤裡烘焙，途中再翻面。它也可能像烤爐底麵包或印度的饢餅（naan）一樣，是放在熱烤箱底部烘焙、然後翻面，在烤箱降溫時烘烤完成。

1939 年從一家泰恩賽德的小烘焙坊起家的葛雷格麵包坊（Highstreet bakery Greggs）已經在當地製作扁圓白麵包近 50 年。由於該公司的總部在北泰恩賽德（North Tyneside），距扁圓白麵包起源地的新堡不遠，這並不令人意外。2010 年，傳統三明治組合「火腿與青豆泥扁圓白麵包三明治」短暫下架，引發當地民眾憤慨。「青豆泥」（pease pudding）是一種以煮過的青豆製成的抹醬，這是英國人版本的鷹嘴豆泥（可參閱我的《驕傲與布丁》書中的青豆抹醬食譜）。

1977 年，拳王穆罕默德 · 阿里（Muhammad Ali）在訪問新堡時，一位當地報紙的攝影師拍下了使扁圓白麵包名垂後世的照片。照片中阿里大啖一個和晚餐盤一樣大、上面灑了各種種籽，中間夾了生菜、洋蔥、小黃瓜與番茄的扁圓白麵包。為了創建一個盡其可能正統的扁圓白麵包食譜（我的古老食譜書中沒有），我找來了我的朋友艾瑪。她將我試做的麵包照片拿給自己的泰恩賽德朋友們看，特別是一位在拳王阿里來訪、被拍下與扁圓白麵包合照當年，曾邀請他來家中喝下午茶的婦女。後來發現大部分人記得的，都是那種邊緣淺色、頂端有個小凹洞的扁圓白麵包。如晚餐盤般大小的扁圓白麵包比較現代，也需要烘烤較長時間，它們沒有那麼扎實，且通常是切成兩半或四分之一、作為三明治販售。

這個食譜可以製作兩個大的扁圓白麵包，可供兩人或四人食用，也可做成四個單人尺寸麵包。由於其扎實特性，扁圓白麵包特別適合搭配一碗湯；它們也能用來製作完美的三明治。烘焙完隔天若將麵包切半、表面烤得金黃酥脆，再加上炒蛋或水波蛋也極為美味。

份量：2 個大型或 4 個單人尺寸的扁圓白麵包

乾燥酵母　15 g（½ oz）
溫水　350 ml（12 fl oz）
中筋麵粉　500 g（1 lb 2 oz）
原糖或白砂糖　5 g（⅛ oz）
豬油或軟化奶油　60 g（2¼ oz）（切成大塊）
細粒海鹽　10 g（¼ oz）
麵粉　烘焙紙與麵團撒粉用

* 扁圓白麵包最好放在密封盒或塑膠袋中保存。單人份的扁圓白麵包可以維持柔軟與新鮮度約 3 天，大型扁圓白麵包則最好在 2 天內食用完畢，否則會變硬。它們隔天可以放在熱烤箱中輕鬆復熱，或是將其兩面烤酥。若做成三明治能帶來很強的飽足感，但你需要習慣它們美妙如枕頭般的軟綿口感。

作法

1. 將酵母加入溫水中，稍微輕輕攪拌一下使其活化。酵母會開始起泡形成泡沫層，代表可以拿來使用了。在一個大型調理盆或是桌上型攪拌機的調理盆中混合麵粉與糖，若使用桌上型攪拌機，請裝上鉤型攪拌棒。將豬油或奶油放在粉類上方，倒入一半的酵母混合液開始攪拌，當水與豬油或奶油完全被吸收後，加入剩下的酵母液。攪打麵團 5 分鐘，然後靜置數分鐘（此時麵團應非常濕黏）。加入鹽，持續攪打 10 分鐘，如有需要，將調理盆邊緣的麵團刮下與整體混合，持續攪打直到成為一個光滑有彈性、不過乾也不過濕的麵團。

2. 麵團加蓋靜置 1 小時直到膨發成 2 倍大。同時將一個烤盤鋪上烘焙紙並撒上麵粉。

3. 稍微揉捏一下發酵好的麵團並分成二或四等份。取一份麵團在工作檯上輕輕壓平，將麵團的周邊往內拉伸（類似皮包的造型），然後像捏餃子一樣輕輕收攏壓緊，使麵團不會在後續發酵過程中繃裂。將麵團上下翻轉，收口朝下。麵團表面應該非常平滑，若非如此，將其壓平後，將以上的工序重做一次。將成型的麵團放在烤盤上，撒上麵粉並將它們向下壓成扁平圓盤狀，厚度 1 cm（½ inch）。

4. 以薄棉布覆蓋住麵團與烤盤，靜置 10 分鐘，同時將烤箱預熱至 250° C（500° F）。將一個抹了油的烤盤、烘焙石板或煎烤盤放入烤箱中加熱。

5. 將扁圓白麵包小心移至加熱的烤盤上——你可能需要分批烘烤。用手指在每個麵包中央往下壓，直到感覺觸碰到底部，或是用叉子在麵包四處戳出小洞。烘烤 3 分鐘，然後用料理鏟翻面，繼續烘烤 10 ～ 12 分鐘，直到麵包中央呈現金黃褐色。若你烤的是大型扁圓白麵包，每一面烘烤 20 分鐘。

肯特郡霍夫金麵包
Kentish huffkin

傳說中，一位心情不好或是惱怒（in a huff）的麵包師妻子走進了烘焙坊，生氣地用手指在那些即將送入烤爐烘烤的麵包上壓了一下。麵包師就這樣將麵包送進烤爐，結果這些上面壓了小洞的麵包卻大受歡迎！

份量：12 個霍夫金麵包

乾燥麵粉　15 g（½ oz）

溫全脂牛奶　200 ml（7 fl oz）

高筋白麵粉　500 g（1 lb 2 oz）

原糖或白砂糖　20 g（¾ oz）

軟化奶油或豬油　60 g（2¼ oz）（切成大塊）

溫水　150 ml（5 fl oz）

細粒海鹽　5 g（⅛ oz）

麵粉　麵團撒粉用

作法

1. 將酵母加入溫牛奶中，稍微輕輕攪拌一下使其活化。酵母會開始起泡形成泡沫層，代表可以拿來使用了。在一個大型調理盆或是桌上型攪拌機的調理盆中混合麵粉與糖，若使用桌上型攪拌機，請裝上鉤型攪拌棒。將奶油或豬油放在粉類上方，倒入一半的酵母混合液開始攪拌，當牛奶與豬油或奶油完全被吸收後，加入剩下的酵母液接著加入溫水。

2. 攪打麵團 5 分鐘，然後靜置數分鐘（此時麵團應非常濕黏）。加入鹽，持續攪打 10 分鐘，如有需要，將調理盆邊緣的麵團刮下與整體混合，持續攪打直到成為一個光滑有彈性、不過乾也不過濕的麵團。

3. 麵團加蓋靜置 1 小時直到膨發成 2 倍大。

4. 稍微揉捏一下發酵好的麵團並分成 12 等份。取一份麵團在工作檯上輕輕壓平，將麵團的周邊往內拉伸（類似皮包的造型），然後像捏餃子一樣輕輕收攏壓緊，使麵團不會在後續發酵過程中繃裂。將麵團上下翻轉，收口朝下。麵團表面應該非常平滑，若非如此，將其壓平後，將以上的工序重做一次。將成型的麵團放在烤盤上，重複同樣的動作整形剩下的麵團。

5. 以薄棉布覆蓋住擺了麵團的烤盤，然後以一個大塑膠袋包裹（我特地為此保留了一個大塑膠袋）。靜置麵團 1 小時，或直到膨發成 2 倍大。靜置時間即將結束時，將烤箱預熱至 210° C（410° F）。

6. 在麵團上撒上麵粉，並稍微輕拍壓平。用手指在每個麵包中央往下壓，直到感覺觸碰到烤盤。我每次在麵團上壓出這些凹洞時都有意猶未盡的感覺！將麵包烘烤 15 ～ 20 分鐘直到呈現金黃褐色。

* 這些麵包隔天可回烤數分鐘使其恢復蓬鬆柔軟。你也可以將烤好的麵包冷凍，退冰後再放入熱烤箱中數分鐘，就能恢復有如剛新鮮出爐的狀態。

亞伯丁奶油麵包
Aberdeen buttery rowie

2017年冬，我受邀至亞伯丁大學（University of Aberdeen）舉辦一場關於英式布丁的演講。那天是攝氏零下10度，所以我為勇敢冒雪前來的聽眾準備了熱騰騰的李子布丁。演講隔天，當我穿越這座雄偉的「花崗岩之城」[1]尋訪當地飲食時，蘇格蘭攝影師戴爾・史奈登（Del Sneddon）向我提議試試亞伯丁奶油麵包。我因而來到一條小路上的糕餅店，如果不是為了尋找奶油麵包，我大概不會踏入。年邁的掌店女士驕傲地向我鉅細靡遺地解釋該店據以出名的亞伯丁奶油麵包。

亞伯丁奶油麵包乍看之下，有點像是購物袋底部被一袋蘋果或一堆書壓扁的悲慘可頌，但一旦品嘗你就能了解它的迷人之處。它有著可頌的馥郁，還因為多加了一些豬油，讓人感到額外豐盛。

奶油麵包是勞動階級飲食中的重要組成之一，工人們和漁夫都會在早餐時食用，麵包中的額外一層油脂使他們保持身體溫暖或能繼續勞動。1917年，由於導入戰時麵包制度（war bread）[2]與價格管制，糕餅店被短暫禁止烘焙奶油麵包，使烘焙師傅與顧客們極度不悅。工會甚至舉辦抗議活動，宣稱奶油麵包並非如規定般定義的「麵包」，而是勞動階級飲食很重要的一部份。《亞伯丁晚訊》（Aberdeen Evening Express）寫道，工人們的早餐包含燕麥粥與牛奶，接著是一杯茶及一個奶油麵包。

每家烘焙坊都有自己製作奶油麵包的獨特方法，所以很難藉此寫出一個食譜。要製作奶油麵包，你需要將奶油與豬油的混合物以指尖壓入麵團中，就像義大利人用橄欖油製作佛卡夏麵包（focassia）時一樣。這個工序讓奶油麵包變得柔軟而非酥脆。

份量：14 個奶油麵包

乾燥酵母　7 g（⅛ oz）
溫水　300 ml（10½ fl oz）
中筋麵粉　450 g（1 lb）
白砂糖　10 g（¼ oz）
細粒海鹽　8 g（⅛ oz）
麵粉　撒粉用

內餡
奶油　255 g（9 oz）（室溫）
豬油　100 g（3½ oz）（室溫）

作法

1. 將酵母加入溫水中，稍微輕輕攪拌一下使其活化。酵母會開始起泡形成泡沫層，代表可以拿來使用了。

2. 在一個大型調理盆中混合麵粉、糖與鹽，然後在粉類中央挖出一個凹洞，將酵母混合液倒入洞中，使用木匙或刮刀混合所有材料。揉捏 5 分鐘直到成為一個光滑的麵團。

3. 將麵團放回調理盆中，加蓋靜置 1 小時或直到膨發成 2 倍大。

4. 此時將奶油與豬油混合均勻製成內餡，分成四等份。為了讓內餡之後能塗抹開，將其放在室溫中靜置。

5. 在撒了粉的工作檯上稍微揉捏一下麵團，然後將其拍成方形，再擀成一個 44 × 24 cm（17½ × 9½ inch）的長方形，厚度約 1 cm（½ inch）。將麵團長邊面向自己擺放。

6. 將奶油和豬油混合而成的內餡塗滿長方形麵團左手邊三分之二處，最簡單的方法是用雙手塗抹，但要小心別弄破麵團。如果無法抹勻，表示油脂溫度太低，雙手的溫熱應該能夠讓其容易抹開。

7. 從右手邊開始，將三分之一麵團往內摺，接著從左手邊也摺入三分之一的麵團，蓋在右邊摺入的部分上。將指尖壓入摺疊麵團中，好讓奶油及豬油混合而成的內餡與麵團融合。

8. 重新將麵團擀成一個 44 × 24 cm 大小、厚 1 cm 的長方形，接著重複以上的步驟，直到將奶油與豬油混合而成的內餡使用完畢。

9. 再次將麵團擀成一個 44 × 24 cm 大小、厚 1 cm 的長方形，將手指再次壓入麵團中，但這次不要和之前一樣深──這樣可做出傳統的奶油麵包表皮。將麵團切成 14 個正方形，然後放在鋪了烘焙紙的烤盤上。

10. 以薄棉布覆蓋住擺了麵團的烤盤，然後以一個大塑膠袋包裹（我特地為此保留了一個大塑膠袋）。靜置麵團 1 小時，或直到膨發成 2 倍大。靜置時間即將結束時，將烤箱預熱至 200°C（400°F）。

11. 將奶油麵包放入烤箱中層烘烤 20 ～ 25 分鐘，直到它們呈現如蜂蜜般的淺金黃色。將奶油麵團在烤架上靜置放涼，它們可在密封盒中保存數天，也可將其冷凍。

---

1. 18 世紀中葉至 20 世紀中葉，亞伯丁的建築一律採用花崗岩，又因花崗岩中的雲母礦折射出銀色光澤，因而得到「花崗岩之城」「銀色之城」（Silver City）的別緻稱號。

2. 當時英國政府為保證糧食充足，導入包含提高小麥提粉率（extraction rate）、限制糕點與蛋糕製作原料、管制動物飼料的穀物等制度，稱為戰時麵包制度。

「花崗岩之城」，蘇格蘭亞伯丁

亞伯丁奶油麵包（188-189 頁）

派與塔
Pies and tarts

英國是一個派的國度。在酒館、糕餅店、肉鋪、市場、市集與家中都能找到它們。雖然整個歐洲在文藝復興時期都會製作肉派，但只有在英國，它們才始終如此緊密地刻在飲食與文化認同中。派可以是甜的、鹹的或兩者兼具。第 222 頁的香料果乾派（mince pies）[1] 就能讓你一嘗中世紀的風味，此時甜與鹹的疆界還未如此涇渭分明。

派不一定要有酥皮製成的底部與側邊，只要有酥皮上蓋即可。康瓦爾餡餅外型看起來更像一個信封，而且實際上一個是可以拿在手中的派，過去會帶到礦坑中食用。「派與馬鈴薯泥店」（Pie & Mash shop）的派是倫敦工人的食物；梅爾頓莫布雷豬肉派（Melton Mowbray pork pies）則是梅爾頓莫布雷鎮獵人的午餐。小鎮因此名滿天下，鎮名也冠在豬肉派上。

中古英文中將派稱為「烘焙食品」（bake metes），而數百年來，派都是一種特地用來在其中烹製食物，保留肉類或魚類的肉汁使其不致於乾澀，或避免烤焦的方法。過去被稱為「派盒」（coffin）的派皮，功能就像烤盤一樣能承裝內容物，其後可在晚宴賓客前切分。以往派皮僅用麵粉和水製成，因而厚且結實，能夠承受柴燒烤爐與壁爐不穩定的熱度。若派是做來給富人食用的，他們就不會吃剩下的派皮邊角，這些零碎的派皮會變成慈善品送給窮人，對他們來說，不論是派皮殘留的一絲香味還是任何內餡都好。而通常這些派皮會被簡單地當成燉物與醬汁的增稠劑再利用。

大型的派經常以酥皮製成花紋、野禽羽毛和製成標本的禽鳥頭部裝飾，該野禽肉則填作派的內餡。這表示賓客不需要詢問就能知道每個派填了哪種肉餡。這種做法也是一種中世紀遺緒，當時很流行烤天鵝、孔雀或鶴，再把牠們縫回羽毛之下製造戲劇效果。像這樣的吸睛餐點在當時稱為「細工」（subtletie）。

隨著烤爐和烹飪技法逐漸變得更為講究，派皮的食譜也變得更加細緻，如在派皮麵團中加入油脂，以及更晚近加入糖製作甜味派餅。派皮不再只被當作加了花紋裝飾的烤盤，而成為餐點的一部分。17 世紀很流行製作打了洞的派皮蓋（cut lids），羅伯特·梅（Robert May）於 1660 年查理二世王政復辟（Restoration）時出版的食譜書《技藝高超料理人》（The Accomplisht Cook），就收錄了與各種派食譜搭配的不同派皮蓋模板。在一本 1711 年出版、名為《女王皇家烹飪法》（The Queen's Royal Cookery）的書中，可以找到形貌各異的甜鹹派，還有擺在一起就能形成特殊花樣的香料果乾派範本。作者具體說明了蘋果派、鵝莓派、羊肉派和香料果乾派的形狀，還有插圖指出這些派在上桌時擺放的位置。

像第 196 頁約克郡耶誕節派（Yorkshire Christmas pie）那樣令人印象深刻的派餅，以及水果和香料肉餡果乾派等，數百年來食譜書中皆有著墨，但勞動階級人民食用的派只存在於像亨利·梅修（Henry Mayhew）那樣的日記作者作品中。亨利·梅修在 19 世紀中期發表了一系列針對平凡勞動大眾的重要訪談。在關於派餅小販的紀錄中，他談到「賣派這門生意是倫敦街頭叫賣裡最古老的其中一種」。派餅小販們使用外觀像方形錫罐的「可攜式派罐」（pie cans）販售派餅，派放在約 60 cm（24 inch）高的派罐中，下方有炭爐可供保溫。

從油罐中倒出的調味汁（gravy）被倒入派皮上的孔洞，但汁中僅有褐色的液體和鹽[2]。肉派是以牛肉和羊肉製成、魚肉派則是使用鰻魚；水果派則根據季節不同，會採用蘋果、小粒無籽葡萄乾、鵝莓、李子、大馬士革李（damson）、櫻桃、覆盆子或大黃，偶爾會有香料果乾肉餡。雖然沿街販賣派早已持續了好幾個世紀，但梅修談到如今（19 世紀中）已被一種新的現象摧毀，那就是「派餅店」（見第 208 頁的「派與馬鈴薯泥店」牛肉派）。

派餅商店

最早有記錄的派與馬鈴薯泥店，是由亨利·布蘭查（Henry Blanchard）於 1844 年在倫敦南華克區（Southwark）的聯邦街（Union Street）開立。這家店被描述為一家「鰻魚派店」（Eel Pie House）。鰻魚是少數能在嚴重污染的泰晤士河中生存的魚種，且數量繁多，因而成為勞動階級的最佳食物來源。鰻魚派當時成為供應大眾的便利食物，泰晤士河上的小島「鰻魚派島」（Eel Pie Island）的鰻魚派島旅館（Eel Pie Island Hotel）也供應鰻魚派給維多利亞時代的 19 世紀遊客。這家旅店後來變得頗為知名，曾舉辦許多搖滾樂傳奇明星的演唱會，如滾石合唱團（The Rolling Stones）、何許人合唱團（The Who）、大衛·鮑伊（David Bowie）、創世紀樂團（Genesis）與黑色安息日（Black Sabbath）。

丹比戴爾派

在約克郡的丹比戴爾（Denby Dale）鎮，人們喜歡製作巨大的派。

沒有人知道爲何丹比戴爾鎮決定要開始製作巨型派（giant pie）。第一個大型派是 1788 年爲了慶祝「瘋子國王」喬治三世（George III）[3] 從精神失常中病癒，在白雄鹿酒館（White Hart pub）中烤製。第二次則是在 1815 年爲滑鐵盧之役大勝而製作。第三次的巨型派是在 1846 年爲慶祝廢除讓進口穀物價格居高不下 30 年的穀物法（Corn Laws）而製作，該法案原意爲保護本土生產者而推行，但卻造成許多人因飢荒而死[4]。

接著，在數十年的空白後，爲慶祝維多利亞女王登基 50 週年，1887 年當地製作了「50 週年紀念派」（Jubille Pie），但出了嚴重疏失。粗心的廚師加上夏季炎熱的天氣，派餅因此變質腐敗。壞掉的派被埋在村子附近田野間，對當地人來說是極大的恥辱。一星期之後，鎮上的婦女一肩扛起責任，重新製作了一個派來挽回該鎮的名譽，這個派因此被稱爲「恢復名譽派」（Resurrection Pie）。

有時人們也會找理由慶祝，例如 1928 年製作的第七個大型派是爲了爲當地醫院募款。爲了烘焙這個巨型「醫院派」（Infirmary Pie），當年度還建造了一個大型磚窯。根據當時的新聞報紙報導，有四萬名民眾一同分享了這個派。

1953 年，丹比戴爾鎮原本想要爲女王伊莉莎白二世加冕典禮製作一個「加冕典禮派」（Coronation Pie），但由於當時實施戰時配給制度，他們須向食品部（Ministry of Food）申請特支肉類與油脂。申請被駁回，派也因此沒做成。但 1964 年，當地的派餅委員會決定製作另一個派來慶祝四個皇室嬰兒[5]誕生。任何製作派餅的理由都是好理由，且丹比戴爾鎮人爲了烤出下一個巨型派已經等了很長時間。當包含首席糕點師在內的四位派餅委員會成員受邀至英國獨立電視台（ITV）位於倫敦附近的製片場，錄製介紹前述慶祝皇室嬰兒誕生的派時，那可是一個重大事件。但不幸悲劇發生，這些成員在回家途中全數於車禍事故中喪命。人們於是決定，爲了向死者致敬，派將照原定計畫製作，而這個巨型派獲得的收益將用於建造丹比戴爾派會廳（Denby Dale Pie Hall）。當初用來烤製這個派的巨型派盤，如今則作爲會廳外的花壇使用。

1988 年烤製的「200 週年紀念派」（Bicentenary Pie）則是爲了慶祝第一個巨型派誕生 200 週年。BBC 前去實時採訪此活動，六萬人一同分享了這個派。200 週年紀念派也入選金氏世界紀錄，成爲世界最大的派。上一次則是在 2000 年時製作了有史以來最大的派「千禧派」（Millennium Pie），共使用了 5 噸牛肉、2 噸番茄、1 噸洋蔥與 200 品脫的苦啤酒（bitter beer）。派盤的長寬高則分別爲 40 英尺、9 英尺與 3 英尺。

如今距離丹比戴爾鎮居民製作上一個巨型派已 20 年，我很好奇他們下次烤派會是爲了什麼理由呢？

1. 香料果乾派（mince pies）與香料果乾餡（mincemeat）在 20 世紀前是含有肉類的，見本書第 220 頁。
2. 「gravy」的原意爲「肉汁」，是以燉煮肉類產生的汁液加上麵粉增稠而成。
3. 喬治三世（1738-1820）是英國史上一位重要的國王，但其晚年深受精神失常之苦，近代研究認爲他可能得了嚴重的血液遺傳疾病「紫質症」（porphyria），2005 年化驗喬治三世遺留下來的頭髮樣本亦發現高含量砷化物（砒霜）。
4. 穀物法在 1815 ～ 1846 年間對生產成本較低的進口穀物強制課進口關稅，保護英國農民與地主免受進口穀物競爭，但 1845 年愛爾蘭馬鈴薯因疫病歉收導致大饑荒，愛爾蘭人口因死亡與被迫移民減少了數百萬，並永久改變了其政治與文化面貌。
5. 包括伊莉莎白二世的三子愛德華王子，及女王妹妹瑪格麗特公主的女兒莎拉。

熱水派皮
Hot water crust pastry

熱水派皮是最能容許失誤的派皮，不需要有經驗才能做好，如果失敗了，還能重做一次改善——如果派皮保持溫暖的話。若派皮冷卻，就會無法延展、隨之破裂，變得難以操作。

熱水派皮較爲結實，所以和酥脆派皮與千層酥皮相比可能沒那麼細緻，但它也因此能應付較濕、較重的內餡，不必擔心凹陷、漏餡與可怕的濕軟底部。這種餅皮強韌且可塑性高，因此適合製作以派柱（pie dolly, pie block）成形的手工塑形派（hand-raising pies）[1]，以及先將派皮鋪上派盤成形、烤前再脫模直接烘製的獨立派盒派（free standing pie）[2]。這種派皮當然不能過度揉捏——只需確保所有食材混合均勻即可。過度揉捏的熱水派皮會變得硬實且有韌度，這並不代表無法食用，只是口感有進步空間。

由於熱水派皮中的油脂會被融化，因而能更均勻地分布在麵團中，這讓派皮在烘焙時上色更均勻。其他的派皮製作法會要求你用手指將油脂揉入麵粉中，而這會使得烘焙成色不完全一致。

除了豬肉派（pork pies）與蘇格蘭派（Scotch pies）外，不應在使用熱水派皮前靜置麵團，因爲冷卻後派皮會變得乾硬、產生顆粒。製作使用深模的大型派時，需

要讓派皮保持溫暖，才能足夠柔軟，易沉降入模並黏上邊壁、以手指貼合模具成形。與此相對，填餡的豬肉派應該要在烘焙前放入冰箱靜置；蘇格蘭派的派盒需要在填餡和封口之前靜置。因爲它們是在沒有模具支撐的情況下烘焙，所以需要先乾燥派皮，烘烤時才不會變形。經過靜置的派皮也會更容易上色。派送入烤箱烘烤時，麵團中的水分會蒸發、派皮變得酥脆。你不需要事先爲模具或派盤上油，因爲派皮中已經有足夠的油脂，所以絕對不會黏住模具。

在不同的派皮麵團中，熱水派皮是最接近中世紀和現代早期用來製作大型、精美派餅的那種。想讓你的派看起來更不同凡響，可以將剩下的派皮擀平，靜置冷卻並乾燥半小時，使其變得更結實，然後切或壓出想要的裝飾。

我鍾愛熱水派皮，它不僅萬用，還能夠承載最具挑戰性的內餡，而且看起來毫不費力。雖然它是派皮中最結實的那種，但我喜歡將它比喻爲一位堅強的女性，即使遭遇很多困難，外在卻始終看來不可思議地優雅與端莊。在接下來幾頁的食譜中出現的大型派，將會讓你的晚宴賓客印象深刻，也會同時成爲令人驚嘆的餐桌布置。

熱水派皮

中筋麵粉　415 g（14¾ oz）
高筋白麵粉　415 g（14¾ oz）
全蛋　1 顆
奶油　115 g（4 oz）（室溫）
水　300 ml（10½ fl oz）
豬油　150 g（5½ oz）
海鹽　1½ 小匙
麵粉　撒粉用
蛋黃 1 顆＋牛奶 1 大匙　蛋液用

作法

1. 將麵粉放入一個大型調理盆中，攪拌入全蛋，然後將軟化的奶油塊放在上方。將水、豬油和鹽一起放在小型醬汁鍋中燒開，但一旦開始冒泡就熄火。放置一旁直到豬油融化。

2. 將高溫的混合液倒在奶油和麵粉上，使用木匙或刮刀將所有材料混合。一旦降溫到可以以手觸碰的程度時，就將其揉成一個柔軟的麵團。

* 根據你的食譜進行接下來的步驟。

1.「派柱」是英國一種用來製作派殼的圓柱形工具，上方有把手，外觀看來有點像穿著蓬裙的人偶，所以也稱爲「派偶」（見第 206 頁）。將派柱以類似蓋印章的方式在圓形麵團上向下壓，然後雙手像捏陶般左右旋轉，將周圍麵團沿柱往上揉捏，最後將派柱抽出，形成一個有深度的派殼。沒有派柱時也可用玻璃杯代替，以此法做出來的派稱爲「手工塑形派」。

2. 獨立派盒派指的是成形後去除模具、直接放入烤箱烘焙的派。有時會先將派盒與蓋子直接空烤成形，過後再將其當作容器加入內餡。通常這種派的外殼很少食用，而是食用完內餡後將外殼丟棄，或是弄碎加入湯或燉品中作爲增稠劑（見第 192 頁）。派盒可用派柱捏出，也可將派皮擀平後切出圓片與長條貼在模具上黏合成形。

約克郡耶誕節派
Yorkshire Christmas pie

　　約克郡耶誕節派可能是英國所有經過時間考驗流傳下來的派中，最令人印象深刻的一個。派的內餡是種驚人的組合：在一隻帶骨的火雞中填入一隻帶骨的鵝、雞、鷓鴣與鴿子。塞得滿滿的火雞接著被放入酥皮中，然後旁邊放上更多肉作為填料。

　　在漢娜‧葛拉斯（Hannah Glasse）的一個18世紀食譜中，野兔被用來填滿火雞周圍的空間。而在1807年瑪莉亞‧伊萊莎‧朗戴爾（Maria Eliza Rundell）的食譜裡，她提到這個派的表面裝飾必須做成花型。此食譜以絞肉餡取代火雞外圍的肉類，這樣切開派時內餡就不會散落。

　　18世紀時，這種派被當成耶誕禮物，住在鄉間的人們甚至會千里迢迢送派，有紀錄指出派送到的時候都成了健康威脅。為了能在馬車運送途中保持無損，派皮會做成數英寸厚，但當時的人們並未考慮應該要維持冷藏狀態。

　　那個年代的版畫中顯示，1858年有個約克郡耶誕節派被呈獻給溫莎城堡中的女王。這個派不僅裝飾華麗，還不可思議地巨大，需要四個腳夫一起抬進屋中。它能作為重點裝飾品，在早前幾世紀人們就是這麼打算的。

　　這種樣式複雜的派只有在極富貴的人家才會出現，因為不只食材昂貴，用來製作它的銅模也很珍貴。只有在最顯赫的門第中，廚房才會有像這樣的野味派模（game pie mould）[1]，現在這種模具也很少見了。數年前我曾經在一家古董商店看到一個，價格和一輛二手小車相當，我當時非常心動。

　　要製作道地的約克郡耶誕節派，需實際將野禽相互塞入其中再縫合，但若想要成品更為精細，最好使用去骨肉片，多出來的肉可以用在其他菜餚中；也可將肉類剁細取代絞肉使用。骨頭能熬湯，高湯濃縮後能製成肉凍，接著就像製作豬肉派那樣，倒入派殼上的孔洞中[2]。

份量：8 ～ 10 人份
使用模具：一個容量 2 kg（4 lb 8 oz）的野味派模

派

雞胸肉　450 g（1 lb）
鷓鴣胸肉　350 g（12 oz）
雉雞胸肉　300 g（10½ oz）
小型雄雞或鵪鶉胸肉　80 g（2¾ oz）
野兔脊肉　2 片，約 250 g（9 oz）（或以額外的禽肉代替）
肉豆蔻皮粉　14 g（½ oz）
肉豆蔻粉　14 g（½ oz）
丁香粉或多香果粉　7 g（⅛ oz）
黑胡椒粉　14 g（½ oz）
馬德拉酒或雪莉酒　100 ml（3½ fl oz）
煙燻培根　100 g（3½ oz）（薄片）

周圍填餡

絞肉　450 g（1 lb）
　（可用雞肉、豬肉、羊肉或做派時切下的禽肉）
剁碎的荷蘭芹（parseley）　2 大匙
剁碎的百里香　2 大匙
鹽　一小撮

熱水派皮

熱水派皮　1 份（見第 194 頁）

作法

1. 前一天預先醃漬禽肉和野兔：將所有肉類和香料混合均勻，放在能再次密封的塑膠袋中或深碗中。將馬德拉酒或雪莉酒倒在混合肉類上，封緊袋口或將碗加蓋，放入冰箱靜置數小時或隔夜。

2. 將烤箱預熱至 190°C（375°F）。

3. 將周圍填餡用的絞肉與香草、鹽混合均勻。沖洗掉肉類的醃漬汁液，然後以廚房紙巾拍乾。

4. 依照第 194 頁的說明製作熱水派皮，取出三分之一的派皮麵團留作派盒上蓋（如果可能，將其放在暖爐或爐台上保溫）。

5. 將剩下的派皮擀至 8 mm（⅜ inch）厚，整形成橢圓形。將模具放在上方，在橢圓形的派皮兩端各切除一個底寬約 10 cm（4 inch）的三角形，然後從兩端往中央對折，再放入模具底部（由於派皮本身含有足夠油脂，模具不需事先上油）。將摺疊的派皮在模具中展開，派皮需超出模具邊緣垂降，之後才能和上蓋黏合。將剛剛切下三角形處的派皮兩端左右黏合，做出一條工整的接縫 ³。如果有裂痕或孔洞，可以用多餘的派皮修補，但派皮需要保持溫暖。

6. 當模具內的派皮準備就緒後，將一半的絞肉餡均勻鋪在派殼底部。加入最小的禽鳥肉片，接著加入次大的，然後在最頂端鋪上一層培根薄片。放入其他的禽肉片，在每一層之間鋪上培根，持續直到用完所有禽肉。在兩側邊放入野兔脊肉，然後以另一半的絞肉餡覆蓋全體。此時內餡應高出模具邊緣，這樣派的頂端才能呈現半圓穹頂狀。

7. 將留作派盒上蓋的麵團擀開，然後在中央切出一個孔洞。以水或蛋黃濕潤派皮邊緣，然後將上蓋放在派的頂端。切除多餘的麵皮，在邊緣壓出皺褶妥善封口。以剩下的派皮做出裝飾，再以蛋液將其貼在派上，但還不要將整個派都刷上蛋液。

8. 將派放在鋪了烘焙紙的烤盤上，放入烤箱下層。將烤箱降溫至 160°C（320°F），烘焙 4 小時。當派餅內部達到 75°C（167°F）或更高溫時，表示烘烤完成。

9. 現在，勇敢點——打開派盤兩邊的卡榫 ⁴ 將派脫模，然後刷上一層蛋液，放回烤箱中再次烘焙 15 ～ 30 分鐘。

---

1. 典型野味派模爲有兩個尖端的橢圓形深塔模（烤出來的成品參見第 199 頁照片），因此製作時作者會將派皮切割成特殊的形狀方便入模（見本頁製作說明）。

2. 見第 205-207 頁。

3. 參見第 199 頁照片，餐桌中央就是約克郡耶誕節派，面對前方的橢圓形尖端有一條明顯的垂直接縫。

4. 橢圓野味派模的兩尖端接縫處有卡榫，解開卡榫便能打開模具將派餅取出

香甜羊肉派
Sweet lamb pie

伊萊莎・史密斯於 1727 年出版的《完美主婦》中的香甜羊肉派，是以古風甜、酸、鹹調味臻至和諧境界的絕佳案例。不同的味道層次分明。派本身並不甜，但使用的香料如肉豆蔻、肉豆蔻皮與丁香，在過去一度被認為是甜味香料，且被當作甜味劑使用。除了這些香料以外，也會加入果乾和糖漬柑橘皮，讓整體風味更溫暖。原本的食譜中要求使用朝鮮薊心（artichoke heart）與西班牙薯（Spanish potato），這是一種甘藷（sweet potato）。如果它們不當令，可以改用燙過的葡萄。

可以使用可拆式邊框活動模或野味派模製作香甜羊肉派，或者也可以直接將派放在烤皿中，再製作一個派盒蓋即可。在這種情況中，派皮仍然身兼烤皿的作用，因為內餡就像燉品，可以在實客前用勺子舀出後分菜。當我在飲食歷史學家愛文・戴（Ivan Day）家中作客時，他就在一次出色的晚宴中做了自己版本的香甜羊肉派，然後將派盒上蓋切成等份三角形，讓每個人都能嘗到一塊派皮。這是一種優雅的上菜方式，我鼓勵你也試試。我喜歡用小檗漿果（barberries）[1] 搭配小粒無籽葡萄乾，讓酸味更鮮明一些。

份量：4 人份

使用模具：一個直徑 18 cm（7 inch）、高 7 cm（2¾ inch）的可拆式邊框活動蛋糕模或一個容量 2 kg（4 lb 8 oz）的野味派模

熱水派皮

熱水派皮　1 份（見第 194 頁）

派

去骨羊腿　400 g（14 oz）

肉豆蔻粉　1 小匙

丁香　4 粒（磨粉）

肉豆蔻皮粉　¼ 小匙

黑胡椒粉　⅛ 小匙

羊頸肉絞肉　300 g（10½ oz）

切碎的荷蘭芹　1 大匙

乾燥小檗漿果或小粒無籽葡萄乾　50 g（1¾ oz）

甘藷　300 g（10½ oz）（去皮煮熟，切成 1 cm [½ inch] 小丁）

朝鮮薊心　150 g（5½ oz）（煮熟切成 1 cm [½ inch] 小丁）

糖漬柑橘皮　10 g（¼ oz）（切碎）

醬汁

檸檬汁　1 顆份

白酒　與檸檬汁等量

砂糖　1 小匙

蛋黃　1 顆

奶油　1 小匙

作法

1. 將羊腿肉切成 2 cm（¾ inch）大小的丁狀，撒上一半的香料。將另一半香料加入羊絞肉中，然後以手將香料與羊絞肉混合均勻。混入荷蘭芹和 2 大匙的小檗漿果或小粒無籽葡萄乾，然後將肉餡滾成數粒肉丸。

2. 將烤箱預熱至 200°C（400°F）並在可拆式邊框活動蛋糕模底部鋪上烘焙紙。

3. 依照第 194 頁的說明製作熱水派皮，取出三分之一的派皮麵團留作派盒上蓋（如果可能，將其放在暖爐或爐台上保溫）。將剩下的派皮擀至 8 mm（⅜ inch）厚，然後將派皮入模並延展至完全覆蓋模具側邊。派皮需超出模具在邊緣垂降，之後才能和上蓋黏合。如果有裂痕或孔洞，可以用多餘的派皮修補。如果使用的是野味派模，請依照第 197 頁的約克郡耶誕節布丁食譜中的指示將派皮成形。

4. 將一些羊肉丁、羊肉丸、甘藷和朝鮮薊放入派殼中，在上方撒上一些小檗漿果或小粒無籽葡萄乾與糖漬柑橘皮。持續做出數層內餡直到填滿模具。將留作派盒上蓋的派皮擀開，直到成為 8 mm（⅜ inch）厚。派皮邊緣刷上蛋液，將上蓋放在派的頂端。切除多餘的麵皮，在邊緣壓出皺褶妥善封口。在派皮頂端切出一個孔洞，使蒸氣可以由此逸散。用剩下的派皮和蛋液裝飾。

5. 將派放入烤箱中層烘烤 30 分鐘，接著將烤箱降溫至 160°C（320°F），持續烘焙 1 小時 45 分。

6. 在派完成時製作醬汁。將檸檬汁和白酒與糖一起煮沸，在碗中打散蛋黃，然後像製作卡士達醬一樣加入溫熱的醬汁，最後加入一點奶油再重新以小火加熱。將醬汁倒入派殼頂端的孔洞中。上桌時沿著派盒上蓋切開，將派皮分切為等份三角形，以湯勺舀出內餡並一一分給實客。

---

1. 小檗是生長於溫帶和亞熱帶地區的一種常綠灌木，在歐美亞非皆有原生種。漿果為豔紅或深藍色，又稱伏牛花子。

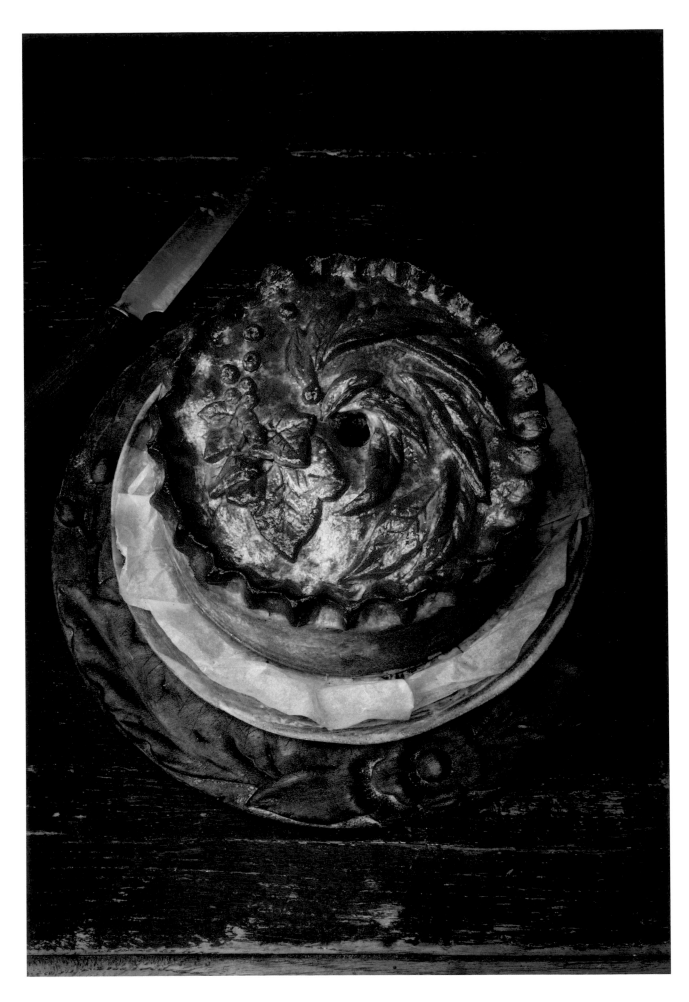

含蛋德比野餐派
Derby picnic pie with eggs

　　1900 年，費德烈・范因在他的其中一本著作中刊登了德比野餐派的食譜。一開始我以爲是以德比郡（Derbyshire）命名，但讀過范因的食譜介紹後才明白，之所以如此命名，是因爲這是一種在爲同城足球賽（derby）舉辦的野餐宴中很受歡迎的一種點心。過去很流行爲參加同城足球賽（即兩個本地足球隊伍間的賽事）而出門玩一天。野餐的選項非常廣泛，有時候人們甚至會帶上自己的僕從和家具，進行有格調和氣派的野餐。

　　球賽野餐宴有時會因內含冷肉的派餅保存條件不良而產生非常糟糕的後果。《曼徹斯特快報》（The Manchester Courier）與《蘭卡夏綜合布告》（Lancashire General Advertiser）在 1902 年 9 月 16 日報導了「致命的德比野餐派」事件。兩位年長者購買了一個德比野餐派帶去餐宴中享用，結果讓六名人士不適，其中一人因此喪命。這樣的不幸事件是如此常見，使得罪魁禍首甚至被命名爲爲「德比沙門氏菌」（salmonella derby）。不過如果你將這個派放在冰箱裡，我可以保證絕對不會有健康風險！

　　如今人們仍然製作適合野餐或午宴的簡化版德比野餐派。在前一天製作，當日可以當作具節慶氣氛的餐桌布置。

　　本食譜使用豬蹄膀（ham hock）與豬絞肉，但 19 世紀的食譜也會使用小牛肉、雞肉與動物的舌部，十分值得一試！

份量：8 ～ 10 人份
使用模具：一個容量 1 kg（2 lb 4 oz）的長條型模具

蹄膀肉

洋蔥　1 個
胡蘿蔔　1 條
西洋芹（celery）　1 支
韭蔥（leek）　3 支
蹄膀／後腿（rear shank）　1 隻
黑胡椒粉　1 大匙
月桂葉　1 片
奶油　煎炒用

內餡

全蛋　4 顆
蹄膀肉　150 g（5½ oz）
豬肩肉　430 g（15¼ oz）（剁碎或粗絞）
豬五花　200 g（7 oz）（剁碎或粗絞）
荷蘭芹　4 大匙（切碎末）
肉豆蔻皮粉　¼ 小匙
海鹽　1 小匙
黑胡椒粉　1 小匙
煙燻培根　300 g（10½ oz）（薄片）

熱水派皮

熱水派皮　1 份（見第 194 頁）

作法

1. 前一天先準備蹄膀肉：將蔬菜（洋蔥、胡蘿蔔、西洋芹、韭蔥）切碎，然後放在耐火深燉鍋中以奶油略微煎炒。加入蹄膀與能完全將其淹過的水量，然後加入胡椒與月桂葉，以小火慢煨2～3 小時，或是直到能輕易將肉從骨頭上剔除。將蹄膀肉取出並靜置冷卻。你可以使用燉煮的汁液當作湯底，譬如用來製作青豆湯。若有多餘的蹄膀肉，也可以加入湯中。

2. 現在我要告訴你如何煮蛋，因為，誠實一點吧，我們經常搞砸最簡單的事。我會從將水燒開開始，然後加入蛋，轉小火煮9 分鐘，做出接近全熟、但蛋黃仍柔軟的水煮蛋。如此一來，蛋可以在接下來的烘焙派餅過程中持續烹煮而不會變得過乾。以冷水沖洗蛋，使其停止受熱，然後在濕的狀態下立即剝殼，這是最容易的去殼法。準備內餡時將蛋放在一旁靜置。

3. 將蹄膀肉剁碎，秤出 150 g（5½ oz）做為內餡。和剁碎或粗絞的豬五花肉、荷蘭芹、肉豆蔻皮、鹽與胡椒一同放入一個調理盆中並揉捏均勻。將其加蓋後放入冰箱內靜置，開始製作派皮。

4. 將烤箱預熱至 190°C（375°F），在長條模內放入烘焙紙，使之後能輕易脫模。因為麵團內含足夠的油脂，所以為模具上油並非必須。

5. 依照第 194 頁的說明製作熱水派皮，取出三分之一的派皮麵團留作派盒上蓋（如果可能，將其放在暖爐或爐台上保溫）。

6. 將剩下的派皮擀至 8 mm（⅜ inch）厚，將派皮往內折後放入模具，接著將其延展至完全覆蓋模具側邊。派皮需超出模具邊緣垂下。

7. 在派皮上鋪上培根薄片，兩端多出的部分垂降在模具邊緣。加入一半的綜合肉餡，輕輕拍壓至模具側邊。在肉餡上方放入水煮蛋，輕輕下壓入內餡中，使它們可以直立。加入剩下的肉餡將派填滿，把培根往內折包覆內餡，加入更多培根薄片，使內餡外側整體都被培根包裹。

8. 將留作派盒上蓋的麵團擀開，在邊緣刷上蛋液，然後將上蓋放在派的頂端。切除多餘的麵皮，以手指在邊緣壓出皺褶妥善封口。以剩下的派皮做出裝飾，然後在表面刷上蛋液。

9. 將烤箱降溫至 180°C（350°F），烘焙派餅 1 個半小時。當派餅內部達到 85°C（185°F）時，表示烘烤完成。你可以在烘烤完成前 15 分鐘將派脫模、在側邊刷上蛋液，然後送回烤箱繼續烘烤直到完成。

10. 在上桌前將派餅靜置完全冷卻，或是包裹好後放在冰箱中，可以保存 3 天。味道鮮明的英式芥末醬是完美的搭配，也絕對不可或缺！

含蛋球賽野餐派（第 202-203 頁）

豬肉派（第 206-207 頁）

豬肉派
Pork pies

在英格蘭中部的內陸地區，有個小鎮以豬肉派知名。梅爾頓莫布雷鎮一塊藍色的紀念告示上，讚揚了 1831 年首位製作出梅爾頓莫布雷豬肉派的糕餅師愛德華·愛德考克（Edward Adcock）。確實，19 世紀中的廣告顯示梅爾頓莫布雷豬肉派被視為當地名物。它也是唯一一個得到歐盟地理標示保護認證（PGI, protected geographical indication）的派。地理標示保護認證解釋，在圈地法案（Enclosure Acts）[1] 將傳統的牧羊業轉為受管制的畜牧養殖業後，豬肉派在該地區變得非常受歡迎。過剩的牛奶轉化為當地另一項特產「斯蒂爾頓藍紋起司」，而起司製作過程中的副產品乳清，則進入養豬場成為飼料。隨著狐狸狩獵季的到來、豬隻屠宰也跟著狩獵祭開跑，對獵人、或者不如說他們的僕從來說，豬肉派是最好的當令美食，能夠在狩獵時隨身攜帶。

雖然豬肉派本身在這 200 年間並未有多大變化，但品質卻的確有所不同。在維多利亞時代的倫敦，可疑的豬肉派內餡有段時間是街頭巷議的對象。19 世紀詹姆士·馬肯·萊梅爾（James Malcolm Rymer）與湯瑪士·派克特·普列斯特（Thomas Peckett Prest）的廉價恐怖小說《珍珠串》（*The String of Pearls*），是一則關於邪惡、受痛苦折磨的理髮師史維尼·陶德（Sweeney Todd），以及將陶德謀殺的顧客做成廉價肉派的幫凶樂薇太太（Mrs Lovette）的故事。

和我交談過的大部分肉販都偏愛豬肩肉，再加上一點來自肚腩或背脊部分的油脂，且多半使用未經醃漬的豬肉。有些人使用醃後腿、肋肉或是醃培根，使內餡顏色較為粉紅。梅爾頓莫布雷豬肉派使用的肉餡絕對不應經過醃漬，但你當然可以按照自己的喜好製作。人們會將濃稠的肉凍倒入冷卻的派餅中，填滿肉和派皮之間的空隙。這原本被當成一種食物保存法，如今已非必要。不是所有的派餅製造者都以此法製作他們的派。豬蹄的軟骨最適合用來製作肉凍，而且你可以在熟識的肉販那裡以便宜價格買到。調味很簡單：新鮮鼠尾草、鹽、胡椒，肉豆蔻和豆蔻皮也是經常使用的食材。

豬肉派經常是冷食，因此非常適合野餐和簡便午餐。傳統上會使用熱水派皮製作，以手拉提搭配派柱捏製派殼，讓它在烘烤時派皮側邊稍微向內彎折。小型豬肉派最為普遍，但大型豬肉派也很經典。布萊農莊（Bray's Cottage）以各種不同表現形式的豬肉餡製作豬肉派，其堆疊起來的豬肉派「結婚『蛋糕』」在我的朋友之間掀起一陣旋風。所以你也可以在嘗試過這個傳統食譜後實驗不同變化。

份量：6 個 1 ～ 2 人份的派

使用模具：一個直徑 7 ～ 8 cm（2¾-3¼ inch）的派柱或果醬瓶、玻璃杯

肉凍（選用）

豬蹄　1 隻

洋蔥　1 個（切碎）

胡蘿蔔　1 根（切碎）

西洋芹　1 支（切碎）

月桂葉　2 片

黑胡椒粒　1 大匙

海鹽　¼ 小匙

水　4 杯（1 公升）

內餡（肉類總重 1,680 g）

豬肩肉　1kg（剁碎或粗絞）

豬五花肉　680 g（剁碎或粗絞）

新鮮鼠尾草　4 大匙（切絲）

肉豆蔻皮粉　½ 小匙

黑胡椒粉　2 小匙

海鹽　2 小匙

熱水派皮

熱水派皮　1 份（見第 194 頁）

準備工作

若使用肉凍

在前一天製作肉凍。將所有的食材放入一個大的耐火深燉鍋中煮沸，以撈末勺撈除雜質，小火慢煨 2 小時，直到液體量減少一半。將高湯過濾入一個乾淨的碗中，放涼形成肉凍。可將多餘的肉凍冷凍，之後用於製作湯或醬汁。

派

將豬肉與鼠尾草、肉豆蔻皮、黑胡椒與鹽混合製成內餡。在製作派皮時放入冰箱靜置。

作法

1. 依照第 194 頁的說明製作熱水派皮。

2. 將派皮分為六份，每一份約重 150 g（5½ oz）。將每一份派皮中的 110 g（3¾ oz）擀成一個工整的扁圓片，然後靜置冷卻 10 分鐘，使其保持柔軟但不完全乾燥到可撕開的程度。這個步驟會讓派皮到時容易從派柱上脫離。以同樣的方法將剩下的派皮一一擀為扁圓片，做為派盒上蓋。

3. 將烤箱預熱至 190°C（375°F）並在一個烤盤中鋪上烘焙紙。

4. 將豬肉餡揉成六個肉丸，每個肉丸約重 280 g（10 oz）。

5. 將一片作為派盒使用的圓片派皮放在撒了粉的工作檯上，將同樣撒了粉的派柱或果醬瓶底部壓在派皮上，然後用你的手指圍繞著模具為派皮塑形，以手指將派皮往上推升。將模具取出，然後在派盒中放入一個肉丸。將派盒上蓋擀開，使其略大於派盒，然後在中央挖出一個小孔。在邊緣刷上蛋液，然後將上蓋放在派的頂端。以手指在邊緣壓出皺褶妥善封口。此時派餅會看來像一頂倒過來的帽子。以拇指和食指將邊緣向內折，形成邊沿。

6. 將派放在烤盤上，然後完成剩下的派。在派上刷上大量蛋液，放入烤箱中層。將烤箱降溫至 160°C（320°F），烘焙 1 小時又 10 ～ 15 分鐘。當派皮呈現金黃褐色且派餅內部達到 85°C（185°F）時，表示烘烤完成。

7. 如果你有使用肉凍，可在派餅冷卻後加入。將肉凍加熱直至成為液態，然後使用一個小型漏斗將其倒入冷卻的派中。靜置使肉凍凝固。

8. 豬肉派最好是冷食，可搭配味道鮮明的芥末醬或酸黃瓜或一瓶啤酒。你可以將豬肉派放在冰箱內存放 3 天或是將其冷凍，使用前放入冰箱內退冰。

---

1. 中世紀的土地絕大多數屬於國王與教會所有，再依封建體系分封給各領主，佃農向領主租用土地，並以租稅和勞動力償還。15 世紀後因羊毛業較小麥種植獲利更高，英格蘭興起圈地運動，領主買斷或經由皇室修法終止佃戶農地使用權，土地成為能以金錢買賣的商品。1709 ～ 1869 年間英國議會通過多項法案使圈地合理化，大批佃農失業湧入都市，促成工業革命、農業革命與都市化。雖然豬肉派全年皆可食用，但在英格蘭的許多地區，傳統上是在節禮日（Boxing Day，12 月 26 日）享用。在某些派餅店或肉店，例如位於巴恩斯利（Barnsley）的柏西·透納（Percy Turner's），排隊人龍堪比搶購最新餐飲流行商品或在紐約排智慧型手機，甚至可能更長。

「派與馬鈴薯泥店」牛肉派
'Pie & Mash shop' beef pies

　　傳統上，派與馬鈴薯泥店是大城市中勞動階級的用餐地，特別是在倫敦與其他工業區周邊。它們起源於燉鰻魚和派餅小販紛紛開始開立店面的 19 世紀中期，這便是所謂的「鰻魚與派餅屋」。直到今日，派與馬鈴薯泥店仍然是你可以在 4 英鎊內便品嘗到一道熱騰騰料理的地方，如煮鰻魚（hot eels）、鰻魚凍（jellied eels）或派與馬鈴薯泥和綠色醬汁（liquor）——一種熱熱的荷蘭芹醬汁。這些小餐館對倫敦社群中幾乎所有階層的人來說都很重要：年長者在購物車中裝進能供整星期食用的大批派與馬鈴薯泥；計程車與卡車司機將車子停在店門口，在下一班次上工前快速買個派；帶著孩子的年輕媽媽們聚在長凳上；學生與甚至穿著訂製西裝的人們都知道該如何在派與馬鈴薯泥店飽餐一頓。如同傳統的比利時與荷蘭咖啡館一樣，這是倫敦唯一一處年輕人與年長者、窮人與富人交會的所在。在尖峰時段，他們甚至可能併桌坐在一起。

　　有兩家派與馬鈴薯泥店因其極具價值的內部裝潢列為文物保護，但由於租金上漲，不僅做小本生意的店家受到影響、也衝擊到勞工，為了付得起租金，他們必須越搬離倫敦越遠，因此許多店鋪都一一關門大吉。此外，比起留在老派場所，倫敦的中產階級似乎更寧願去時髦的地方。

　　派與馬鈴薯泥店販賣的派傳統上應該包含兩種不同的麵團：上蓋以板油派皮（suet pasty）製成、底部則是熱水派皮或酥脆派皮，或者以上蓋多餘的板油派皮混合其中一種製作。內餡則使用了過去最為廉價的絞肉——羊肉或羔羊肉。現今的傳統版本多半為牛肉餡，但某些店家也販售雞肉、水果甚至素食版本的派。

　　我只要去倫敦旅遊，就一定會到訪派與馬鈴薯泥店。我最愛的店家是位於倫敦塔橋路（Tower Bridge Road）、建於 1902 年的曼澤（M. Manze）。店內的女侍會用一個大型湯勺將馬鈴薯泥鋪在餐盤的一邊。承裝馬鈴薯泥的鍋子是如此巨大，甚至可讓一個孩童躲在其中，而且這個鍋子隨時隨地都冒著蒸氣。派餅則是放在馬鈴薯泥旁邊，而女侍們總是堅持你得加上綠色醬汁：「不然會太乾。」我怎敢說不？店裡總是令人愉快地忙碌著，而且即使這並非什麼重要美食景點，我仍然熱愛不已，且總是忍不住從我的派、馬鈴薯泥、旁邊的鰻魚凍和一杯粗茶後面窺探人們，時光彷彿在此凝結。沒有任何其他地方像派與馬鈴薯泥店一樣，能讓你看到真實的倫敦。

份量：6 人份
使用模具：六個長 16 cm（6¼ inch）的長方形派盤

酥脆派皮基底

中筋麵粉　600 g（1 lb 5 oz）

海鹽　½ 小匙

奶油　200 g（7 oz）（室溫）

豬油或奶油　100 g（3½ oz）

水　150 ml（5 fl oz）

麵粉　工作檯撒粉用

奶油　模具上油用

板油派皮上蓋

中筋麵粉　300 g（10½ oz）

泡打粉　1 小匙

海鹽　3 g（⅛ oz）

冰涼奶油　100 g（3½ oz）

即用板油碎片　80 g（2¾ oz）

冰水　120 ml（3¾ fl oz）

蛋黃 2 顆＋牛奶 2 大匙　蛋液用

內餡

洋蔥　1 個（切碎）

牛肩胛肉或腹脅肉　850 g（1 lb 14 oz）（絞肉）

番茄糊（濃縮番茄泥）　1 大匙

牛肉高湯　300 ml（10½ fl oz）

棕糖　1 大匙

食用油　煎炒用

海鹽與黑胡椒粉　調味適口用

作法

1. 製作酥脆派皮：將麵粉、鹽、奶油和豬油放入裝上刀片的食物調理機中。以瞬間高速功能打 8 秒，或是直到成為如麵包粉狀的質地。加入水，再用瞬間高速功能攪打一次，直到成為一球麵團。從調理盆中取出麵團稍微揉捏，用保鮮膜包裹後放入冰箱靜置 30 分鐘。

2. 製作板油派皮：將麵粉、泡打粉、鹽、奶油和板油碎片用手指揉和，直到成為麵包屑般的質地。加入水，揉捏至麵團聚合成型。用保鮮膜包裹後放入冰箱靜置，此時開始製作內餡。

3. 製作內餡：將洋蔥煎炒至焦糖化。加入牛肉炒至上色，然後加入番茄糊稍微與牛肉拌炒。將高湯加入鍋中，和蔬菜與肉塊產生的汁液混合成為醬汁（deglaze），加入鹽與黑胡椒調味，接著加入棕糖上色。一邊攪拌一邊稍微煨煮，但不要讓水分蒸發。在還非常濕的狀態下讓內餡在鍋中冷卻。

4. 將烤箱預熱至 180°C（350°F）然後以奶油為派盤上油。

5. 將酥脆派皮在撒了粉的工作檯上擀至約 3 mm（⅛ inch）厚。大略將派皮切為六份，輕輕將每份派皮移至派盤上方，然後讓其沉降至派盤底部。讓超出模具的派皮自然垂降在派盤邊緣，幫助之後與上蓋黏合。以一塊多餘的麵團將派皮邊緣壓緊與派盤貼合[1]。為派皮基底刷上蛋液，然後以湯匙舀入內餡，每個派約使用 100 g（3½ oz）內餡。

6. 將板油派皮擀至和酥脆派皮相同厚度，然後同樣切成六份，放在每一份派上方，然後使用銳利的刀子切除上蓋與基底多餘的派皮。壓緊邊緣，使之後在烘烤過程中不會開口。你可以使用多餘的派皮做裝飾，但傳統上這些派不會另加修飾。

7. 為每個派的上蓋刷上蛋液，放入烤箱中層烘焙 40 ～ 50 分鐘，直到呈現金黃褐色。傳統上會將派和絲滑的馬鈴薯泥一起盛盤上桌，這確實也是最佳組合。這道菜餚深受孩童喜愛。

8. 你可以在烘烤前將派冷凍，之後直接在冷凍狀態下烘烤。

1.法式的塔皮入模手法會用手指直接將塔皮與塔圈壓緊貼合，但本書中則是以一塊麵團代替手指將派皮與模具壓緊貼合。

「G. 凱莉」（G. Kelly）派與馬鈴薯泥店，倫敦

「派與馬鈴薯泥店」牛肉派（208-209 頁）

牛排與艾爾啤酒派
Steak & ale pies

這種派是英國酒館的經典。如果想要用和在酒館一樣的方式享用的話，可加上蒸青豆、胡蘿蔔與厚切薯條一起上桌。也可使用前一餐剩下的燉肉製作——若有需要，只需將派皮份量減半即可。加入斯蒂爾頓起司的版本是另一個英式派經典；如果想要呈現維多利亞時代的風格，可在燉肉中加入一些生蠔。這是當時讓肉增量的方法，因為過去牡蠣是窮人的食物。時代真的會改變！

份量：4 人份
使用模具：六個直徑 16 cm（6¼ inch）的派盤

內餡
洋蔥　1 個（剁碎）
胡蘿蔔　1 根（剁碎）
牛肩胛肉小排　800 g（1 lb 12 oz）
麵粉　2 ～ 3 大匙，牛肉撒粉用
番茄糊（濃縮番茄泥）　2 大匙
健力士啤酒（Guinness）、司陶特啤酒（Stout）、波特啤酒（Porter）或苦味黑啤酒（也可使用牛肉高湯製作無酒精版本）　250 ml（9 fl oz）
塗了英式芥末醬的麵包　1 片
食用油　煎炒用

牛排與斯蒂爾頓起司變化版
斯蒂爾頓起司　80 ～ 100 g（2¾-3½ oz）

酥脆派皮
中筋麵粉　600 g（1 lb 5 oz）
海鹽　½ 小匙
冰涼奶油　150 g（5½ oz）（切丁）
切達起司　150 g（5½ oz）（磨碎）
　或奶油　150 g（5½ oz）
水　150 ml（5 fl oz）
蛋黃 1 顆＋牛奶 1 大匙　蛋液用

作法

1. 製作內餡：將洋蔥與胡蘿蔔在耐火燉鍋中煎炒。將牛肩胛小排在麵粉中滾動裹粉，然後加入鍋中，稍微上色後加入番茄糊然後持續攪拌直到混合均勻。將啤酒加入鍋中，和蔬菜與肉塊產生的汁液混合成為醬汁。

2. 加熱至沸騰，然後加入塗了芥末醬的麵包片。攪拌直到麵包解體變為小塊。加蓋後煨煮 1 個半 ～ 2 小時。我會將鍋子放入 160° C（320° F）的烤箱中完成此工序，因為我不喜歡將裝滿熱騰騰食物的鍋子放在爐灶上那麼久。燉肉完成後，靜置放涼。

3. 製作派皮：將麵粉、鹽、奶油和起司一起放入裝上刀片的食物調理機中，以瞬間高速功能打 8 秒，或是直到成為如麵包粉狀的質地。加入水，再用瞬間高速功能攪打一次，直到成為一球麵團。從調理盆中取出麵團稍微揉捏。你也可以用手將奶油揉入麵粉與鹽中，直到成為麵包粉般的質地，然後加入水，接著從調理盆中移出，揉捏麵團至聚合成型。用保鮮膜包裹麵團後放入冰箱靜置 30 分鐘。

4. 將烤箱預熱至 180° C（350° F）然後以奶油為派盤上油。

5. 取出三分之一的派皮麵團留作派盒上蓋。將剩下的派皮在撒了粉的工作檯上擀至 8 mm（⅜ inch）厚，大略將派皮切為六份。將每份派皮移至派盤上方，然後讓其沉降至派盤底部。讓超出模具的派皮自然垂降在派盤邊緣，幫助之後與上蓋黏合。以一塊麵團將派皮邊緣壓緊與派盤貼合。

6. 將作為上蓋用的派皮擀開，並將冷卻的燉肉填入派中。

7. 若製作牛排與斯蒂爾頓起司版本，在填餡之前將斯蒂爾頓起司剝成小塊加入冷卻的燉肉中。

8. 將一片派皮上蓋放在每一份派上方，然後使用銳利的刀子切除上蓋與基底多餘的派皮。壓緊邊緣，使之後在烘烤過程中不會開口。你可以使用多餘的派皮做裝飾。

9. 為每個派的上蓋刷上蛋液，放入烤箱中層烘焙 40 ～ 50 分鐘，直到呈現金黃褐色。加上蒸青豆與胡蘿蔔、薯條或烤馬鈴薯，以酒館的方式盛盤上桌。

10. 你也可以在烘烤前將派冷凍，之後直接在冷凍狀態下烘烤。

雞肉與蘑菇派
Chicken & mushroom pies

雞肉與蘑菇派是只使用派皮上蓋製作的一種鹹派典型。這種派以千層酥皮作為上蓋風味最佳，我非常喜歡，但如果你不想製作千層酥皮（雖然採用一種非常快速的方法），你也可以改為酥脆派皮（見第 212 頁）或使用市售千層酥皮。我沒有意見——它容易取得，所以為什麼不在自己沒有時間從頭製作派皮時使用？你可以使用雞胸肉製作內餡，但有機全雞比較便宜。

雞肉與蘑菇派是英國人堅定不移的最愛，它們一點都不複雜，但做得好時從來不讓人失望。如果派也能是像擁抱一樣的存在，雞肉與蘑菇派當仁不讓。

份量：6 人份
使用模具：六個長 16 cm（6¼ inch）的長方形派盤

雞肉

有機雞　1 隻
洋蔥　1 個（切碎）
胡蘿蔔　1 根（切碎）
西洋芹　1 支（切碎）
荷蘭芹　3 大匙（切碎）
黑胡椒粒　5 粒

醬汁

奶油　50 g（1¾ oz）
中筋麵粉　6 大匙
全脂牛奶　250 ml（9 fl oz）
雞高湯　750 ml（26 fl oz）
肉豆蔻粉　一小撮
海鹽與胡椒　適量
蘑菇　250 g（9 oz）（切 5 mm [¼ inch] 薄片）
煮過的雞肉（前述）　500～600 g（1 lb 2 oz-1 lb 5 oz）（切小丁）
龍蒿　4 大匙（剁碎）

快速千層酥皮

中筋麵粉　240 g（8½ oz）
海鹽　½ 小匙
冰涼奶油　240 g（8½ oz）（切丁）
冰水　130 ml（4 fl oz）
麵粉　工作檯與麵團撒粉用
蛋黃 1 顆＋牛奶 1 大匙　蛋液用

作法

1. 將雞肉與蔬菜、荷蘭芹和黑胡椒粒一同放入耐火燉鍋中，加入 1.5 公升（6 杯）水覆蓋。加熱至沸騰，然後轉小火慢熾 45 分鐘至 1 小時，直到雞肉剛好煮熟。將雞肉靜置放涼，然後從湯汁中取出，高湯留作醬汁用。

2. 以第 137 頁說明的方式製作千層酥皮。

3. 製作奶油麵糊：將奶油在鍋中融化，加入麵粉後拌勻。以小火邊煮邊攪拌，直到奶油麵糊聞起來有餅乾的香味。如果不這麼做，之後醬汁嘗起來會有麵粉味。加入牛奶後熄火攪拌均勻，再重新以小火加熱，一邊攪拌至沸騰，使奶油麵糊不致燒焦。加入雞高湯，持續攪拌至麵糊變稠，以肉豆蔻、鹽和胡椒調味。

4. 加入雞肉、蘑菇與龍蒿，熾煮數分鐘。若你的醬汁變得過於濃稠，可再加入一些高湯或牛奶。在組裝派前將內餡放涼。你也可以在前一天提前製作內餡。

5. 將烤箱預熱至 180°C（350°F）並以奶油為派盤上油。

6. 將派皮在撒了粉的工作檯上擀開至 3 mm（⅛ inch）厚，大略切成四份。將冷卻的雞肉內餡以湯勺舀入派盤中，在每一份派上放上一片派皮，然後使用銳利的刀子切除上蓋與基底多餘的派皮。你可以使用多餘的派皮做裝飾。此時可以立刻烘烤或是將它們冷凍留待之後使用。

7. 為每個派的上蓋刷上蛋液，放入烤箱中層烘焙 40～50 分鐘，直到呈現金黃褐色。

8. 你可以使用前一餐剩下的燉菜製作這些派或是事先做好內餡。這是一種將剩菜再利用的好方法。

蘇格蘭派
Scotch pies

正如名稱顯示的，蘇格派是一種蘇格蘭菜餚。年度「蘇格蘭派世界冠軍獎」（World Championship Scotch Pie Awards）就是為蘇格蘭派設立，它也是蘇格蘭人在蘇格蘭足球賽中場休息時喜歡吃的點心，因而又名「足球派」。

蘇格蘭派冠軍比賽的評審指出，混合牛腹脅絞肉與羊絞肉的肉餡很受青睞，但最早是以羔羊肉製作，至今仍有些派是以此製成。遵守傳統的糕餅師會將未烘烤的熱水派皮靜置乾燥 2～3 天，再加入肉餡與新鮮派盒上蓋。這使得派盒更為酥脆，且能保持形狀，不會在烘焙時凹陷並在中間凸出一圈。不過這對家庭烘焙來說有些麻煩，我偏好先將派製作完成然後放在冰箱靜置隔夜，隔天就能立刻烘烤。但若當天烘焙也完全沒有問題。

和邊緣壓出皺褶裝飾的豬肉派不同，蘇格蘭必須將上蓋整齊塞進派盒中，讓表面平滑，製作出傳統的造型。這讓派盒頂端留下一個盆狀空間，可倒入肉汁或以湯勺舀入一些馬鈴薯泥、焗豆、青豆或其他配料，或者你喜歡的醬汁。若以野味或甚至傳統的羔羊肉製作蘇格蘭派，最後加上糖煮蔓越莓或黑莓將會非常吸引人。雖然嚴格說來，這已不是蘇格蘭派而其實是野味肉派，但仍是無庸置疑的佳餚。且頂端加入色彩豔麗的醬汁、搭配一片新鮮的綠月桂葉或一支迷迭香，外觀將會非常美麗。

傳統上蘇格蘭派不會刷蛋液，且會烘烤成較淺金黃色，但你當然也可刷上，讓派更為上色。只要確認派的中心溫度達到 75°C（167°F）就表示烘烤完成了。

份量：6 個派
使用模具：六個寬 10 cm（4 inch）、高 4 cm（1½ inch）的彈性邊框活動蛋糕模，或使用一個直徑 10 cm（4 inch）的派柱或果醬瓶、玻璃杯

熱水派皮
熱水派皮　1 份（見第 194 頁）
牛奶　黏合派皮用

內餡
羔羊絞肉（如使用羊頸肉）或羊絞肉，或混合牛腹脅與羊絞肉，或野味絞肉　600 g（1 lb 5 oz）
黑胡椒粉　1 小匙
肉豆蔻皮　¼ 小匙
肉豆蔻粉　¼ 小匙
鹽　½ 小匙

作法

1. 依照第 194 頁的說明製作熱水派皮，將派皮分為六等份，每一份中取出三分之一的留作派盒上蓋。將派盒用的派皮塑形成扁圓片，將上蓋用的派皮擀成直徑 12 cm（4½ inch）的圓片，並在每一片中央切出一個小蒸氣孔。

2. 在直徑 10 cm（4 inch）的彈性邊框活動模中將派皮入模，或是使用直徑 10 cm（4 inch）的派柱或果醬瓶製作派殼。

3. 製作內餡：將香料與鹽拌入絞肉中，仔細揉捏至所有風味混合成為一體。

4. 將內餡等份裝入派盒中，把肉餡妥善推至各個角落，不要留下空隙。在派皮內部邊緣一圈刷上牛奶，然後將派皮上蓋放在肉餡頂端嵌入派盒中。將派皮上蓋邊緣往上折，與派盒壓緊黏合，做出一圈高 1.5～2 cm（⅝–¾ inch）的外緣。將派放在冰箱內靜置 1 小時（若你計畫隔天享用，靜置隔夜）。

5. 將烤箱預熱至 200°C（400°F），烘焙 35～40 分鐘直到派呈現金黃色。派可以趁熱享用、冷卻後冷食，或享用前再復熱。你也可將派冷凍、在冰箱靜置隔夜退冰，接著烘烤至內餡滾燙。

康瓦爾餡餅
Cornish pasties

餡餅是半圓形、可用手拿、邊緣做出特殊皺褶的派。餡餅如今多半在英國火車站販賣，有著不同內餡口味，但過去它們的內餡僅限於肉類、馬鈴薯、洋蔥與蕪菁。漁夫和其他工人都會食用餡餅，但在康瓦爾許多錫、銅礦場工作的礦工特別如此。這些礦場至今都還散落在崎嶇難行的康瓦爾半島上。1861 年，一篇來自里茲的新聞報導指出，當時康瓦爾餡餅已向該地遊客販售，餡餅不再只是工人們的食物，維多利亞時代的遊客也將它們視為當地名產購買。

19 世紀初期，許多康瓦爾礦工移民至美國加州、蒙大拿州、密西根州、威斯康辛州與賓夕法尼亞洲，也有人移民至墨西哥與澳洲。康瓦爾礦工被認為是世界最優秀的礦工，以擁有最先進工具及最佳技術享譽世界，他們開始在各地礦場工作，其中有些礦場甚至是由英國投資者設立。他們將康乃爾餡餅文化帶到當地，這些地區因而也出現了同樣的文化。1968 年，密西根州長喬治·羅姆尼（George Romney）宣布 5 月 24 日是該州的餡餅日，現在因此能看到有些地方販賣「密西根餡餅」（Michigan pasties）。

在墨西哥伊達爾戈州（Hidalgo），餡餅則是當地礦業歷史遺緒。此地的餡餅內餡為墨西哥風格，例如紅辣椒加上巧克力的「摩爾混醬」（mole），還有以墨西哥煙椒、燈籠椒與番茄製作的醬汁醃漬的手撕豬肉「廷加」（tinga）。在充滿康瓦爾風格的墨西哥米內拉德蒙特（Real Del Monte）[1] 鎮上，「正宗餡餅」（auténtico paste）會以康瓦爾黑白旗做裝飾。當地有一個餡餅博物館，且每年都會舉辦國際餡餅節。

2011 年，康瓦爾餡餅獲得歐盟地理標示保護認證，這表示只有在康瓦爾製作、外觀像英文字母「D」、含有至少 12.5% 的生牛肉、蕪菁、馬鈴薯、洋蔥，經過稍微調味的餡餅，才能稱為「康瓦爾餡餅」，此外，必須使用酥脆派皮麵團製作，並在餡餅其中一面的邊緣而非頂端壓出皺褶。不過我曾在一張 1900 年左右的明信片上，發現皺褶在餡餅頂端而非側邊，因此皺褶位置仍有爭議。這顯示人們認為的「道地」或「傳統」其實經常沒那麼肯定無疑。

份量：6 個餡餅

酥脆派皮

中筋麵粉　600 g（1 lb 5 oz）
海鹽　½ 小匙
冰涼奶油　300 g（10½ oz）（切丁）
水　150 ml（5 fl oz）
麵粉　工作檯撒粉用
蛋黃 2 顆＋牛奶 2 大匙　蛋液用

內餡

牛膈柱肌（onglet）、側腹橫肌牛排（skirt steak）
或牛肝連肌（hanging tender）　450 g（1 lb）
粉質馬鈴薯　450 g（1 lb）
蕪菁　120 g（4¼ oz）
洋蔥　2 個
海鹽與胡椒　調味適口用

作法

1. 製作派皮：將麵粉、鹽、奶油一起放入裝上刀片的食物調理機中，以瞬間高速功能打 8 秒，或是直到成為如麵包粉狀的質地。加入水，再用瞬間高速功能攪打一次，直到成為一球麵團。從調理盆中取出麵團稍微揉捏。你也可以用手將奶油揉入麵粉與鹽中，直到成為麵包粉般的質地，然後加入水，接著從調理盆中移出，揉捏麵團至聚合成型。用保鮮膜包裹麵團後放入冰箱靜置 30 分鐘。

2. 將烤箱預熱至 190°C（375°F）並在一個烤盤上鋪上烘焙紙。

3. 製作內餡：將牛肉、馬鈴薯與蕪菁切成 1 cm（½ inch）立方的小丁，洋蔥剁碎。在一個大型調理盆中混合牛肉與蔬菜，然後以鹽和胡椒調味。

4. 將派皮在撒了粉的工作檯上擀開。以一個直徑約 24 cm（9½ inch）的淺盤為基準，切出 6 個圓片，然後在邊緣塗上蛋液。將內餡分為六等份後放在圓片上並對折。用手指在派皮上以傳統方式壓出皺褶。

5. 將餡餅放在烤盤上，刷上蛋液，烘焙 40～50 分鐘直到呈現金黃褐色。趁熱享用，或在隔日享用前復熱。

---

1. 米內拉德蒙特又名「Real Del Monte」，是位於墨西哥中部伊達爾戈州的山城，擁有豐富的採礦歷史。

香料果乾派與香料果乾餡
Mince pies & mincemeat

香料果乾派從性質上來看，是非常具有中世紀風格的。這些豐腴的塔填滿酒漬果乾與香料，是一種身分地位的象徵，因爲只有富人才負擔得起此等美味。香料果乾派（mince pies）中填了香料果乾餡（mincemeat，從「minced meat」［絞肉］變化而來），而這使人能立刻掌握這個塔的歷史由來：過去香料果乾派曾經是含肉的，但如今只剩下其中的板油或腎臟油脂還能提示它含肉的過往。牛肉是經常使用的餡料之一，有時也用小牛肉或牛舌、羔羊肉。雖然羊肉和香料、水果也很搭，且對大部分的人來說更容易取得，但我認爲羔羊肉是最棒的組合。

1390 年，第一本以英語寫就的食譜書《烹飪之法》（*The Forme Of Cury*）[1] 中包含了許多和香料果乾派類似的塔食譜，有些甚至是以白肉魚或鮭魚取代肉類。其中「肉塔」（Tarte Of Fleshe）和香料果乾派最爲接近。傑瓦斯・馬坎則在他 1615 年的香料果乾派中使用了整隻羔羊腿：

香料果乾派（Minc't Pie）
取一隻羔羊腿，切下最好的部位，汆燙後將其撕成細絲，均勻抹上 3 磅最好的羔羊板油，接著以鹽、丁香和肉豆蔻皮調味。加入大量的小粒無籽葡萄乾、高品質的大粒黑葡萄乾、清洗乾淨的嚴選李子乾、數粒蜜棗乾切絲以及糖漬橙皮切絲。全部一起混合均勻，放入一個或數個派盒中烘烤。上桌時打開派盒上蓋，在肉餡表面和派盒上蓋撒上糖。你也可以使用牛肉或小牛肉製作，若使用牛肉則不須汆燙；使用小牛肉時需加入 2 倍的板油。
《英格蘭主婦》，傑瓦斯・馬坎，1615

香料果乾派在 17 與 18 世紀時尺寸大幅縮小，且被做成不同的形狀，然後一起擺在上菜盤中整體形成一個圖案，宛如裝飾性拼圖的不同部件。

雖然香料果乾派在每一個重要的慶祝場合皆會出現，但從 19 世紀開始，它們與耶誕節產生連結。維多利亞時代會以酥脆派皮作爲香料果乾派的基底、上蓋則由千層酥皮製成。一直要到 20 世紀，肉類才終於從烹飪書裡香料果乾派的食譜中消失。如今一次只會使用一種派皮，不是酥脆派皮（已成爲傳統）就是千層酥皮（現已少見）。

果乾和香料的組合有很多種變化，但大粒黑葡萄乾、小粒無籽葡萄乾與糖漬檸檬皮、香櫞皮及（或）橙皮是基本。有些古老的食譜也會加入李子乾、蜜棗乾、無花果乾或糖漬生薑。香料則通常使用肉桂、丁香、肉豆蔻皮與肉豆蔻。一定會有削成細絲的蘋果和西洋梨，有時還會加入檸檬或橘子汁——通常由賽維亞橙（Serville oranges）[2] 製成（這種橘子非常酸且通常是英式柑橘果醬的基底）。

你可以用本食譜製作大份量的香料果乾餡，然後裝入消毒後的瓶子放在冰箱中保存，最長可保存 6 個月。最好在使用前一個月事先製作，讓風味熟成。香料果乾餡可搭配本書中的不同食譜運用，例如第 229 頁的昆布蘭蘭姆果乾派與第 137 頁的埃克爾斯蛋糕。

比起本書中其他的塔，香料果乾派使用的酥脆派皮更爲細緻。

---

1. 書名原文中的「cury」來自中世紀的法語「cuire」，即烹煮、烹調之意。
2. 賽維亞橙又稱酸橙、苦橙。

份量：9 個小塔
使用模具：一個直徑 6 cm（2½ inch）的多連淺派模

細緻酥脆派皮

中筋麵粉　180 g（6 oz）
糖粉　20 g（¾ oz）
海鹽　一小撮
冰涼奶油　100 g（3½ oz）（切丁）
冷水　1 大匙
蛋黃　1 顆
奶油　模具上油用
麵粉　模具撒粉用
蛋黃 1 顆＋牛奶 1 大匙　蛋液用

內餡

香料果乾餡　200 g（7 oz）（如下）

香料果乾餡（880 g/1 lb 15 oz）

小粒無籽葡萄乾　175 g（6 oz）
大粒黑葡萄乾　175 g（6 oz）
燉蘋果　175 g（6 oz）（小塊狀）
糖漬橙皮　50 g（1¾ oz）
李子乾　50 g（1¾ oz）（去籽、切碎）
板油碎片或冷凍、磨成細絲的奶油　115 g（4 oz）
還原棕糖　115 g（4 oz）
肉桂粉　½ 小匙
肉豆蔻皮粉　½ 小匙
丁香粉　½ 小匙
肉豆蔻粉　¼ 小匙
薑粉　¼ 小匙
海鹽　一小撮
檸檬或賽維亞橙果汁與皮屑　½ 顆份
白蘭地或蘭姆酒（或雪莉酒與蘭姆酒各半）　250 ml
（9 fl oz）

作法

1. 將所有香料果乾餡的材料放入調理盆中，加入白蘭地或蘭姆酒淹過果乾。攪拌均勻，靜置隔夜。隔天再次攪拌，然後分裝在消毒後的保存罐中。

2. 製作派皮：將麵粉、糖與鹽在一個大型調理盆中混合，將奶油以手揉入混合粉類中，直到成為如麵包粉般的質地。加入水與蛋黃，揉捏直到所有材料聚合成一個光滑的麵團。你也可以使用食物調理機製作派皮。用保鮮膜包裹麵團後放入冰箱靜置 30 分鐘。

3. 將烤箱預熱至 180°C（350°F）。以奶油為塔模上油，然後在每一個塔模底部鋪上一張圓形烘焙紙，撒上麵粉。

4. 稍微揉捏麵團使其變得光滑，然後拍成一個長方形，接著擀開至 3 mm（⅛ inch）厚。以圓形切模切出九個直徑約 7～8cm（2¾-3¼ inch）的圓片。輕輕將圓形派皮壓入塔模中，以叉子在每個塔殼的底部戳洞三次。

5. 將剩下的派皮重新揉捏成團，然後擀開後切出派盒的上蓋——你可以選擇自己喜歡的式樣，但星型是最傳統的。

6. 將內餡分別填入塔中，向下輕壓。將派盒上蓋放在內餡頂端，刷上蛋液。

7. 放入烤箱中層烘焙 20～25 分鐘，直到呈現金黃褐色。

8. 趁熱食用，冷食也可。

含肉香料果乾派
Mince pies with meat

份量：9 個小塔
使用模具：一個直徑 6 cm（2½ inch）的多連淺派模

細緻酥脆派皮

中筋麵粉　180 g（6 oz）

糖粉　20 g（¾ oz）

海鹽　一小撮

冰涼奶油　100 g（3½ oz）（切丁）

冷水　1 大匙

蛋黃　1 顆

奶油　模具上油用

麵粉　模具撒粉用

蛋黃 1 顆＋牛奶 1 大匙　蛋液用

內餡

羊肉（細絞肉或剁碎）　40 g（1½ oz）

肉桂粉　1 小匙

黑胡椒　一大撮

香料果乾餡　160 g（5½ oz）（見第 221 頁）

作法

1. 製作派皮：將麵粉、糖與鹽在一個大型調理盆中混合，將奶油以手揉入混合粉類中，直到成為如麵包粉般的質地。加入水與蛋黃，揉捏直到所有材料聚合成一個光滑的麵團。你也可以使用食物調理機製作派皮。用保鮮膜包裹麵團後放入冰箱靜置 30 分鐘。

2. 製作內餡：將肉與肉桂粉、黑胡椒放入煎鍋中稍微煎過，但不要上色。混合肉餡與香料果乾餡，攪拌均勻。

3. 將烤箱預熱至 180°C（350°F）。以奶油為塔模上油，然後在每一個塔模底部鋪上一張圓形烘焙紙，撒上麵粉。

4. 稍微揉捏麵團使其變得光滑，然後拍成一個長方形，接著擀開至 3 mm（⅛ inch）厚。以圓形切模切出九個直徑約 7～8cm（2¾-3¼ inch）的圓片。輕輕將圓形派皮壓入塔模中，以叉子在每個塔殼的底部戳洞三次。

5. 將剩下的派皮重新揉捏成團，然後擀開後切出派盒的上蓋──你可以選擇自己喜歡的式樣，但星型是最傳統的。

6. 將內餡分別填入塔中，向下輕壓。將派盒上蓋放在內餡頂端，刷上蛋液。

7. 放入烤箱中層烘焙 20 ～ 25 分鐘，直到呈現金黃褐色。

* 本食譜的味道較為柔和，你可以用肉餡和香料果乾餡各半製作出肉味更濃郁的版本。

班柏利蘋果派
Banbury apple pie

　　班柏利蘋果派是一種封閉式的蘋果派，我們如今多半經由美國而熟知。這種甜味派餅來自英格蘭，它們出現在此地菜單上已有數世紀之久，不是上蓋會以派皮做出裝飾，再不然就會將派本身切成不同的形狀，成爲古老食譜書中會出現的「切擺式塔」（cut laid tarts）。

　　歷代以來，蘋果派在英國皆非常普遍。我在一個 1928 年的報紙上發現這個食譜，我很喜歡此食譜與牛津郡班柏利鎮有所相關，雖然奇怪的是，它其實是出現在另一個郡而非班柏利所在的牛津郡。

　　你需要一個有著寬大邊緣的派盤，足夠鋪上派皮底部及內餡後，再蓋上派皮上蓋。

份量：6 ～ 8 人份
使用模具：一個直徑 22 cm（8½ inch）的派盤

酥脆派皮
中筋麵粉　250 g（9 oz）
糖粉　100 g（3½ oz）
海鹽　一小撮
冰涼奶油　125 g（4½ oz）（切丁）
全蛋　1 顆
水　1 大匙
奶油　模具上油用
麵粉　模具與工作檯撒粉用
蛋黃 1 顆＋牛奶 1 大匙　蛋液用

內餡
考克斯蘋果（Cox）、紅龍蘋果（Jonagold）或其他品種的紅蘋果　1 kg（2 lb 4 oz）
原糖　100 g（3½ oz）
肉桂粉　1 小匙
薑粉　¼ 小匙
小粒無籽葡萄乾　50 g（1¾ oz）
糖漬柑橘皮　25 g（1 oz）
奶油　50 g（1¾ oz）（切丁）

作法

1. 製作派皮：將麵粉、糖、鹽和奶油一起放入裝上刀片的食物調理機中，以瞬間高速功能打 8 秒，或是直到成爲如麵包粉狀的質地。加入全蛋與水，再用瞬間高速功能攪打一次，直到成爲一球麵團。從調理盆中取出麵團稍微揉捏。用保鮮膜包裹麵團後放入冰箱靜置 30 分鐘。
2. 將烤箱預熱至 190°C（375°F）。
3. 將蘋果切成薄片後再切成三段，與糖、香料混合均勻。總共需要 650 g（1 lb 7 oz）蘋果切片。
4. 以奶油爲派盤上油，撒上麵粉。將一半的派皮在灑了粉的工作檯上擀成薄片，然後放在派盤中，在邊緣刷上蛋液。
5. 將一半的蘋果餡以湯匙舀入派中，在上方均勻撒上小粒無籽葡萄乾，接著加入糖漬柑橘皮。加入剩下的蘋果餡與奶油丁。
6. 將剩下的派皮擀成薄片，放在蘋果餡上，切除多餘派皮。以叉子壓緊派皮邊緣，或是用手指壓出貝殼型的花邊。在派皮中央切割出十字型或是切出一個孔洞，使蒸氣可以由此逸散。以剩下的派皮做裝飾，並刷上蛋液。
7. 將派在烤箱中層烘焙 40 ～ 45 分鐘，稍微冷卻 5 分鐘後再搭配冰淇淋、卡士達醬（見第 49 頁）或大量的凝脂奶油趁熱享用。

藍莓淺盤派
Blueberry plate pie

　　如果你喜歡很多怡人的水果和果汁，藍莓淺盤派會是完美的選擇。它底部沒有派皮，所以享用時只需切開派皮上蓋然後和水果一同盛出即可。新鮮或冷凍莓果都很合適，記得多嘗試其他種類的莓果，譬如黑莓或蔓越莓——除了草莓以外任何一種都會非常美味。

份量：6～8 人份
使用模具：一個直徑 22 cm（⅛ inch）的派盤

酥脆派皮

中筋麵粉　250 g（9 oz）
糖粉　100 g（3½ oz）
海鹽　一小撮
冰涼奶油　125 g（4½ oz）（切丁）
全蛋　1 顆
水　1 大匙
奶油　模具上油用
麵粉　模具與工作檯撒粉用
蛋黃 1 顆＋牛奶 1 大匙　蛋液用

內餡

藍莓　650 g（1 lb 7 oz）
原糖　20 g（¾ oz）
肉桂粉　¼ 小匙
玉米粉（玉米澱粉）　1 大匙

作法

1. 製作派皮：將麵粉、糖、鹽和奶油一起放入裝上刀片的食物調理機中，以瞬間高速功能打 8 秒，或是直到成為如麵包粉狀的質地。加入全蛋與水，再用瞬間高速功能攪打一次，直到成為一球麵團。從調理盆中取出麵團稍微揉捏。用保鮮膜包裹麵團後放入冰箱靜置 30 分鐘。

2. 將烤箱預熱至 190°C（375°F）。以奶油為派盤上油。

3. 製作內餡：將藍莓、糖、肉桂粉和玉米粉在調理盆中混合均勻，然後以湯勺舀入派盤中。

4. 將派皮擀成薄片，放在藍莓餡上，切除多餘派皮。以叉子壓緊派皮邊緣，或是用手指壓出漂亮的邊緣。在派皮中央切出一個孔洞，使蒸氣可以由此逸散。以剩下的派皮做裝飾，並刷上蛋液。

5. 將派放在一個鋪了烘焙紙的烤盤上，以免內餡漏出。將派在烤箱中層烘焙 40～45 分鐘。稍微冷卻 5 分鐘後再搭配香草冰淇淋、卡士達醬（見第 49 頁）或凝脂奶油趁熱享用。

昆布蘭蘭姆果乾派
Cumberland rum nicky

　　昆布蘭蘭姆果乾派是一種在酥脆派皮中填入浸漬在蘭姆酒中的果乾與糖漬水果的派——也可說是一個巨型香料果乾派。這個派訴說了 18 世紀北英格蘭和加勒比海之間砂糖、烈酒與水果的貿易故事。很不幸地，它也同樣訴說了甘蔗種植業的奴隸貿易故事 [1]。

酥脆派皮

中筋麵粉　250 g（9 oz）

糖粉　100 g（3½ oz）

海鹽　一小撮

冰涼奶油　125 g（4½ oz）（切丁）

全蛋　1 顆

水　1 大匙

奶油　模具上油用

麵粉　模具與工作檯撒粉用

蛋黃 1 顆＋牛奶 1 大匙　蛋液用

內餡

香料果乾餡　140 g（5 oz）（見第 221 頁）

作法

1. 製作酥脆派皮：將麵粉、糖、鹽與奶油一起放入裝上刀片的食物調理機中，以瞬間高速功能打 8 秒，或是直到成為如麵包粉狀的質地。加入全蛋與水，再用瞬間高速功能攪打一次，直到成為一球麵團。從調理盆中取出麵團稍微揉捏。用保鮮膜包裹麵團後放入冰箱靜置 30 分鐘。

2. 將烤箱預熱至 190°C（375°F）。

3. 以奶油為派盤上油並撒上麵粉。將一半的派皮在灑了粉的工作檯上擀成薄片，然後放在派盤中，切除多餘的派皮並在邊緣刷上蛋液。將剩下的派皮擀開。

4. 將香料果乾餡放入派中，在上方鋪上第二片派皮並切除多餘部分。將邊緣以手或使用壓模壓緊。以多餘的派皮裝飾。

5. 在派表面刷上蛋液，放入烤箱中層烘焙 20 ～ 25 分鐘。

6. 直接上桌或加上卡士達醬（見第 49 頁）一起享用。

---

1. 英國在 17 世紀建立飲茶習慣，對砂糖需求巨大，於是開始在加勒比海殖民地種植甘蔗。由於甘蔗種植與製糖都需要大量勞動力，但加勒比海的原住民因歐洲人帶來的傳染病和奴役幾乎滅絕，於是開始了慘無人道的「三角貿易」：英國將棉織品、槍砲等運至西非交換黑奴，再將黑奴運往加勒比海諸島種植甘蔗，最後將蔗糖運回英國。此舉為英國帶來莫大的利益，促成了產業革命，但數千萬非洲人被迫遠離家園成為奴隸，死在前往加勒比海的船上或勞動條件惡劣的甘蔗園中。蘭姆酒的誕生，則是由於甘蔗園中的奴隸發現提煉砂糖剩下的殘餘糖蜜能用來釀酒。其後廉價的烈酒逐漸流行，被殖民者用來痲痹奴隸的不滿，並傾銷回西非換取更多奴隸。

泰德思維爾，德比郡峰區（Tideswell, Peak District, Derbyshire）

貝克維爾，德比郡峰區（Bakewell, Peak District, Derbyshire）

貝克維爾塔
Bakewell tart

　　貝克維爾每一條街的街角都有一家糕餅店，每一家店都宣稱他們製作獨一無二的元祖貝克維爾布丁（Bakewell pudding），而這正是讓這個湖區小鎮如此出名的糕點。實際上到底是誰發明了貝克維爾布丁呢？流傳最廣的的故事說，貝克維爾布丁起源於 1850 年左右，當地一家名為拉特蘭・阿姆斯（Rutland Arms）的酒館中，有位女侍在閱讀女主人安・格里維斯（Anne Grieves）的食譜時不小心犯了一個錯，因而創造出一種嶄新的糕點，他們將其命名為貝克維爾布丁。不過，貝克維爾布丁的食譜早在 20 年前的兩本手抄食譜書中便已出現，也刊登在 1836 年出版的《家庭烹飪雜誌》（*The Magazine of Domestic Cookery*）上。在 1948 年的《英格蘭與威爾斯傳統珍饈》（*Traditional Fare of England and Wales*）中，有道食譜是這麼說的：「1835 年左右，一位史蒂芬・布萊爾（Stephen Blair）先生花了 5 英鎊向一家位於貝克維爾的旅館買下這道食譜。」

　　但在貝克維爾值得品嘗的可不只是貝克維爾布丁，還有貝克維爾塔。當我為自己的第一本書展開研究調查時，我身負前往貝克維爾揭開圍繞著這兩種相似糕餅謎團的任務。貝克維爾布丁有著卡士達內餡，基底為千層酥皮，但貝克維爾塔的質地更像蛋糕（近年來多半以杏仁奶油餡製作）且是在酥脆派皮製成的基底中烘烤。貝克維爾塔是否有可能是基於貝克維爾布丁發展的晚近發明呢？19 世紀烹飪書中已包含貝克維爾塔的食譜，但它們被稱為貝克維爾布丁，這顯示當時人們同時製作兩種貝克維爾布丁，只不過其中一種在 20 世紀早期被更名為貝克維爾塔。

　　貝克維爾布丁其實很可能是將一種 18 世紀的布丁甜點重新命名以創造當地特色美味，好招徠因當地火車開通而逐日增加的維多利亞遊客的手法。今日我們在貝克維爾還能找到另一種當地糕點，但這次就不是由廚房女僕發明的了。最近我和BBC錄製了一個關於超市版本的貝克維爾塔——淋上糖霜的「櫻桃貝克維爾」（Cherry Bakewell）如何誕生的節目。我發現，雖然五年前此地還沒有淋糖霜的貝克維爾塔（一家糕餅店甚至貼了張告示指出顧客不該要求這種版本，因為「貝克維爾塔不會淋上糖霜」），但如今卻能選擇普通或是加了糖霜的版本。貝克維爾的布魯姆麵包店（Bloomer of Bakewell，即前述張貼告示的店家）老闆告訴我，令人傷心的是，如今遊客要求有霜飾的貝克維爾塔，是因為他們從超市認識這種糕點，且認為這才是正宗的。也可以使用烤盤製作整模的櫻桃貝克維爾，切分後它們名為「貝克維爾切片」。

　　淋了糖霜的「櫻桃貝克維爾」是一種完全不同的產品。雖然和元祖貝克維爾糕餅毫無關聯，它的貝殼型花邊塔殼與光滑的白色糖霜、加上中央一粒櫻桃的造型確變得非常知名。這是一家蛋糕製造大廠「吉普林先生」（Mr. Kipling）在 1970 年代開發的產品，今日它已在英國各地大規模生產。因此貝克維爾糕點的歷史將再次改變：我們如今所知的貝克維爾塔，被開發來大量生產、上面有一顆櫻桃的霜飾版本取代，只不過是時間問題。

　　本書中的食譜是根據萊爾夫人（Mrs Leyell）於 1927 年出版的《布丁》（*Pudding*）一書中的貝克維爾布丁食譜而來。雖然此書名為「布丁」而不是「塔」，但這個食譜其實是我們如今所知的貝克維爾塔。它和現今商品化的貝克維爾塔唯一的不同之處，在於使用了麵包粉與杏仁粉而非杏仁奶油餡，因而能做出更優良、更扎實的內餡。製作這個版本的貝克維爾塔，就是讓舊式版本持續存活。由於這個塔的扎實質地，它能放在密封盒中保存許多天。我認為烘烤隔天風味甚至更好。

份量：6～8 人份
使用模具：一個直徑 20 cm（8 inch）的圓形蛋糕模

派皮
酥脆派皮　1 份（見第 235 頁）

內餡
杏桃核仁　20 g（¾ oz）
玫瑰水　1 大匙
奶油　150 g（5½ oz）
原糖　75 g（2½ oz）
杏仁粉　150 g（5½ oz）
新鮮白麵包粉　50 g（1¾ oz）
全蛋　2 顆
現磨肉豆蔻　一小撮
覆盆子果醬　3 大匙
杏仁片　一把
麵粉　模具與工作檯撒粉用
奶油　模具上油用

作法

1. 依照第 235 頁的說明製作酥脆派皮。
2. 以第 21 頁說明的方式為模具上油、撒粉。將派皮在撒了粉的工作檯上擀開至 5 mm（¼ inch）厚。將邊緣往內摺使派皮能夠順利入模，然後輕輕將其抬起放入模具內、沉降至底部。以一小塊多餘的麵團將派皮的邊緣緊壓與模具貼合。以刀切除多餘派皮，然後用叉子在底部戳洞。將派皮連模放入冰箱靜置至少 30 分鐘或隔夜（由於希望讓派皮與內餡稍微融合，不會先空烤派皮）。
3. 以滾水汆燙杏桃核仁，然後去皮。以研磨缽和杵將杏桃核仁和玫瑰水一起搗成糊。
4. 在醬汁鍋中融化奶油，但不要沸騰起泡。鍋子離火後加入糖、杏仁粉、杏桃核仁糊與麵包粉，攪拌均勻。加入蛋和肉豆蔻混合均勻，接著將內餡靜置至少 1 小時。靜置時間即將結束時，將烤箱預熱至 200° C（400° F）。
5. 在派皮底部塗上果醬，然後將內餡填入直至模具頂端。撒上杏仁片，烘烤 30～35 分鐘，直到呈現金黃褐色。

羅望子塔
Tamarind tart

18 世紀時，羅望子是一種很受歡迎但極少見的一種食材，它經由東印度公司來到英國。羅望子是一種豆莢狀的果實，看起來有點像柔軟的花生殼；內部藏著黏稠的黑色果肉，許多文化皆會在料理中使用，特別是印度。羅望子能爲食物添加酸度且增強風味。這個塔將羅望子與月桂葉、肉豆蔻皮結合，使其變得極爲獨特。

查爾斯・卡特（Charles Carter）在他 1730 年出版的《完善實用烹飪》（*The Complete Practical Cook*）書中提供了一個在蛋糕中加入蜜棗乾（他稱爲「黑李」[prunellas]）或羅望子的選項。原本食譜使用千層酥皮，但酥脆派皮更爲合適。

份量：6 ～ 8 人份
使用模具：一個直徑 20 cm（8 inch）的圓形蛋糕模

酥脆派皮
中筋麵粉　250 g（9 oz）
糖粉　100 g（3½ oz）
海鹽　一小撮
冰涼奶油　125 g（4½ oz）
全蛋　1 顆
水　1 大匙
奶油　模具上油用
麵粉　模具與工作檯撒粉用
蛋黃 1 顆＋牛奶 1 大匙　蛋液用

羅望子卡士達餡
全脂牛奶　500 ml（17 fl oz）
鮮奶油（乳脂肪含量 40% 以上）　150 ml（5 fl oz）
原糖　50 g（1¾ oz）
新鮮月桂葉　1 片
肉豆蔻皮　1 瓣
蛋黃　6 顆
全蛋　1 顆
無糖濃縮純羅望子泥　2 ～ 3 大匙（若能取得新鮮羅望子果莢也可使用）

作法

1. 製作酥脆派皮：將麵粉、糖、鹽與奶油一起放入裝上刀片的食物調理機中，以瞬間高速功能打 8 秒，或是直到成爲如麵包粉狀的質地。加入全蛋與水，再用瞬間高速功能攪打一次，直到成爲一球麵團。從調理盆中取出麵團稍微揉捏。用保鮮膜包裹麵團後放入冰箱靜置 30 分鐘。

2. 以奶油爲模具上油並撒上麵粉，將派皮在撒了粉的工作檯上擀開。輕輕將派皮移至模具上方，然後讓其沉降至底部。以一小塊多餘的麵團將派皮緊壓入模。用刀切除多餘派皮，然後用叉子在底部戳洞。將派皮連模冷凍 1 小時或放入冰箱冷藏數小時。烤箱預熱至 200°C（400°F）。

3. 揉皺一張烘焙紙，再將其壓平後放入塔殼中，這能讓烘焙紙更服貼模具的形狀。將烘焙石或米填入塔殼，送入烤箱中層空烤 10 分鐘或直到邊緣上色。移除烘焙紙和烘焙石或米，繼續烘焙 5 分鐘將塔殼烤乾。

4. 在派殼底部遍刷上蛋液，使其之後不會變得濕軟。再次烘焙 5 分鐘，將派殼取出放涼。

5. 製作羅望子卡士達內餡：將牛奶和鮮奶油、糖、月桂葉與肉豆蔻皮一起在鍋中加熱，在另一個調理盆中將蛋黃與全蛋一起打散。移除牛奶鍋中的月桂葉與肉豆蔻皮，接著將一些溫熱的牛奶與鮮奶油混合液倒入蛋液中混合均勻，避免過熱的液體瞬間將蛋黃燙熟。將剩下的牛奶倒入蛋液中，持續攪打均勻。

6. 將約 ⅛ 小匙的羅望子一點一點地滴入塔殼中，直到底部如同布滿斑點般。將卡士達醬過濾入罐中，然後倒入塔殼中覆蓋羅望子醬。

7. 將烤箱降溫至 130°C（250°F）並將羅望子塔放入烤箱下層烘焙 35 ～ 40 分鐘。

卡士達塔
Custard tarts

卡士達塔的蹤跡在中世紀就已出現，最早的食譜來自約 1390 年第一本以英語寫作的英格蘭食譜書，名爲《烹飪之法》。由於是經由木炭生火的烤爐烘焙，過去卡士達塔是以強韌的派皮製成。這種派皮是以手塑形，如同製作豬肉派的派皮一樣。現在卡士達塔中會加入香草，但這其實是一種現代才有的做法。原本卡士達塔中會使用豐富的香料，例如番紅花、月桂葉、薑、肉豆蔻皮、丁香、肉桂與胡椒；另外也會加入如李子乾與蜜棗等果乾。還有新鮮野草莓。

你可以使用一般的切模切出塔皮，但有花邊的切模帶有復古風格，能做出許多人童年回憶中的卡士達塔。如今傳統的英格蘭卡士達塔已逐漸從店鋪中消失，取而代之的是更馥郁、以千層酥皮製成的葡式蛋塔。

份量：12 ～ 14 個小塔或是一個直徑 24 cm（9½ inch）的大型塔
使用模具：一個直徑 6 cm（2½ inch）的多連塔模

酥脆派皮
中筋麵粉　250 g（9 oz）
糖粉　100 g（3½ oz）
海鹽　一小撮
冰涼奶油　125 g（4½ oz）（切丁）
全蛋　1 顆
水　1 大匙
奶油　模具上油用
麵粉　模具撒粉用

卡士達餡
全脂牛奶　250 ml（9 fl oz）
鮮奶油（乳脂肪含量 40% 以上）　75 ml（2¼ fl oz）
原糖　25 g（1 oz）
新鮮月桂葉　1 片
肉豆蔻皮　1 瓣
蛋黃　3 顆
全蛋　1 顆
現磨肉豆蔻　少許

作法

1. 以奶油爲塔模上油，在每一個塔模底部鋪上一張圓形烘焙紙，撒上麵粉。
2. 製作酥脆派皮：將麵粉、糖、鹽與奶油一起放入裝上刀片的食物調理機中，以瞬間高速功能打 8 秒，或是直到成爲如麵包粉狀的質地。加入全蛋與水，再用瞬間高速功能攪打一次，直到成爲一球麵團。從調理盆中取出麵團稍微揉捏。用保鮮膜包裹麵團後放入冰箱靜置 30 分鐘。
3. 稍微揉捏麵團使其變得光滑，然後拍成一個長方形，接著擀開至 3 mm（⅛ inch）厚。以圓形切模切出 12 ～ 14 個直徑約 7 ～ 8cm（2¾-3¼ inch）的圓片。輕輕將圓形派皮壓入塔模中，以叉子在每個塔殼的底部戳洞三次。將派皮連模放入冰箱冷藏 30 分鐘。將烤箱預熱至 180° C。
4. 揉皺一張烘焙紙，再將其壓平後放入塔殼中，這能讓烘焙紙更服貼模具的形狀。將烘焙石或米填入塔殼，送入烤箱中層空烤 10 分鐘或直到邊緣上色。移除烘焙紙和烘焙石或米，繼續烘焙 5 分鐘將塔殼烤乾。將烤箱降溫至 120° C（235° F）。
5. 在派殼底部遍刷上蛋液，使其之後不會變得濕軟。再次烘焙 5 分鐘，將派殼取出放涼。
6. 製作卡士達內餡：將牛奶和鮮奶油、糖、月桂葉與肉豆蔻皮一起在鍋中加熱，在另一個大調理盆中將蛋黃與全蛋一起打散。移除牛奶鍋中的月桂葉與肉豆蔻皮，接著將一點點溫熱的牛奶與鮮奶油混合液倒入蛋液中混合均勻，避免過熱的液體瞬間將蛋黃燙熟。將剩下的牛奶倒入蛋液中，持續攪打均勻。
7. 將卡士達醬過濾入罐中，然後倒入冷卻的塔殼中。撒上現磨肉豆蔻，放入烤箱下層烘焙 35 ～ 40 分鐘。
8. 將卡士達塔放在網架上冷卻。

曼徹斯特塔
Manchester tart

　　曼徹斯特塔曾經作爲學童餐後甜點，一度在學校非常普遍。在 19 世紀的食譜中，塔的內餡會以麵包粉增稠。雖然這種做法也不錯，還能讓內餡增多，但我認爲 20 世紀的版本更細緻一些。這個塔的卡士達內餡比前一頁的卡士達塔內餡稍微豐厚一些，乾燥椰絲與一顆單獨的櫻桃則是讓它擁有復古造型不可或缺的食材。

份量：6 ～ 8 人份
使用模具：一個直徑 22 cm（8½ inch）的塔模

酥脆派皮
中筋麵粉　250 g（9 oz）
糖粉　100 g（3½ oz）
海鹽　一小撮
冰涼奶油　125 g（4½ oz）（切丁）
全蛋　1 顆
水　1 大匙
乾燥椰絲　裝飾用
酒香糖漬櫻桃　裝飾用
奶油　模具上油用
麵粉　模具與工作檯撒粉用

卡士達餡
全蛋　1 顆
蛋黃　5 顆
全脂牛奶　200 ml（7 fl oz）
鮮奶油（乳脂肪含量 40% 以上）　200 ml（7 fl oz）
檸檬皮屑　1 顆份
原糖　100 g（3½ oz）
覆盆子果醬　2 大匙

作法

1. 製作酥脆派皮：將麵粉、糖、鹽與奶油一起放入裝上刀片的食物調理機中，以瞬間高速功能打 8 秒，或是直到成爲如麵包粉狀的質地。加入全蛋與水，再用瞬間高速功能攪打一次，直到成爲一球麵團。從調理盆中取出麵團稍微揉捏。用保鮮膜包裹麵團後放入冰箱靜置 30 分鐘。

2. 以奶油爲塔模上油並撒上麵粉。將派皮在撒了粉的工作檯上擀開，然後輕輕將其抬起移至模具上方、再使其沉降至底部。以一小塊多餘的麵團將派皮的邊緣緊壓與模具貼合。以刀切除多餘派皮，然後用叉子在底部戳洞。將派皮連模冷凍 1 小時或放入冰箱數小時。

3. 將烤箱預熱至 200° C（400° F）。

4. 揉皺一張烘焙紙，再將其壓平後放入塔殼中，這能讓烘焙紙更服貼模具的形狀。將烘焙石或米填入塔殼，送入烤箱中層空烤 10 分鐘或直到邊緣上色。移除烘焙紙和烘焙石或米，繼續烘焙 5 分鐘將塔殼烤乾。將塔殼靜置冷卻。

5. 烤箱降溫至 180° C（350° F）。

6. 製作卡士達內餡：在一個大調理盆中將蛋黃與全蛋一起打散。將牛奶、鮮奶油、檸檬皮屑與糖一起在一個大鍋中加熱至沸騰，確認糖完全溶解。將一些熱牛奶與鮮奶油混合液倒入蛋液中混合均勻，避免過熱的液體瞬間將蛋黃燙熟。將剩下的牛奶倒入蛋液中，持續攪打均勻成爲滑順的醬汁。

7. 將醬汁倒回鍋中，轉小火持續攪拌，直到沾附在湯匙上的醬汁變得厚重、質地轉爲濃稠。離火後靜置一旁，使其稍微冷卻，此時可將塔殼塗上覆盆子果醬。

8. 將卡士達醬倒在覆盆子果醬上，然後將塔放入烤箱中層烘焙 20 ～ 25 分鐘，直到內餡凝固但搖晃塔時還會有些晃動的狀態。

9. 將塔放在往架上冷卻，撒上椰絲。中央那顆單獨的櫻桃並非必須，但能呈現一種純粹的復古懷舊風。

糖漿塔
Treacle tart

在哈利波特的奇幻世界中，家庭小精靈們經常烤製糖漿塔。在眞實世界的英格蘭，糖漿塔是一種老派的學校餐後甜點，而如同馬麥醬一般，你要嘛愛它、要嘛恨它。

將麵包粉和糖漿混合後放入烘焙食品中的做法可上溯至 19 世紀以前，但我們如今所知的糖漿塔出現的時間，其實比 1883 年發明的知名金黃糖漿略晚。它被稱作「糖漿塔」而非「金黃糖漿塔」，是因爲糖漿是煉糖過程中副產品的統稱。將胡桃加入塔殼中很不錯，但你也可以直接用更多的麵粉取代。

份量：6～8 人份
使用模具：一個直徑 22 cm（8½ inch）的塔模

胡桃酥脆派皮
中筋麵粉　200 g（9 oz）
胡桃　50 g（1¾ oz）（烘烤過後磨粉）
糖粉　100 g（3½ oz）
海鹽　一小撮
冰涼奶油　125 g（4½ oz）（切丁）
全蛋　1 顆
水　1 大匙
奶油　模具上油用
麵粉　模具與工作檯撒粉用

內餡
金黃糖漿　450 g（1 lb）
檸檬汁與皮屑　1 顆份
肉桂粉　1 小匙
薑粉　¼ 小匙
新鮮麵包粉　120 g（4¼ oz）
鮮奶油（乳脂肪含量 40% 以上）　3 大匙
全蛋　1 顆

作法

1. 製作胡桃酥脆派皮：將麵粉、胡桃粉、糖、鹽和奶油一起放入裝上刀片的食物調理機中，以瞬間高速功能打 8 秒，或是直到成爲如麵包粉狀的質地。加入全蛋與水，再用瞬間高速功能攪打一次，直到成爲一球麵團。從調理盆中取出麵團稍微揉捏。用保鮮膜包裹麵團後放入冰箱靜置 30 分鐘。

2. 以奶油爲塔模上油並撒上麵粉。將派皮在撒了粉的工作檯上擀開，然後輕輕將其抬起移至模具上方、再使其沉降至底部。以一小塊多餘的麵團將派皮的邊緣緊壓與模具貼合。以刀切除多餘派皮，然後用叉子在底部戳洞。將派皮連模冷凍 1 小時或放入冰箱數小時。

3. 將烤箱預熱至 200° C（400° F）。

4. 揉皺一張烘焙紙，再將其壓平後放入塔殼中，這能讓烘焙紙更服貼模具的形狀。將烘焙石或米填入塔殼，送入烤箱中層空烤 10 分鐘或直到邊緣上色。移除烘焙紙和烘焙石或米，繼續烘焙 5 分鐘將塔殼烤乾。

5. 製作內餡：將黃金糖漿與檸檬汁、檸檬皮屑、肉桂粉與薑粉一同在醬汁鍋內融化，加入麵包粉，離火後靜置 10 分鐘。攪拌入鮮奶油與全蛋，然後將內餡以湯勺舀入塔殼中。

6. 放入烤箱烘焙 30 分鐘。塔皮顏色會變深，這讓其味道更豐富。糖漿塔趁熱食用，加上凝脂奶油和一球香草冰淇淋，或是冷食搭配溫熱的卡士達醬（見第 49 頁）極爲可口。

仕女起司塔
Maids of honour

　　仕女起司塔是一種起司小蛋糕，根據人們熱愛的傳說之一，其命名來自亨利八世（Henry VIII）妻子的其中一位侍女。亨利八世在品嘗過這些塔之後爲此癡狂，以至於他將這位侍女幽禁在宮中，好讓她能爲自己製作這些塔。

　　仕女起司塔的食譜並未出現在亨利八世時代，但有時會在 18 世紀的食譜書中出現。位於倫敦附近、亨利八世曾經居住過的里奇蒙區（Richmond），有家「紐文元祖仕女起司塔店」（Newens The Original Maids of Honour）自 1850 年起便營業至今，現在在此還能買到以不外傳的祕方製作的美味起司塔。這些塔的食譜在不同烹飪古籍中各有差異，有的內餡是以卡士達製作，其他食譜則是以起司、杏仁粉增稠，有的時候甚至使用馬鈴薯泥。

　　本書的食譜是根據理查·布里格斯（Richard Briggs）1792 年出版的《烹飪新法》（*The New Art of Cookery*）一書而來。原本的食譜使用由新鮮牛奶加上凝乳酶製作的甜凝乳起司（curd cheese），但這種起司需要以未經巴氏滅菌法殺菌的牛乳製作，而這種牛乳在許多地方都無法取得（也不合法）。你也可以使用加入白脫牛奶或檸檬汁製成的「酸乳」（sour milk）製作仕女起司塔，這會使內餡的成品酸度更強。在這種情況下，我偏好以瑞可達起司代替凝乳起司。

份量：18 個塔
使用模具：一個直徑 6 cm（2½ inch）的多連淺派模

凝乳起司
生乳　2 公升（8 杯）
凝乳酶　1 小匙

快速千層酥皮
奶油　240 g（8½ oz）（切丁）
中筋麵粉　240 g（8½ oz）
海鹽　½ 小匙
冰水　130 ml（4 fl oz）
奶油　模具上油用

內餡
奶油　110 g（3¾ oz）
鮮奶油（乳脂肪含量 40% 以上）　100 ml（3½ fl oz）
白砂糖　110 g（3¾ oz）
蛋黃　4 顆
全蛋　1 顆
檸檬皮屑　½ 顆份
義大利糖漬香櫞　25 g（1 oz）（切極碎）
橙花水　1 滴
凝乳起司或瑞可達起司　230 g（8 oz）

作法

1. 製作凝脂起司：提前一天或半天製作。在一個大型調理盆上放上濾網，然後在濾網中放入一條乾淨的薄棉布（起司濾布）。將牛奶在一個大型醬汁鍋加熱至 37° C（99° F）然後離火，加入凝乳酶徹底攪拌均勻。靜置 15 ～ 30 分鐘或直到起司開始凝固（如果沒有變化，顯示加入的凝乳酶不夠多）。小心地將起司倒入濾布中，將乳清倒掉（也可保留之後烘焙使用）。將起司留置在碗上的濾布中瀝乾 4 小時。

2. 製作內餡：將奶油融化，放涼後加入鮮奶油、糖、蛋黃、全蛋、檸檬皮屑、糖漬香櫞和橙花水，混合均勻。將凝乳起司以細網目濾網過篩入一個大型調理盆中，然後緩緩加入奶油混合液，混拌均勻。

3. 將烤箱預熱至 180° C（350° F）並以奶油爲模具上油。

4. 依照第 137 頁說明的方式製作快速千層酥皮。

5. 將千層酥皮麵團擀至 2 mm（¹⁄₁₆ inch）厚。以一個直徑 7 ～ 8 cm（2¾ - 3¼ inch）的圓形切模切出數個圓片，再放置塔模內入模，並以叉子在每個塔殼底部戳洞三次。將剩下的麵團再次揉捏聚合成形，持續切出更多圓片。如果沒有要立刻烘焙，先將塔殼連模放入冰箱靜置，因爲千層酥皮需要維持冰涼。

6. 將內餡填入塔中，放入烤箱烘焙 20 ～ 25 分鐘，直到塔殼呈現金黃色、內餡則是淺金黃中帶著一抹金黃褐色，表面膨起有裂紋。將塔靜置放涼，但盡快享用。

約克郡凝乳起司塔
Yorkshire curd tart

　　傳統上約克郡凝乳起司塔是在聖靈降臨節時食用，這是一種老式的起司蛋糕，傳統上以牛初乳製成，即母牛在分娩之後初次分泌的乳汁。初乳比起常乳更稠、顏色更黃，且營養及油脂都特別豐富。晚近幾年則使用凝乳起司製作，這是一種極為輕盈的起司，製作方法則是將凝結的牛奶包裹在薄棉布內，然後吊起瀝乾數小時而成。你可以使用酸乳或白脫牛奶製作凝乳起司，但我用了凝乳酶以避免酸味。

份量：6～8 人份
使用模具：一個直徑 22 cm（8½ inch）的塔模

凝乳起司
生乳　2 公升（8 杯）
凝乳酶　1 小匙

酥脆派皮
中筋麵粉　250 g（9 oz）
糖粉　100 g（3½ oz）
海鹽　一小撮
冰涼奶油　125 g（4½ oz）（切丁）
全蛋　1 顆
水　1 大匙
奶油　模具上油用
麵粉　模具與工作檯撒粉用

內餡
奶油　25 g（1 oz）
原糖　50 g（1¾ oz）
全蛋　2 顆（蛋白蛋黃分開）
檸檬皮屑　1 顆份
肉豆蔻粉　½ 小匙
凝乳起司　230 g（8 oz）
小粒無籽葡萄乾　50 g（1¾ oz）

作法

1. 製作凝脂起司：提前一天或半天製作。在一個大型調理盆上放上濾網，然後在濾網中放入一條乾淨的薄棉布（起司濾布）。將牛奶在一個大型醬汁鍋加熱至 37°C（99°F）然後離火，加入凝乳酶徹底攪拌均勻。靜置 15～30 分鐘或直到起司開始凝固（如果沒有變化，顯示加入的凝乳酶不夠多）。小心地將起司倒入濾布中，將乳清倒掉（也可保留之後烘焙使用）。將起司留置在碗上的濾布中瀝乾 4 小時。

2. 製作酥脆派皮：將麵粉、糖、鹽與奶油一起放入裝上刀片的食物調理機中，以瞬間高速功能打 8 秒，或是直到成為如麵包粉狀的質地。加入全蛋與水，再用瞬間高速功能攪打一次，直到成為一球麵團。從調理盆中取出麵團稍微揉捏。用保鮮膜包裹麵團後放入冰箱靜置 30 分鐘。

3. 以奶油為模具上油並撒上麵粉，將派皮在撒了粉的工作檯上擀開。輕輕將派皮移至模具上方，然後讓其沉降至底部。以一小塊多餘的麵團將派皮緊壓入模。用刀切除多餘派皮，然後用叉子在底部戳洞。將派皮連模冷凍 1 小時或放入冰箱冷藏數小時。

4. 將烤箱預熱至 200°C（400°F）。

5. 揉皺一張烘焙紙，再將其壓平後放入塔殼中，這能讓烘焙紙更服貼模具的形狀。將烘焙石或米填入塔殼，送入烤箱中層空烤 10 分鐘或直到邊緣上色。移除烘焙紙和烘焙石或米，繼續烘焙 5 分鐘將塔殼烤乾。

6. 將烤箱降溫至 180°C（350°F）。

7. 製作內餡：將奶油融化，放涼後加入糖、蛋黃、檸檬皮屑與肉豆蔻粉混合均勻。將凝乳起司以細網目濾網過篩入一個大型調理盆中，然後緩緩加入奶油混合液，混拌均勻。將蛋白在一個大型調理盆中打至硬性發泡，然後拌入奶油混合液及小粒無籽葡萄乾。

8. 將內餡以湯勺舀入塔殼中，烘焙 25～30 分鐘。將塔徹底放涼後再上桌享用。

琥珀塔
Amber tarts

食譜作家朗瑪莉亞・伊萊莎・朗戴爾在她 1808 年的食譜中稱琥珀塔為「琥珀布丁」（Amber pudding），但琥珀塔的確是塔沒錯。過去通常將其做成一個大型的布丁[1]或塔，但做成個人份的小塔也很不錯。在最古老的食譜中，琥珀塔上方會覆蓋著派皮，但我認為不蓋住好多了，如此一來就能看到內餡美麗的顏色。奶油、蛋黃與糖漬橙皮共同造就了那個漂亮的金亮橙色，也是琥珀塔的名稱由來。

份量：6 人份

使用模具：六個直徑 8 ～ 9 cm（3¼-3 ½ inch）的個人份塔模

酥脆派皮

中筋麵粉　250 g（9 oz）

糖粉　100 g（3½ oz）

海鹽　一小撮

冰涼奶油　125 g（4½ oz）（切丁）

全蛋　1 顆

水　1 大匙

奶油　模具上油用

麵粉　模具與工作檯撒粉用

內餡

奶油　110 g（3¾ oz）

糖漬橙皮　30 g（1 oz）

糖粉　110 g（3¾ oz）

蛋黃　5 顆

全蛋　1 顆

橙皮屑　½ 顆份

作法

1. 製作酥脆派皮：將麵粉、糖、鹽與奶油一起放入裝上刀片的食物調理機中，以瞬間高速功能打 8 秒，或是直到成為如麵包粉狀的質地。加入全蛋與水，再用瞬間高速功能攪打一次，直到成為一球麵團。從調理盆中取出麵團稍微揉捏。用保鮮膜包裹麵團後放入冰箱靜置 30 分鐘。

2. 稍微揉捏麵團使其變得光滑，然後拍成一個長方形，接著擀開至 3 mm（⅛ inch）厚。以比塔模稍大的圓形切模切出六個圓片，輕壓圓形塔皮使其沉降入塔模中。以銳利的刀子切除多餘塔皮，使邊緣工整。以叉子在每個塔殼的底部戳洞三次。將塔皮連模冷凍 1 小時或冷藏數小時。

3. 將烤箱預熱至 200° C（400° F）。

4. 揉皺六張烘焙紙，再將其壓平後放入塔殼中，這能讓烘焙紙更服貼模具的形狀。將烘焙石或米填入塔殼，送入烤箱中層空烤 10 分鐘或直到邊緣上色。移除烘焙紙和烘焙石或米，繼續烘焙 5 分鐘將塔殼烤乾。

5. 製作內餡：將奶油在醬汁鍋中以小火融化，不要使其沸騰。靜置冷卻。

6. 將糖漬橙皮切碎，然後以研磨缽和杵將其搗成泥狀。

7. 將糖粉加入奶油中，攪打至滑順。加入蛋黃與全蛋，攪打均勻，然後拌入橙皮屑與糖漬橙皮泥。將內餡靜置並將烤箱降溫至 180° C（350° F）。

8. 將內餡攪拌均勻後倒入塔殼，放入烤箱中層烘焙 10 ～ 15 分鐘，直到內餡凝固並呈現金黃色。

---

1. 在英國和某些大英國協的國家，「布丁」（pudding）可以泛指各種甜點，無論是蒸、煮還是烤的，例如耶誕節李子布丁（見第 54 頁）、果醬布丁卷（見第 37 頁）、圓麵包奶油布丁（見第 123 頁）、米布丁等。有時布丁也可能是鹹點或鹹食，例如約克郡布丁（Yorkshire pudding）、血腸（見第 157 頁）等，和中文語境中專指以蛋、奶、砂糖等製成的半凝固甜點不同。

蘋果與黑莓奶酥
Apple and blackberry crumble

我的英國朋友彼特・布朗（Pete Brown）最近出版了一本書探討英國食物的獨特性。他說奶酥非常英式，因爲它既溫暖又撫慰人心，這正是英國人希望藉由他們代表性的餐點創造出的感覺。奶酥做起來無敵簡單，但曖曖內含光。這正是英國的縮影，或者該說，是盤中的英國。

份量：4 人份
使用模具：一個 12 × 18 cm（4½ × 7 inch）
的烤箱適用盤

表層奶酥
全麥麵粉或斯佩爾特小麥全穀粉　85 g（3 oz）
傳統燕麥片或斯佩爾特小麥片　60 g（2¼ oz）
原糖　50 g（1¾ oz）
杏仁條　一把
海鹽　一小撮
奶油　80 g（2¾ oz）（室溫）
奶油　模具上油用
麵粉　模具撒粉用

內餡
紅蘋果（如考克斯或博斯科普 [boskoop] 品種
或兩種綜合）　300 g（10½ oz）（切丁）
奶油　30 g（1 oz）
白砂糖　30 g（1 oz）
肉桂粉　¼ 小匙
黑莓　200 g（7 oz）

作法

1. 將烤箱預熱至 190° C（375° F）並以奶油爲盤子上油。
2. 混合麵粉、燕麥片或斯佩爾特小麥片、糖、杏仁與鹽，接著揉入奶油。將表層奶酥放入冷凍庫靜置並製作內餡。
3. 將蘋果丁以奶油、糖、肉桂粉及兩三粒黑莓（上色用）燉煮 5 分鐘。將內餡以湯勺舀入盤中，接著在表層遍撒上新鮮黑莓。
4. 將表層奶酥略略撒在水果上，放入烤箱烘烤 30 〜 40 分鐘直到奶酥呈現金黃褐色且水果冒出美妙的氣泡。
5. 和香草冰淇淋或希臘優格、冰島優格或凝脂奶油一起上桌。卡士達醬（見第 49 頁）是奶酥的經典搭配。
6. 我喜歡一次做多一些，剩下的在隔天早餐時享用！

波爾佩羅漁港，堪瓦爾（Polperro fishing harbour, Cornwall）

致謝
ACKNOWLEDGEMENTS

首先，我要感謝我的丈夫布魯諾・維爾浩文（Bruno Vergauwen）。一如往常，他負責本書精美的設計與封面（編按：此指原文版封面）。自己從頭到尾製作一本書會經歷各種嘗試與錯誤，在我多次挑燈夜戰與拂曉即起後，他的協助不可或缺。能在一個乾淨的廚房中開始工作，便確保當天能立即順利開展。謝謝多次的清理與支持！謝謝媽媽與爸爸沒有因爲我持續閉關直到本書完成而生氣。

謝謝貝琪・柯列蒂（Becky Colletti）讓本書對我而言別具意義，能將我的婚禮蛋糕食譜送給我，實在是太慷慨了！能夠得到貝蒂阿姨的薑餅食譜，則是源於在歐洲之星火車上偶遇喬安・哈洛德（Joanne Harold）。在此同時，它已成爲我們最愛的食譜之一，也逐漸變成我們家的家族食譜——謝謝喬安。

感謝克里斯汀・雷諾茲（Christian Reynolds）、珍・克洛斯（Jayne Cross）、夏洛特・派克（Charlotte Pike）、艾莉諾・希爾（Elinor Hill）與威姆・魯本斯（Wim Rubbens）和我分享他們的家族耶誕節蛋糕食譜，也感謝所有和我分享他們懷念食物記憶的人。你們的故事催生了這些烘焙糕點，你們的言語則爲它們增添了風味。我要謝謝莎拉・佩特戈里（Sarah Pettegree）爲豬肉派提出的建議；謝謝黛安・G（Diane G.）與南方小姐（Miss South）和我討論北愛爾蘭烘焙，以及爲我引路至亞伯丁奶油麵包的戴爾・史奈登。

我還得到很多人的協助，讓我不用總是自己孤零零地烘焙：謝謝食物攝影師凱西・柯黛麗（Kathy Kordalis）、史蒂芬・德布胡恩（Stefan de Bruyne）、凡妮莎・費爾芒多（Vanessa Vermandel）與茱莉・凡登德禮申（Julie van den Driesschen）。能夠與人分享、一起討論風味和質地時，烘焙有趣多了。

此外，也要謝謝我在 Bake Off 的同事——甜點主廚與巧克力師赫曼・凡丹德（Herman van Dender），只要我需要任何技術指導，他總是會伸出援手。

爲了寫作本書，我也四處搜集古老糕餅店的照片和明信片。爲此我想感謝那些將存活至今的自家糕餅店照片寄給我的人們：從 1817 年便開始製作薑餅的比靈頓家族，以及不只捎來照片、還分享故事的路易・費里曼（Lewis Freeman），他是倫敦丹恩糕餅店（Dunn's Bakery）的第六代烘焙師傅。

謝謝赫蕾潔（Greetje）爲我拍攝的肖像照，還有莎拉（Sarah）在英國爲我們拍攝的婚禮照片。謝謝克萊倫斯・柯爾特令人讚嘆地瘋狂，竟寄來一盒美麗的雞蛋。可以在第 43 頁看到拍攝成果。

謝謝 Esse 與 Adek 讓我能準時安裝鍾愛的爐灶設備好投入本書的寫作。謝謝英國優良食品協會（The Guild of Fine Food）和費朗德家族（the Ferrand Family）的支援，並在過去七年中我擔任英國星級美食大獎（Great Taste Awards）及國際起司大獎（World Cheese Awards）評審時，給我這麼多學習認識風味的機會。

謝謝我的出版商珂琳・羅伯茲（Corinne Roberts）及其他所有梅鐸出版社（Murdoch Books）的人。

謝謝 BBC Radio 4 Food Programme 的希拉・迪利恩（Sheila Dillon）與丹・薩拉迪諾（Dan Saladino），對我的書給予支持鼓勵。

謝謝傑米・奧利佛（Jamie Oliver）從我於 2011 年開始寫作以來持續不斷的支持。2013 年，當這段旅程剛起步時，他在《星期日時報》（Sunday Times）上稱我的部落格是他「最愛的部落格」，爲我的自信與動力都打了一針強心劑。

謝謝安妮・葛雷博士爲我撰寫的前言、給我的支持，以及作爲世上最酷的歷史學家。

謝謝埃爾斯（Ils），在我青少年時代夜訪你的小鎮糕餅店時總是歡迎我進入。我現在的工作很可能正是受了這家糕餅店的香氣及熙來攘往的熱鬧啟發。我記得自己曾用隔壁開派對爲藉口帶了食物去探訪你，因爲你的糕餅店其實才是我真正想待的地方。謝謝過去 20 多年來給我的烘焙建議。

謝謝所有我忘了提到、但衷心感激的人們。

'A seasonable dish. Banbury pie', *Shipley Times and Express*, 3 November 1928

Acton, Eliza, *Modern Cookery for Private Families*, 1845

Acton, Eliza, *The English Bread Book*, 1857

Armitt, M.L., *The Church of Grasmere, a History*, 1912

'Banbury apple pie', *Shipley Times and Express*, Saturday 3 November 1928

'Bettys of Harrogate tells Whitby cafe to drop Fat Rascal name', BBC, 6 November 2017, www.bbc.com/news/uk-england-york-north-yorkshire-41894004

Borella, S.P. and Harris, H. G., *All about Gateaux and Dessert Cakes, All about Pastries, All about Biscuits*, 1920

Boswell, James, *The Journal of a Tour to the Hebrides with Samuel Johnson*, 1791

Bradbury, Mrs Anna R., *The Dutch Occupation. History of the city of Hudson, New York: with biographical sketches of Henry Hudson and Robert Fulton*, 1909

Bradley, Martha, *The British Housewife ...*, 1756

'Bread', *Mapping Variations in English in the UK*, The University of Manchester, projects.alc.manchester.ac.uk/ukdialectmaps/lexical-variation/bread/

Brears, Peter, *Traditional Food in Yorkshire*, 2014

Briggs, Richard, *The New Art of Cookery*, 1792

Brown, Pete, *Pie Fidelity: In Defence of British Food*, 2019

Byron, May, *Pot-luck; or, The British Home Cookery Book*, 1914

Carême, Marie-Antoine, *The Royal Parisian Pastrycook and Confectioner*, 1834

Carter, Charles, *The Complete Practical Cook*, 1730

'Chorleywood: The bread that changed Britain', BBC, 7 June 2011, www.bbc.com/news/magazine-13670278

Cleland, Elizabeth, *A New and Easy Method of Cookery*, 1755

Cloake, Felicity, 'How to make the perfect custard tart', *The Guardian*, 30 September 2015

Congreve, William, *The way of the World*, 1700

'Cornish pasties', *Leeds Times*, 21 December 1861

Dalgairns, Mrs, *The Practice of Cookery*, 1829, Edinburgh

David, Elizabeth, *English Bread and Yeast Cookery*, 1979

Davidson, Alan, *The Penguin Companion to Food*, 2002

Davies, Caroline, 'Wordsworth's village bakers fight over their gingerbread', *The Guardian*, 23 March 2008

'Deadly derby pie', *Manchester Courier and Lancashire General Advertiser*, 16 September 1902

'Eat toasted bread for Energy', *Evening Telegraph*, 1937

Eccles & District History Society, http://edhs.btck.co.uk/HistoryofEccles/EcclesWakes

'Fat Rascals', *Leeds Intelligencer*, 17 November 1860

Fiennes, Celia, *Through England on a Side Saddle in the Time of William and Mary*, 1888

Frazer, Mrs, *The Practice of Cookery, Pastry, and Confectionary*, 1791

Gaskell, Elizabeth, *Sylvia's Lovers*, 1863

'Ginger fairings', *The Cornishman*, 3 December 1908

'Gingerbread Husbands', *Chelmsford Chronicle*, Friday 14 May 1847

Glasse, Hannah, *The Art of Cookery Made Plain and Easy*, 1747

Goldstein, Darra, *The Oxford Companion to Sugar and Sweets*, 2015

'Goosnargh', *Preston Chronicle*, 18 June 1859

Grosley, M., *A Tour of London*, 1772

Hall, T., *The Queen's Royal Cookery*, 1713

Hallam, H.E. and Joan Thirsk, Eds, *The Agrarian history of England and Wales*, Cambridge University Press, 1989

Harris, H. G. and Borella, S.P., *All about Gateaux and Dessert Cakes, All about Pastries, All about Biscuits*, 1920

Heritage, Lizzie, *Cassell's Universal Cookery Book*, 1894

Hieatt, Constance B. and Sharon Butler, *Curye on Inglysch: English Culinary Manuscripts of the Fourteenth Century (Including the Forme of Cury)*, 1985

Home, Gordon, *Yorkshire: Painted and Described*, 1908

Institute of Historical Research, *Letters and Papers, Foreign and Domestic, Henry VIII*, Vol. 13 Part 1, January–July 1538

'Isle of wight dough nuts', *Portsmouth Evening News*, Thursday 9 May 1878

Jacobs, Henry, 'Tottenham Cake', www.haringey.gov.uk, 2010

Jenkins, Geraint H., *The Welsh Language and Its Social Domains*, 1801–1911, 2000

Johnson, Samuel, *A Dictionary of the English Language*, 1755

Joseph, Emmanuel, '2019 sugar harvesting may not be so sweet', https://barbadostoday.bb/2019/02/22/2019-sugar-harvesting-may-not-be-so-sweet/

Kalm, Pehr, *Peter Kalm's Travels in North America: The English Version of 1770*, 1937

Kellett, Adam, 'Fat Rascals: bakery trade marks scone wrong', *Dehns*, 8 November 2017, inspiredthinking.dehns.com/post/102ek0h/fat-rascals-bakery-trade-marks-scone-wrong

Kirkland, John, *The Modern Baker, Confectioner and Caterer*, 1907

Kitchiner, William, *The Cook's Oracle*, 1830

Knight, Charles, *The Guide to Trade: The Baker; Including Bread and Fancy Baking: with Numerous Receipts*, 1841, London

Leyell, Mrs C.F., *Pudding*, 1927

Limbird, John, 'Chelsea Bun-House', *The Mirror of Literature, Amusement, and Instruction*, Vol. 33: 210–211, 4 May 1839

Markham, Gervase, *Maison Rustique*, 1616 edition

Markham, Gervase, *The English Huswife*, 1615

May, Robert, *The Accomplisht Cook*, 1660

Mayhew, Henry, *London labour and the London poor; a cyclopaedia of the condition and earnings of those that will work, those that cannot work, and those that will not work*, Volumes from 1851 to 1862, reprinted 1968

Mintz, Sidney Wilfred, *Sweetness and Power: The Place of Sugar in Modern History*, 1986

McNeill, Florence Marian, *The Scots Kitchen*, 1929

'Peas and prosperity, Pea in rotation with wheat reduced uncertainty of economic returns in Southwest Montana', American Society of Agronomy (ASA), Crop Science Society of America (CSSA), https://www.sciencedaily.com/releases/2016/06/160601131809.htm

Pegge, Samuel, *The Forme of Cury*, 1390

Pennell, Sara, *The Birth of the English Kitchen 1600–1850*, 2016

Phillips, Sir Richard, *A Morning's Walk from London to Kew*, 1817

Poulson, Joan, *Lakeland Recipes Old and New*, 1978

Poulson, Joan, *Old Yorkshire Recipes*, 1974

Raffald, Elizabeth, *The Experienced English Housekeeper*, 1769

Raine, Rosa, *The Queen's Isle: Chapters on the Isle of Wight*, 1861

Read, George, *The Complete Biscuit and Gingerbread Baker's Assistant*, 1854

'Receipt to make a Sally Lun', *The Monthly* magazine, 1796

'Recipes for the Table', *The Cornish Telegraph*, 10 October 1889

Rundell, Maria Eliza Ketelby, *A New System of Domestic Cookery*, 1807

Skuse, E., *The Confectioners' Hand-book and Practical Guide to the Art of Sugar Boiling*, 1881

Slare, Dr, *A Vindication of Sugars*, 1715

Smith, Eliza, *The Compleat Housewife, or, Accomplish'd Gentlewoman's Companion*, 1727

Smith, Michael and the WI, *A Cook's Tour of Britain*, 1984

Soyer, Alexis, *A Shilling Cookery for The People*, 1845

Soyer, Alexis, *The Modern Housewife, Or Ménagère: Comprising Nearly One Thousand Receipts ...*, 1850

Spurr, John, *The Post-Reformation: Religion, Politics and Society in Britain, 1603–1714*

'Stotty Cake', *Daily Mirror*, Friday 9 December 1949

The British Newspaper Archive, www.britishnewspaperarchive.co.uk

'The "Buttery Rowie"', *Aberdeen Evening Express*, 27 August 1917

'The "fat rascals" of Yorkshire', *Yorkshire Evening Post*, 2 August 1912

The Mirror of Literature, Amusement, and Instruction, 6 April 6 1839, 4 May 1839

The Price of Sugar, directed by Bill Haney, featuring Father Christopher Hartley, narrated by Paul Newman, 2007

'The Sim-Nell; Or, The Wiltshire cake', *Wiltshire Independent*, 8 March 1838

'The Widow's Buns At Bow', Spitalfields Life

Traditional Fare of England and Wales, National Federation of Women's Institutes, 1948

Turcan, John , *The practical baker, and confectioner's assistant ...*, 1830, Glasgow

'Viewpoint: The Argentines who speak Welsh', BBC, 16 October 2014, www.bbc.com/news/magazine-29611380

Vine, Frederick T, *Saleable Shop Goods for Counter-Tray and Window*, 1898

Walford, Edward, *Old and New London: Volume 5*, 1878

Wallis, Faith, *Bede: The Reckoning of Time*, Liverpool University Press, 1999

Watkins, C. Malcolm, *North Devon Pottery and Its Export to America in the 17th Century*, The Project Gutenberg EBook, 2011

Wells, Robert, *The Bread and Biscuit Baker's and Sugar-Boiler's Assistant*, 1890

Wells, Robert, *The Modern Flour Confectioner*, 1891

White, Florence, *Good Things in England*, 1932

White, John, *A treatise on the art of baking ...*, 1828, Edinburgh

Whitehead, Jessup, *The Steward's Handbook and Guide to Party Catering*, 1903

'Whitleys Original Wakefield Gingerbread', *Dewsbury Reporter*, Saturday 5 October 1878

Whyte, I. D., 'Economy: primary sector: 1 Agriculture to 1770s', in M. Lynch, ed., *The Oxford Companion to Scottish History*, 2001

Wilson, C. Anne, *Traditional Food East and West of the Pennines*, with essays from Peter Brears, Lynette Hunter, Helen Pollard, Jennifer Stead and C. Anne Wilson

'Winster', Discovering Derbyshire and the Peak District, www.derbyshire-peakdistrict.co.uk/winster.htm

Ysewijn, Regula, *Brits Bakboek*, 2019

Ysewijn, Regula, *Pride and Pudding*, 2016

Ysewijn, Regula, *The National Trust Book of Puddings*, 2019

用具與陶瓷器

煎烤盤、派盤、長條模、銅製、旋鐵與鑄鐵烹飪及烘焙器具——
Netherton Foundry：netherton-foundry.co.uk

傳統英式陶器如德文郡水壺（Devon jugs）與缽（Pancheons）——
Barrington Pottery：barringtonpottery.com

英式瓷器——
Burleigh Pottery：burleigh.co.uk
我所找到製作蘇格蘭派最理想尺寸的彈性邊框活動模來自傑米·奧利佛品牌的烘焙器具，尺寸是 10 × 4 cm（4 × 1½ inch）。
適合製作小型橢圓派如「派與馬薯泥店」牛肉派的理想尺寸琺瑯派盤可在 Lakeland、John Lewis 與一些其他線上商店找到。

食材

麵粉與泡打粉——
Dove's Farm：dovesfarm.co.uk

有機蘇格蘭燕麥——
Oatmeal of Alford：shop.oatmealofalford.com

香料與濃縮羅望子——位於倫敦波羅市場（Borough Market）
的 Spice Mountain：spicemountain.co.uk

英式家庭經典烘焙

Oats in the North, Wheat from the South:
The History of British Baking, Savoury and Sweet

燕麥在北，小麥在南，大不列顛甜鹹糕點發展及100道家庭食譜

作　　　者	瑞胡菈・依絲文（Regula Ysewijn）
譯　　　者	Ying C. 陳穎
選　　　書	Ying C. 陳穎
審　　　訂	Ying C. 陳穎
裝 幀 設 計	李珮雯（PWL）
責 任 編 輯	王辰元

發 行 人	蘇拾平
總 編 輯	蘇拾平
副 總 編 輯	王辰元
資 深 主 編	夏于翔
主　　編	李明瑾
業　　務	王綬晨、邱紹溢
行　　銷	曾曉玲

出　　版　日出出版
　　　　　台北市 105 松山區復興北路 333 號 11 樓之 4
　　　　　電話：（02）2718-2001　傳眞：（02）2718-1258
發　　行　大雁文化事業股份有限公司
　　　　　台北市 105 松山區復興北路 333 號 11 樓之 4
　　　　　24 小時傳眞服務　（02）2718-1258
　　　　　Email：andbooks@andbooks.com.tw
　　　　　劃撥帳號：19983379　戶名：大雁文化事業股份有限公司

初 版 一 刷　2023 年 1 月
定　　價　880 元
I S B N　978-626-7261-11-88
I S B N　978-626-7261-09-5（EPUB）

國家圖書館出版品預行編目 (CIP) 資料

英式家庭經典烘焙：燕麥在北，小麥在南，大
不列顛甜鹹糕點發展及 100 道家庭食譜 / 瑞胡
菈・依絲文（Regula Ysewijn）著；陳穎譯 . --
初版 . -- 臺北市：日出出版：大雁文化事業股份
有限公司發行, 2023.1
　面；公分 .--
譯自：Oats in the North, Wheat from the South:
The History of British Baking, Savoury and Sweet
ISBN 978-626-7261-11-88（平裝）
1. 點心食譜 2. 飲食風俗 3. 英國

427.16　　　　　　　　　　　　　111021886